# 물리는 어떻게 진화했는가

알베르트 아인슈타인
레오폴트 인펠트
조호근 옮김

서커스

# 차례

## 제2장 역학적 세계관의 몰락



## 제3장 역장과 상대성

# 물리는 어떻게 진화했는가

# The Evolution of Physics

# 서문

책을 펼친 독자들은 일단 몇 가지 단순한 질문에 대한 답을 원하기 마련이다. 이 책은 무슨 목적으로 쓴 것인가? 작자가 상정하는 가상의 독자는 어떤 존재인가?

그러나 서두부터 이런 질문에 대한 명징하고 설득력 있는 해답을 제공하는 일은 쉽지 않다. 후반부에 도달하면 훨씬 쉬워지겠지만, 그때쯤 가면 해답이 딱히 필요하지 않게 되기 일쑤다. 여기서는 좀 더 간단한 방법, 즉 이 책의 목적이 아닌 것을 나열하는 방식을 택하기로 하겠다. 우리는 물리학 교과서를 쓰려 한 것이 아니다. 즉, 기본적인 물리학의 사실과 이론을 체계적으로 설명하는 강좌를 기록한 것이 아니다. 그보다는 개념 세계와 현상 세계를 잇는 가교를 발견하려는 인간 정신의 시도의 역사를 개괄적으로 묘사하려 한 쪽에 가깝다. 사실과 이론으로 구성된 미궁을 안내하기 위해, 우리는 가장 독특하고 중요하다고 생각하는 요소만 골라 고속도로를 만들었으며, 이 고속도로와 인접하지 않는 사실과 이론은 생략할 수밖에 없었다. 이 보편적인 목적을 위해 필요한 사실과 개념을 선별할 필요가 생겼다. 특정 주제가 가지는 중요성을 이 책 속에서 배당받은 분량에 따라 평가해서는 안 된다. 일부 필수적인 개념의 성립 과정을 생략한 이유는 중요하지 않다고 생각해서가 아니라, 단지 그런 내용이 우리가 선택한 길에서 벗어난 곳에 있었기 때문이다.

이 책을 쓰는 동안 우리는 이상적인 독자의 성격에 대해 상당히 고심하며 토론을 반복했다. 우리는 이 책의 이상적인 독자가 물리학이나 수학에 대한 제대로 된 지식이 전혀 없는 대신, 그에 준하는 여러 덕목을 가지고 있다고 가정했다. 우리의 독자는 물리학과 철학의 개념에 흥미를 가지며, 재미없고 어려운 길을 헤쳐 나갈 수 있는 경탄할 만한 인내심을 가지고 있을 것이다. 또한 책의 특정 부분을 이해하기 위해서는 앞선 내용을 세심하게 읽어야 한다는 사실을 알고 있는 사람일 것이다. 그리고 설령 대중서라 해도, 과학서는 소설과는 다른 방식으로 읽어야 한다는 사실을 알고 있을 것이다.

이 책은 당신과 우리 사이의 가벼운 잡담에 지나지 않는다. 당신에게 이 대화는 지루하거나 흥미로울 수도, 따분하거나 흥분될 수도 있을 것이다. 그러나 결국 우리의 목적은, 이 책의 내용을 통해 물리 현상을 다스리는 법칙을 좀 더 온전히 이해하기 위한 창의적인 인간 정신의 영원한 투쟁이 어떤 형태로 진행되었는지를 독자들에게 제시하는 것이다.

알베르트 아인슈타인
레오폴트 인펠트

# I

# 역학적 세계관의 대두

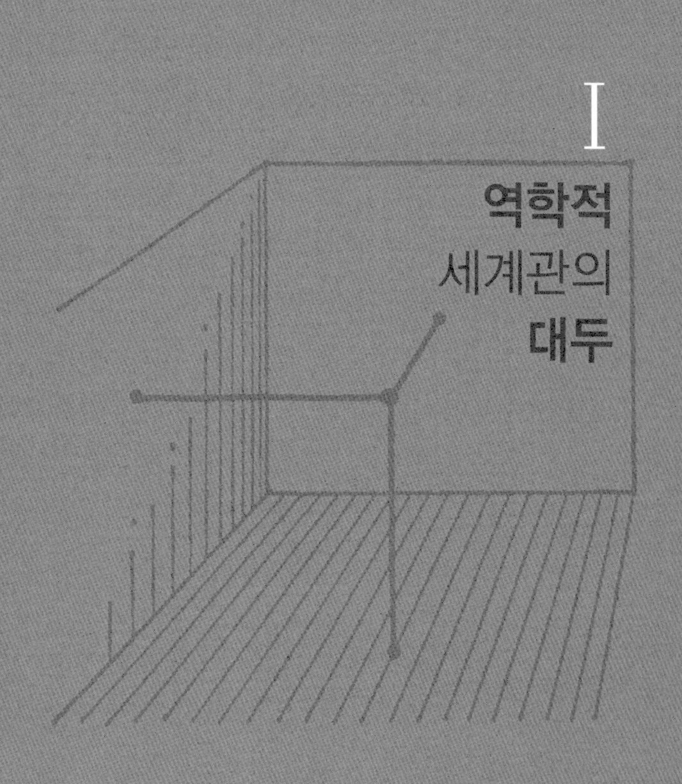

# 역학적 세계관의 대두

## 위대한 추리소설

완벽한 추리소설을 상정해 보자. 이 소설에는 모든 필수적인 실마리가 들어 있으며, 사건에 대해 우리가 가설을 세우도록 유도한다. 줄거리를 주의 깊게 따라가기만 하면, 결말에서 작가가 해답을 밝히기 직전에 완벽한 해답에 도달할 수 있다. 해답 자체도 불완전한 추리소설과는 달리 우리를 실망시키지 않으며, 우리가 원하는 바로 그 완벽한 순간에 등장하기까지 한다.

이런 책을 읽는 독자들이, 세대를 거듭하며 자연이라는 책 속에서 수수께끼의 해답을 찾아 나가는 과학자들과 마찬가지라고 할 수 있을까? 물론 이런 비교는 거짓이며 따라서 나중에 폐기해야 하겠지만, 그 안에 숨어 있는 일말의 진실에 확장과 변조를 가하면, 우주의 수수께끼를 해결하려는 과학의 노력에 가까운 형태가 나올지도 모른다.

이 위대한 추리소설에는 아직 해답이 나오지 않았다. 최종적인 해답이 있는지조차 확신할 수가 없다. 물론 지금까지 읽어온 것만으로도 많은 것을 깨달을 수 있었다. 우리는 자연의 언어의 기본 문법을 깨우쳤으며, 실마리 중 많은 것을 이해하게 되었고, 고통스러운 작업이기 마련인 과학의 발전 과정 속에서 즐거움과 희열의 원천을 발견했다. 그러나 지금까지 읽고 이해해 온 방대한 분량에도 불구하고 온전한 해답까지는 아직 먼 길이 남아 있으며, 심지어 그런 해답이 존재하는지조차 확신할 수가 없다. 매 단계마다 우리는 지금까지 발견한 실마리와 일관성을 가지는 설명을 발견하려 시도한다. 잠정적으로 인정받은 이론은 많은 사실을 설명할 수 있지만, 아직까지는 존재하는 모든 실마리와 일관성을 가지는 보편적인 해답은 발견되지 않았다. 독서를 계속해 나감에 따라 완벽해 보였던 이론이 부적합한 것으로 밝혀지는 경우도 때때로 있다. 해당 이론과 상치되거나 온전히 설명할 수 없는 사실이 새로 발견되기 때문이다. 독서를 계속해 갈수록 우리는 책의 완벽한 구성을 좀 더 충실하게 음미할 수 있게 된다. 온전한 해답 자체는 책을 읽어 나갈수록 멀어져 가는 것처럼 보이지만 말이다.

코난 도일의 훌륭한 단편들 이후, 거의 모든 추리소설에는 수사관이 문제의 특정 단계에 대한 모든 사실, 즉 실마리를 모으는 순간이 등장한다. 이런 실마리들은 종종 상당히 괴상하며, 앞뒤가 맞지 않고, 서로 연관이 없어 보인다. 그러나 명탐정은 바로 그 시점에 이르자마자 더 이상의 수사는 필요하지 않으며, 오로지 순수한 사고력만 있으면 수집한 여러 사실 사이의 연관성을 발견할 수 있다는 사실을 깨닫는다. 일단 이 단계에 도달하면, 탐정은 바이올린을 켜거나 안락의자에 앉아 파이프 담배를 즐기다가도 문득 해답을 떠올리는 것이다! 그러면 지금까지 손에 넣은 실마리에 대한 설명뿐 아니라, 벌어졌을 것이 분명한 다른 특정 사건에 대해서도 깨닫게 된다. 그리고 이제 어디서 무엇을 찾아야 할지 알고 있기 때문에, 원한다면 밖으로 나가 자신의 이론을 확인하기 위해 새로운 실마리를 모을 수도 있는 것이다.

진부한 비유지만 반복해 보자면, 자연이라는 책을 읽는 과학자는 스스로 그 해답을 찾아야 한다. 참을성이 부족한 소설 독자들과는 달리 과학자는 책의 결말을 펼쳐볼 수가 없기 때문이다. 우리의 경우에는 독자가 바로 수사관이며, 책 속에서 펼쳐지는 풍요로운 사건들을 적어도 부분적으로라도 설명할 방법을 찾으려 애쓴다. 해답의 일부라도 얻으려 하는 과학자는 무질서하게 존재하는 사실들을 모아들인 다음, 창의적인 사고를 통해 그 안에서 일관성을 찾아 이해할 수 있도록 만들어야 한다.

이어지는 부분에서는 수사관의 순수한 사고력에 대응하는 물리학자들의 작업 방식에 대해 개략적으로 서술하는 것이 우리의 목표다. 이제 물리적 세계의 지식을 찾아가는 모험에 있어 사고와 개념이 어떤 역할을 수행하는지를 주로 살펴보게 될 것이다.

## 최초의 실마리

위대한 추리소설을 읽으려 하는 시도 자체는 인간의 사고가 시작된 시기와 동일할 정도로 오래전부터 있어 왔다. 그러나 과학자들이 이 소설에 사용된 언어를 이해하기 시작한 지는 고작해야 300년 남짓밖에 되지 않는다. 그 시대, 즉 갈릴레오와 뉴턴의 시대 이후로, 우리는 빠른 속도로 책을 읽어 내려가기 시작했다. 수사의 기법과 실마리를 발견하고 추적하는 체계적인 기술이 생겨났고, 이에 따라 자연의 수수께끼 중 일부가 해결되었지만, 그런 해답 중 많은 것들이 이어진 연구에 의해 일시적이고 피상적인 것임이 밝혀졌다.

그 난해함 때문에 수천 년 동안 제대로 밝혀지지 않은 가장 기초적인 문제는 바로 운동이라는 문제이다. 우리가 자연계에서 관찰할 수 있는 모든 운동, 즉 공중으로 던진 돌멩이의 운동, 바다를 항해하는 배의 운동, 거리를 따라 움직이는 수레의 운동 등은 사실 매우 복합적인 작용의 결과물이다. 이런 현상을 이해하기 위해서는 가장 단순한 사례에서 시작해서 좀 더 복잡한 사례에 이르기까지 점진적으로 나아가는 편이 현명할 것이다. 우선 아무 움직임도 없이 멈추어 있는 물체를 하나 가정해 보자. 그 물체의 위치를 변경하기 위해서는 밀거나 드는 등의 영향력을 행사하거나, 말이나 증기기관과 같은 다른 물체가 영향을 주게 만들어야 할 것이다. 여기서 직관적으로 한 가지 가정을 떠올릴 수 있는데, 바로 물체의 운동이 밀거나 들거나 당기는 등의 작용과 연결되어 있다는 것이다. 여러 번에 걸친 경험을 통해, 우리는 물체를 좀 더 빠르게 움직이게 만들기 위해서는 좀 더 세게 밀어야 한다는 명제를 조심스럽게 도출할 수 있다. 따라서 자연스럽게 물체에 가하는 작용이 강할수록 속도가 빨라진다는 결론을 내릴 수 있을 것이다. 네 마리의 말이 끄는 마차는 두 마리의 말이 끄는 마차보다 빠르게 움직인다. 따라서 우리의 직관은 속도가 작용과 필수적으로 연결되어 있다는 결론을 내린다.

추리소설의 독자들이라면 잘못된 실마리가 줄거리를 흐릿하게 만들고 해답의 등장을 지연시킨다는 사실을 잘 알고 있을 것이다. 직관에 의한 추리란 그릇된 방식이며, 우리가 운동에 대해 몇 세기 동안 품고 있던 잘못된 개념을 도출하게 만들었다. 이런 직관적인 개념에 오래도록 매달리게 만든 원인은, 어쩌면 유럽을 뒤덮고 있던 아리스토텔레스의 권위에 있을지도 모른다. 2천 년 동안 진실로 받아들여져 온 그의 역학에 관한 저작에서는 다음과 같은 내용을 찾아볼 수 있다.

> 움직이는 물체는 작용하던 힘이 사라지면 그 자리에 멈춘다.

갈릴레오가 발견하고 사용한 과학적 추론 방식은 인간 사고의 역사에서 가장 중요한 업적 중 하나이며, 물리학의 진정한 시작을 의미한다. 이 발견은 일차적인 관찰에서 도출한 직관적인 결론은 종종 잘못된 실마리를 제공하며, 따라서 항상 믿어서는 안 된다는 사실을 가르쳐 주었다.

우리의 직관이 어느 부분에서 잘못되었던 걸까? 네 마리의 말이 끄는 마차가 두 마리의 말이 끄는 마차보다 빠르게 움직인다는 명제가 틀린 것일 수가 있을까?

운동의 기초적인 문제를 좀 더 자세하게 살펴보도록 하자. 우선 문명의 태동기 이후, 생존을 위한 노력 과정에서 우리에게 친숙해진 일상적인 경험에서 시작하는 편이 좋을 것이다.

수레를 밀면서 평탄한 길을 가던 사람이 갑자기 미는 것을 멈추었다고 해 보자. 수레는 짧은 거리를 움직이다가 이윽고 멈추게 될 것이다. 여기서 우리는 이 짧은 거리를 늘리려면 무엇이 필요한지를 물어볼 수 있다. 바퀴에 기름을 치거나 도로를 매우 매끈하게 만드는 등 여러 가지 방법이 있을 것이다.

바퀴가 잘 돌아가고 길이 매끄러울수록 수레는 더 긴 거리를 움직일 것이다. 여기서 기름을 치고 도로를 고르는 일이 무슨 효과를 낸 것일까? 해답은 외부의 영향을 줄였다는 것이다. 바퀴에서, 그리고 바퀴와 도로 사이에서, 우리가 마찰이라 부르는 효과가 감소한 것이다. 이는 이미 관측 가능한 사실에서 도출한 가설이지만, 사실 임의적인 해석에 지나지 않는다. 올바른 실마리에 도달하기 위해서는 아직 중요한 한 발짝을 더 내디뎌야 한다. 완벽하게 매끄러운 길과 전혀 마찰이 없는 바퀴를 상상해 보자. 그런 상황에서는 수레를 멈출 요소가 아무것도 없을 것이며, 따라서 영원히 달려가게 될 것이다. 이런 결론은 오직 이상적인 상황에서의 실험을 가정할 때에만 얻어낼 수 있다. 모든 외부 영향을 제거하는 것은 불가능하기 때문에, 실제로 실험을 수행할 수는 없기 때문이다. 이상적인 실험은 운동의 역학의 기반을 이루는 진짜 실마리가 무엇인지를 드러내 보여준다.

이 상황에서 문제에 접근하는 두 가지 방식을 비교해 보자. 직관적으로 떠오르는 해답은 작용이 클수록 속도도 빨라진다는 것이다. 따라서 이 경우 속도는 외부의 힘이 물체에 가해지는지의 여부를 보여준다. 갈릴레오가 발견한 새로운 실마리는 다음과 같다. 만약 어떤 물체를 끌거나 밀거나 기타 방식으로 영향을 가하지 않으면, 즉 물체에 어떤 외부의 힘도 작용하지 않으면, 그 물체는 일정하게, 즉 직선의 경로를 그리며 동일한 속도로 운동한다는 것이다. 따라서 속도는 외부의 힘이 물체에 작용하고 있는지의 여부를 보여주지 않는다. 갈릴레오가 내린 올바른 결론은 한 세대 뒤에 뉴턴에 의해 '관성의 법칙'이라는 이름으로 정리되었다. 이 법칙은 보통 학교 물리 수업에서 맨 처음 배우는 내용인데, 다음과 같은 내용으로 기억하는 사람도 있을 것이다.

> 모든 물체는 힘이 작용해 상태가 변경되지 않는 한 정지 상태, 또는 등속 직선 운동 상태를 유지한다.

우리는 실험을 통해 관성의 법칙을 직접적으로 도출해 낼 수 없으며, 관찰한 사실과 일관성을 가지는 추론을 통해서만 도출할 수 있다는 사실을 확인했다. 이렇게 실제로 수행할 수 없는 이상적 실험은 실제 실험의 결과를 이해하는 데 필수적인 역할을 담당한다.

우리를 둘러싼 세계에 존재하는 다양한 종류의 복잡한 운동들로부터, 우리는 등속 운동을 첫 번째 예시로 선택했다. 등속 운동은 외부의 힘이 작용하지 않기 때문에 가장 단순한 형태의 운동이다. 하지만 등속 운동은 현실 세계에서는 존재할 수 없다. 탑 위에서 던진 돌멩이나 도로 위에서 미는 수레는 완벽한 등속 운동을 할 수가 없다. 외부 힘의 영향을 제거할 수 없기 때문이다.

훌륭한 추리소설에서 터무니없이 명백한 증거는 잘못된 용의자로 이어지게 마련이다. 자연의 법칙을 이해하려는 우리들의 경우에도, 그와 비슷하게 가장 명백하고 직관적인 설명은 종종 잘못된 것으로 드러난다.

인간의 사고력이 그려내는 우주의 형상은 끊임없이 변화한다. 갈릴레오의 공헌은 직관적인 세계관을 파괴하고 새로운 세계관을 도입한 것이다. 갈릴레오의 발견이 중요한 이유는 바로 여기에 있다.

하지만 운동과 관련된 다른 질문이 즉시 그 뒤를 따른다. 물체에 외부의 힘이 작용하는지를 판별하는 기준으로 속도를 사용할 수 없다면, 다른 무엇이 기준이 되어야 할까? 갈릴레오가 이 근본적인 질문에 대한 해답을 발견했고, 뉴턴이 간결하게 정리했다. 이 해답은 지금까지의 수사에서 한 발짝 나아간 실마리를 제공해 준다.

올바른 답을 얻기 위해서, 우리는 완벽하게 매끄러운 도로를 달려가는 수레에 대해 조금 더 깊이 사고해 보아야 한다. 우리가 가정한 이상적인 실험에서 등속 운동이 이루어지는 이유는 외부의 힘이 전혀 존재하지 않기 때문이다. 그럼 이제 등속으로 운동하는 수레를 운동 방향으로 슬쩍 밀었다고 상상해 보자. 무슨 일이 벌어질까? 당연히 속도가 증가할 것이다. 마찬가지로 운동 반대 방향으로 수레를 밀면 당연히 속도가 감소할 것이다. 첫 번째 경우에는 미는 행동이 수레를 가속시켰으며, 두 번째 경우에는 감속, 즉 속도를 줄어들게 만들었다. 따라서 곧바로 한 가지 결론이 도출된다. 외부의 힘이 작용하면 속도가 변하는 것이다. 밀거나 당기는 행동의 결과는 속도 자체가 아니라 '속도의 변화'인 것이다. 힘은 운동 방향으로 작용하는지, 아니면 반대 방향으로 작용하는지에 따라 물체를 가속 또는 감속시킨다. 갈릴레오는 이 사실을 명확하게 꿰뚫어 보고 『새로운 두 과학Two New Sciences』에서 다음과 같이 말했다.

> …운동하는 물체에 가해진 속도는 가속 또는 감속의 외부 요인이 존재하지 않는 한 견고하게 유지된다. 이런 상태는 수평으로 놓인 평면에서만 유지될 수 있는데, 내리막 경사가 존재하는 면에는 이미 가속의 요인이 존재하기 때문이다. 반면 오르막 경사가 존재하는 면에는 감속의 요인이 존재한다. 여기서 수평면 위의 운동은 영구적이라는 결론을 얻을 수 있다. 속도가 일정하다면 속도를 줄이거나 늦출 수 없으며, 따라서 사라지게 하는 일은 불가능하기 때문이다.

우리는 올바른 실마리를 추적해서 운동이라는 문제를 좀 더 깊이 이해할 수 있게 되었다. 힘과 속도가 연관이 있다는 직관적인 생각은 잘못된 것이며, 힘의 작용이 속도의 변화를 유발한다는 사실은 뉴턴이 정리한 고전역학의 근간이 되었다.

지금까지 고전역학에서 주인공 역할을 하는 두 가지 개념, 힘과 속도의 변화를 사용해 왔다. 과학의 발전 과정에서 이 두 가지 개념은 확장과 일반화 과정을 거친다. 따라서 좀 더 자세히 이것에 대해 알아보고 넘어가는 편이 좋을 것이다.

힘이란 무엇인가? 직관적으로 알 것 같다는 느낌이 드는 용어다. 이 개념은 물체를 밀거나 던지거나 당길 때 필요한 노력과, 각각의 행동을 할 때 근육에 느껴지는 감각으로부터 도출되었다. 그러나 보편성을 가지는 힘이라는 용어는 이런 단순한 예시보다 훨씬 멀리까지 확장된다. 수레를 끄는 말을 떠올리지 않고도 힘이 무엇인지를 상상할 수 있으니까! 우리는 태양과 지구, 또는 지구와 달이 서로 끌어당기는 작용, 그리고 그로 인해 조수간만을 일으키는 작용을 힘이라 부른다. 지구가 우리 인간이나 다른 모든 사물을 자신의 영향권 안에 붙들어 두는 작용, 바람이 바다에 파도를 일게 만들거나 나뭇잎을 움직이는 작용도 힘이라 부른다. 속도의 변화가 관찰된다면 그 원인은 반드시 외부의 힘이라고 할 수 있을 것이다. 뉴턴은 『프린키피아Philosophiæ Naturalis Principia Mathematica』에서 다음과 같이 썼다.

외부의 힘이란 정지 또는 등속 직선 운동을 하는 물체의 상태를 바꾸기 위해 물체에 가해지는 작용이다.

이 힘은 작용 자체에만 존재하며, 작용이 끝나면 물체 안에 머물지 않는다. 물체는 관성에 의해 자신이 획득한 새로운 상태를 유지하려 들기 때문이다. 외부의 힘은 충돌, 압력, 구심력과 같이 물체 자체가 아닌 다른 근원에서 유래한다.

탑의 꼭대기에서 돌을 떨어뜨리면 그 운동은 일정하게 유지되지 않으며, 떨어질수록 속도가 증가한다. 우리는 여기서 외부의 힘이 운동 방향으로 작용한다는 결론을 내릴 수 있다. 다른 말로 하자면, 지구가 돌멩이를 끌어당기는 것이다. 다른 예를 하나 들어 보자. 돌멩이를 수직으로 위로 던져 올리면 어떤 일이 벌어지는가? 돌멩이의 속도가 점차 줄어들다가, 마침내 최고점에 도달한 다음 낙하를 시작한다. 이러한 감속 현상은 낙하하는 물체를 가속시키는 것과 동일한 힘 때문에 일어난다. 전자는 운동 방향으로 힘이 작용하고, 후자는 운동 반대 방향으로 힘이 작용하는 것뿐이다. 동일한 힘이 작용하지만 돌멩이가 낙하하는지 또는 상승하는지에 따라 가속 또는 감속이 일어나는 것이다.

## 벡터

지금까지 우리가 살펴본 운동은 모두 직선 경로를 따르는 직선 운동이었다. 이제 한 걸음 더 나가 보자. 자연법칙을 이해하기 위해서는 가장 단순한 현상부터 분석을 시도해야 하며, 그를 위해 첫 시도에서는 모든 복잡한 세부 사항을 배제하기 마련이다. 그리고 직선은 곡선보다 단순하다. 그러나 직선 운동을 이해하는 것만으로는 만족하기 힘들다. 달이나 지구나 행성들의 운동을 비롯해, 역학 법칙을 적용했을 때 훌륭한 결과물을 보여준 운동 중 많은 수가 곡선 경로를 가진다. 직선 운동에서 곡선을 그리는 운동으로 넘어가는 일에는 새로운 어려움이 발생한다. 그러나 첫 실마리로서 과학 발달의 시발점이 되었던 고전역학의 원리를 이해하기 위해서는 그런 어려움을 극복하기 위한 용기가 필요하다.

우선 다른 이상적인 실험을 상정해 보자. 완벽한 구체가 매끄러운 표면 위에서 등속 운동을 한다. 우리는 이 시점에서 구체를 밀면, 즉 외부의 힘을 가하면, 속도가 변하리라는 사실을 알고 있다. 그럼 이제 힘을 가하는 방향이 수레의 경우에서처럼 운동 방향의 연장선상이 아니라 완전히 다른 방향, 이를테면 운동 방향과 수직이라고 가정해 보자. 구체에는 무슨 일이 벌어질까? 구체의 운동은 세 단계로 구분할 수 있을 것이다. 기존의 운동, 힘의 작용, 그리고 힘의 작용이 끝난 후의 최종 운동이다. 관성의 법칙에 따르면 힘의 작용 전후에, 구체는 등속 운동을 하게 된다. 그러나 힘의 작용 전후의 등속 운동에는 차이가 존재한다. 방향이 변한 것이다. 구체의 기존 운동 방향과 힘의 작용 방향은 서로 수직으로 만난다. 최종 운동 방향은 두 방향 사이의 새로운 방향을 따른다. 힘이 강하고 기존 속도가 느렸다면 힘의 작용 방향에 가까울 것이고, 힘이 약하고 기존 속도가 빨랐다면 기존 운동 방향에 가까울 것이다. 관성의 법칙에 따르자면, 우리의 새로운 결론은 다음과 같다. 일반적으로 외부 힘의 작용은 속도만이 아니라 운동 방향도 바꿀 수 있다. 이 사실을 이해하면 물리학에 도입된 벡터라는 일반 개념을 이해할 준비가 끝난 것이다.

지금까지 사용해 온 직접적 추론 방법은 이번에도 사용할 수 있다. 시작점은 이번에도 갈릴레오의 관성의 법칙이 될 것이다. 이 소중한 실마리는 운동이라는 퍼즐을 풀기 위해서 앞으로도 한참 더 사용해야 한다.

매끈한 탁자 위에서 서로 다른 방향으로 운동하는 두 개의 구체를 가정해 보자. 외부의 힘이 작용하지 않는 상황이므로, 두 구체는 완벽한 등속 운동을 할 것이다. 그렇다면 여기서 가정을 추가해, 두 구체의 속력이 동일하다고 해 보자. 이는 같은 시간에 같은 거리를 움직인다는 뜻이다. 그러나 이 두 구체의 속도도 동일하다고 할 수 있을까? 답은 예일 수도, 아닐 수도 있다! 만약 자동차 두 대의 속도계가 동일하게 시속 40마일을 가리킨다면, 진행 방향이 어느 쪽이든 우리는 일반적으로 두 대의 속도가 동일하다고 말한다. 그러나 과학자들은 과학 분야에서만 사용하는 독자적인 개념과 독자적인 용어를 만들어 낸다. 과학의 개념은 종종 일상생활에서 사용하는 언어의 형태로 시작하지만, 전혀 다른 뜻으로 분화해 나간다. 변형되어 일상 언어에 존재하는 모호성이 사라지며, 과학적 사고에 적용할 수 있도록 명확성을 획득한다.

물리학자의 관점에서 보자면, 구체 두 개가 서로 다른 방향으로 움직일 경우에는 그 속도가 서로 다르다고 말하는 편이 이점이 더 많다. 관례의 문제가 있기는 하지만, 원형 교차로에서 서로 다른 방향으로 떠나는 네 대의 자동차의 경우에도, 속도계가 똑같이 시속 40마일을 가리키고 있더라도 서로 속도가 다르다고 말하는 쪽이 편하다. 속도와 속력의 차이는 물리학에서 어떤 식으로 일상 개념을 가져다 과학의 발전에 유용한 형태로 바꾸는지를 잘 설명해 준다.

길이를 측정한 결과는 단위에 따라 기록한다. 막대 하나의 길이가 3피트 7인치라든가, 특정 물체의 무게가 2파운드 3온스라던가, 측정한 시간의 길이가 몇 분 몇 초라는 식으로 말이다. 각각의 경우에 측정 결과는 숫자로 표시한다. 그러나 일부 물리학 개념을 묘사할 때는 숫자만으로는 부족하다. 이 사실을 인식한 것이 과학을 수사해 나가는 과정에서 제법 큰 발전을 불러왔다. 예를 들어, 속도를 표시할 때는 숫자만이 아니라 방향도 필요한 것이다. 이렇게 크기와 방향을 동시에 가지는 속성은 벡터라 부른다.

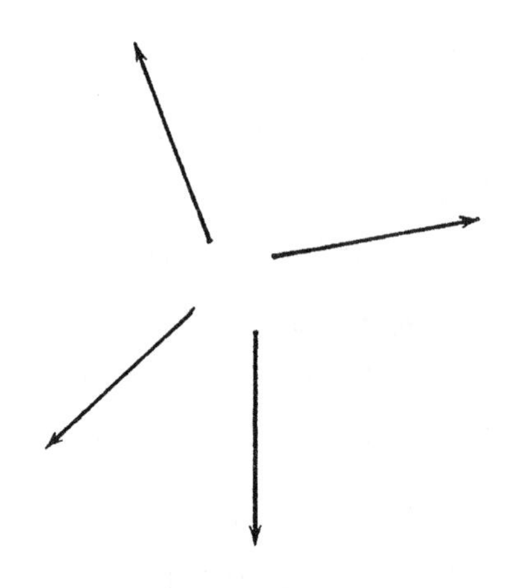

이를 표현하기에 가장 적합한 기호는 화살표다. 속도는 화살표 또는, 단순하게 말하자면 특정 단위 길이가 속력을 나타내고 방향이 운동 방향을 나타내는 벡터로 표시할 수 있다.

동일한 속력으로 원형교차로를 빠져나가는 자동차 네 대의 경우, 이 속도는 이전 그림에서와 같이 동일한 길이를 가지는 네 개의 벡터로 표현할 수 있다. 여기서 1인치는 시속 40마일을 뜻한다. 이런 식으로 표시하면 모든 속도를 벡터 형태로 표현할 수 있으며, 거꾸로 단위를 알기만 하면 벡터 기호를 속도로 환산해 낼 수 있다.

고속도로에서 서로를 스쳐 지나가는 두 대의 자동차에서

속력계가 둘 다 시속 40마일을 가리키고 있었다면, 우리는 이 두 대의 자동차의 속도를 서로 반대 방향을 가리키는 화살표의 벡터로 표현할 수 있다.

즉, '도심 방향' '교외 방향'을 가리키는 지하철 객차의 화살표처럼 반대를 가리키게 될 것이다. 그러나 교외 방향으로 나가는 객차들은 어느 역 또는 거리에 있든 속력만 같다면 같은 속도를 가진다고 할 수 있을 것이며, 이는 단 하나의 벡터로 뭉뚱그려 표현할 수 있다. 벡터는 특정 객차가 어느 지점을 지나가는지, 또는 평행으로 놓인 철로 중 어느 것을 지나가는지는 전혀 알려줄 수 없다. 다른 말로 하자면, 개념에 대한 약속에 따라, 아래 그려진 벡터들은 모두 동일한 것으로 간주할 수 있다는 말이다. 아래의 모든 벡터는 동일 또는 평행선상에 위치하며, 길이도 동일하고, 무엇보다 같은 방향을 가리키고 있다.

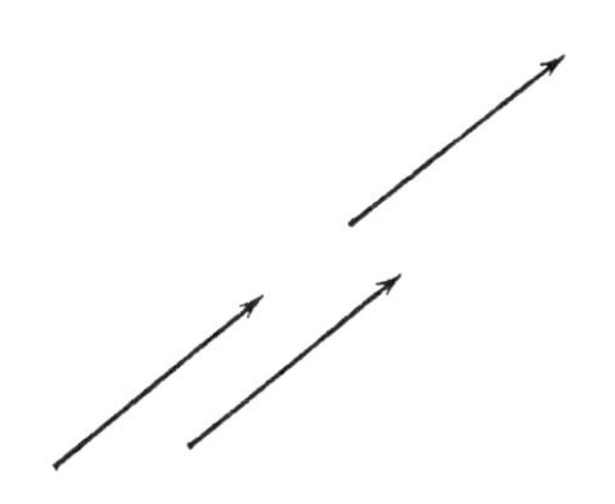

다음 그림은 모두 다른 벡터를 의미하는데, 모두 길이 또는 방향, 때론 양쪽 모두가 다르기 때문이다.

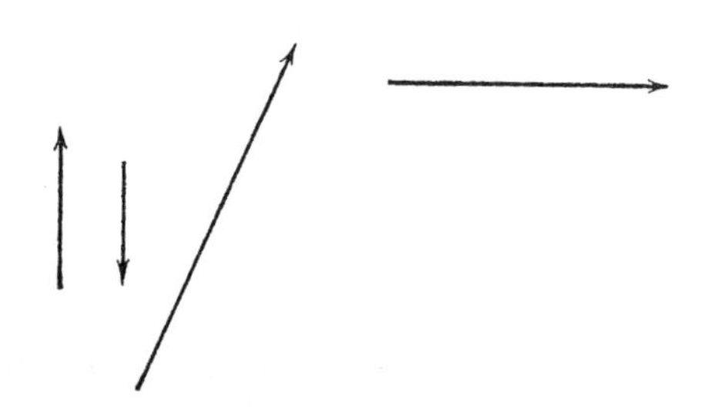

이 네 개의 벡터는 다른 방식으로, 이를테면 다음과 같이 동일한 지점에서 갈라져 나가는 것으로 표현할 수도 있다.

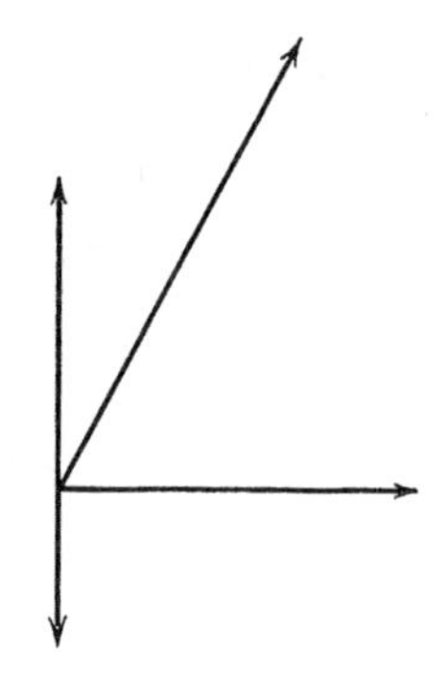

벡터에 있어 시작점은 중요하지 않기 때문에, 이 벡터들은 동일한 원형교차로를 빠져나가는 네 대의 자동차를 가리킬

수도 있고, 서로 다른 지방에서 제각기 지정된 속력과 방향으로 움직이는 네 대의 자동차를 가리킬 수도 있을 것이다.

이런 벡터 표현법은 앞에서 다루었던 직선 운동을 표현하는 데에도 사용할 수 있다. 우리는 등속 직선 운동을 하며 속도가 증가하는 방향으로 미는 힘이 작용하는 수레에 대해 이야기했다. 이는 두 개의 벡터를 사용해 나타낼 수 있는데, 짧은 화살표는 밀기 전의 속도를 나타내고 긴 쪽은 같은 방향으로 민 후의 속도를 나타낸다.

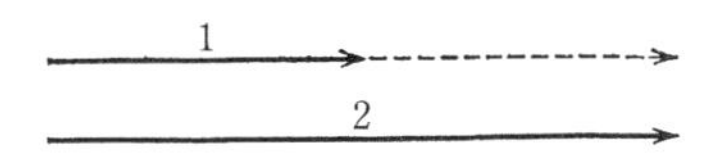


점선이 의미하는 바는 명백한데, 미는 힘을 가해서 변화한 속도를 나타내는 것이다. 힘이 운동의 반대 방향으로 가해져서 운동의 속도가 감소할 경우, 그림은 조금 다른 형태가 된다.

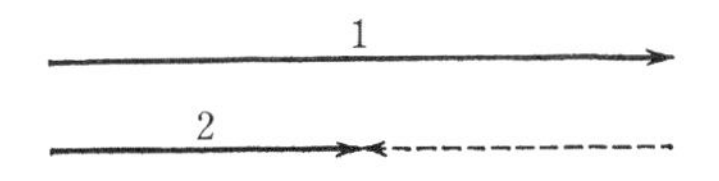


여기서도 점선은 속도의 변화를 나타내지만, 이 경우에는 방향이 다르다. 속도 그 자체만이 아니라 속도의 변화까지도

벡터임이 자명해진다. 그러나 속도의 변화는 모두 외부의 힘이 작용한 결과이며, 따라서 힘 또한 벡터로 나타내야 한다. 힘의 성질을 표현하기 위해서는 수레를 얼마나 세게 미는지를 언급하는 것만으로는 부족하며, 어느 방향으로 미는지도 말해야 한다. 힘 또한 속도나 속도의 변화와 마찬가지로 단순한 숫자만이 아닌 벡터로 표현해야 하는 것이다. 따라서 외부의 힘 또한 벡터이며, 속도의 변화와 같은 방향으로 표시해야 한다. 앞의 두 그림에서 점선으로 표시한 벡터는 속도의 변화를 나타내기 때문에, 곧 힘의 작용 방향을 의미한다고 할 수 있다.

여기까지 읽은 회의적인 독자들은 벡터를 사용하면 무슨 이점이 있는지 모르겠다고 말할지도 모르겠다. 지금까지 한 일은 이미 확인한 사실을 낯설고 복잡한 언어로 변환한 것에 지나지 않아 보인다. 이 단계에서는 그런 생각이 틀리다고 설득하는 일은 분명 힘들어 보인다. 사실 지금 이 순간에는 그런 말이 옳다고 할 수 있다. 하지만 잠시 시간을 두고, 이 기묘한 언어가 아주 중요한 일반화를 불러오며, 벡터의 개념을 필수적인 것으로 만드는 모습을 지켜보기 바란다.

## 운동의 수수께끼

직선상의 운동만으로는 자연에서 관찰할 수 있는 운동을

이해하기 힘들다. 따라서 다음 단계는 곡선을 그리는 운동에 관련된 법칙을 찾아내는 일이 될 것이다. 이는 쉬운 일이 아니다. 직선 운동의 경우에는 속도, 속도의 변화, 힘이라는 개념이 가장 유용했다. 그러나 곡선 운동에서는 이런 개념이 어떻게 적용될 수 있을지를 즉각적으로 파악하기 힘들다. 예전 개념들을 일반적인 운동에 적용하기 힘들며 새로운 개념을 만들어야 한다고 생각하는 것도 물론 가능한 일이다. 과거의 길을 따라야 할까, 아니면 새로운 길을 찾아야 할까?

개념의 일반화는 과학에서 매우 자주 사용되는 기법이다. 일반화의 방법 자체는 여러 가지가 있기 때문에 하나로 명확하게 표현할 수 없다. 그러나 반드시 지켜야 하는 조건이 한 가지 있다. 일반화한 개념은 원래의 조건을 만족할 경우 반드시 원래의 개념으로 환원될 수 있어야 한다는 것이다.

지금 우리 앞에 놓인 문제가 좋은 예시가 될 것이다. 우리는 과거의 개념인 속도, 속도의 변화, 힘을 일반화하여 곡선 운동에도 적용하고자 한다. 엄밀히 말하자면 곡선이라는 개념 안에는 직선이 포함된다. 직선이란 특수하고 명확한 형태의 곡선이기 때문이다. 따라서 속도, 속도의 변화, 힘이라는 개념이 곡선 운동에 도입된다면, 그 개념은 자동으로 직선에도 그대로 적용되는 것이다. 그러나 그 결과는 우리가 이전에 얻은 결과와 배치되어서는 안 된다. 곡선을 직선으로 만들면 우리가 일반화한 모든 개념들은 직선 운동에 사용되었던 친숙한 개념으로 환원되어야 한다. 그러나 일반화의 성공 여부는 이런 제약만으로는 판단할 수 없으며, 과학의 역사는 가장 간단한 일반화조차 성공 또는 실패할 수 있다는 사실을 보여준다. 여기서는 우선 추측이 필요하다. 우리의 경우에는 올바른 일반화 방법을 선택했는가 하는 단순한 추측이다. 새로 도입한 개념은 매우 성공적으로 안착해서, 허공으로 던진 돌멩이부터 행성의 운동에 이르기까지 많은 것을 이해하도록 도와준다.

그렇다면 속도, 속도의 변화, 힘이라는 용어가 일반적인 곡선 운동의 경우에는 무엇을 의미하는 것일까? 우선 속도부터 시작해 보자. 곡선 경로를 따라 아주 작은 물체가 왼쪽에서 오른쪽으로 움직이고 있다. 이런 작은 물체는 보통 '입자particle' 라고 부른다. 곡선 위의 점은 특정 순간에 입자의 위치를 나타낸다.

이 특정 시간과 위치에서 점의 속도는 어떻게 될까? 갈릴레오의 실마리가 다시 한 번 속도라는 개념의 도입에 도움을 준다. 다시 한 번 상상력을 발휘해 이상적인 실험을 가정해 보자. 입자는 외부 힘의 영향을 받아 왼쪽에서 오른쪽으로, 곡선을 따라 움직인다. 점이 나타내는 위치에서, 특정 시간에 모든 힘의 작용이 동시에 사라진다고 생각해 보자. 그런 상황이 된다면 관성의 법칙에 따라 입자는 등속 운동을 하게 될 것이다. 물론 실제 실험에서는 물체에서 모든 외부의 힘을 제거할 수는 없다. 여기서는 그저 '만약 그런 일이 가능하다면 무슨 일이 벌어질 것인가?'라는 가정을 한 다음, 그로부터 도출되는 결론이 적절한지를 확인하고 그 내용이 실험 결과와 일관성을 가지는지를 확인할 뿐이다.

다음 그림의 벡터는 모든 외부의 힘이 사라질 경우 예상할 수 있는 등속운동의 방향을 나타낸다.

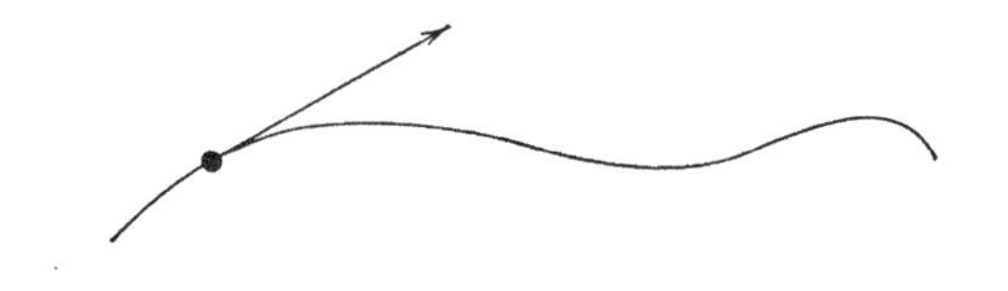

소위 말하는 접선의 방향이다. 곡선의 아주 작은 일부분을 관찰할 수 있는 현미경으로, 운동하는 입자를 관찰한다고 생각해 보자. 접선은 그 작은 일부분의 연장선이다. 따라서 여기서 그린 벡터는 특정 순간의 속도를 나타낸다. 즉 속도의 벡터가 접선 위에 존재하는 것이다. 그리고 여기서 벡터의 길이는 속도의 강도, 또는 차량의 속도계로 측정한 속력 등을 나타낸다.

속도 벡터를 찾기 위해 운동 자체를 파괴한 우리의 가상 실험을 너무 진지하게 받아들여서는 곤란하다. 이 실험은 그저 우리가 속도 벡터라고 부르는 것을 찾아내고, 특정 시점과 특정 위치에서 벡터를 이해하는 것을 돕기 위한 가정일 뿐이다.

다음 그림에는 곡선 위를 움직이는 입자가 세 개의 지점에서 가지는 속도 벡터가 그려져 있다.

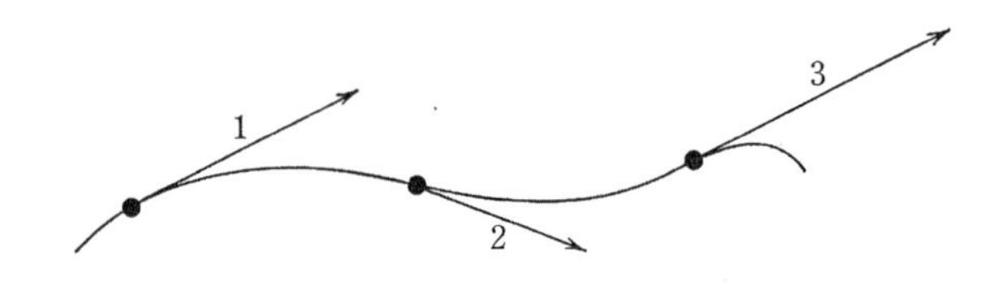


이 경우 방향만이 아니라 속도의 강도까지 벡터의 길이를 통해 표현되며, 운동 도중 계속 변화한다는 것을 확인할 수 있다.

이 속도의 새로운 개념이 모든 일반화에 필수적인 요건을 만족하는가? 즉, 곡선이 직선이 된다면 우리에게 익숙한 개념으로 환원되는가? 당연히 그렇다. 직선에 대한 접선은 직선 그 자체이다. 속도 벡터는 움직이는 수레나 굴러가는 구체와 마찬가지로 운동이 일어나는 직선 위에 위치한다.

다음 단계는 곡선을 따라 움직이는 입자에 속도의 변화라는 개념을 도입하는 것이다. 이 또한 여러 방법으로 수행할 수 있으며, 우리는 그중 가장 단순하고 간편한 것을 찾으려 한다. 이전 그림은 하나의 경로 위를 운동하는 입자에서, 경로 위의 다양한 지점에서 가지는 벡터를 표시했다. 그리고 벡터에서 가능하다는 점을 이미 알고 있기 때문에, 처음의 두 벡터는 동일한 시작점을 가지도록 하여 다음과 같이 표시하는 것이 가능하다.

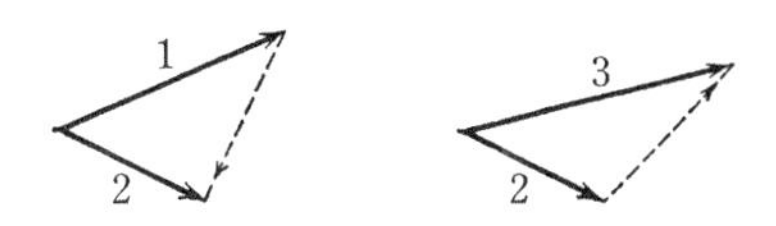


여기서 점선으로 그린 벡터를 우리는 속도의 변화라 부른다. 시작점은 첫 벡터가 끝나는 지점이며, 종착점은 두 번째 벡터가 끝나는 지점이 된다. 속도의 변화를 이렇게 지정하는 일은 얼핏 보기에는 작위적이고 의미 없는 것처럼 보인다. 그러나 1번 벡터와 2번 벡터가 동일한 방향을 가리키는 특수한 경우에는 의미가 훨씬 명확해진다. 우리가 직선 운동을 검토할 때 이미 확인한 형태가 되기 때문이다. 두 벡터가 동일한 시작점을 가지고, 점선 벡터가 두 벡터의 종착점을 잇는 경우를 생각해 보자. 그러면 이제 벡터는 29페이지 위쪽의 그림과 동일한 형태가 되며, 기존의 개념은 새로운 개념의 특수한 형태로서 존재하게 된다.

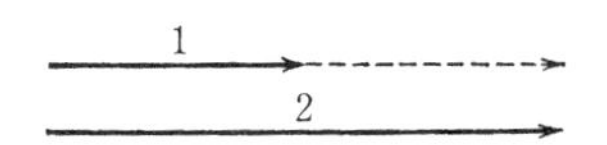


여기서 두 벡터를 분리해 그릴 수밖에 없었다는 점을 염두에 두기 바란다. 이렇게 그리지 않았다면 서로 겹쳐서 알아볼

수 없었을 것이다.

이제 일반화의 마지막 단계가 남아 있는데, 이야말로 지금까지 우리의 추측 중에서 가장 중요한 단계이다. 힘과 속도의 변화 사이의 관계를 구축하여, 운동이라는 일반적인 문제를 이해하는 데 필요한 실마리를 정리해야 한다.

직선 운동을 설명할 때 필요한 실마리는 단순했다. 외부의 힘이 속도의 변화를 가져온다. 힘의 벡터는 속도 변화와 같은 방향을 가진다. 그러면 곡선 운동에서는 어떤 실마리가 필요할까? 사실은 같은 실마리로 충분한 것이다! 속도의 변화를 예전보다 더 넓은 의미로 해석하기만 하면 된다. 이전의 두 그림에서 점선 벡터를 한번 살펴보기만 하면 그 의미를 명확하게 깨달을 수 있다. 만약 곡선 위의 모든 점의 속도를 알 수 있다면, 특정 점에서의 힘의 방향 또한 즉각 유추할 수 있다. 매우 짧은 시간을 두고 있는, 즉 서로 매우 가까운 거리에 있는 점 두 개의 속도 벡터를 그린다. 첫 번째 벡터의 종착점에서 두 번째 벡터의 종착점으로 화살표를 그리면 작용하는 힘의 방향을 나타내 준다. 그러나 여기서 중요한 점은 두 개의 속도 벡터가 '매우 짧은' 시간을 두고 떨어져 있어야 한다는 것이다. '매우 짧은' '매우 가까운' 등의 용어를 철저하게 해석하는 일은 그다지 단순하지 않다. 이런 해석은 뉴턴과 라이프니츠가 미분법을 발견하는 기반이 되기도 했다.

갈릴레오의 실마리를 일반화하는 일은 힘겹고 복잡한 작업이었다. 이러한 일반화가 얼마나 풍요로운 결과를 가져왔는지는 여기서 전부 보여줄 수 없을 정도다. 이렇게 도출한 보편적인 법칙은 과거 일관성 없이 잘못 해석되어 왔던 여러 사실에 대한 단순하고 설득력 있는 설명을 제공해 주었다.

그럼 극도로 다양한 수많은 운동 중에서 가장 단순한 것만 골라내, 우리가 방금 도출한 법칙을 적용해서 설명을 시도해 보자.

총에서 발사된 총알, 대각선으로 던진 돌멩이, 호스에서 뿜어 나오는 물줄기 등은 모두 우리에게 익숙한 동일한 형태, 즉 포물선을 그린다. 돌멩이에 속도계를 부착해서 매 순간의 속도 벡터를 측정할 수 있다고 가정해 보자.

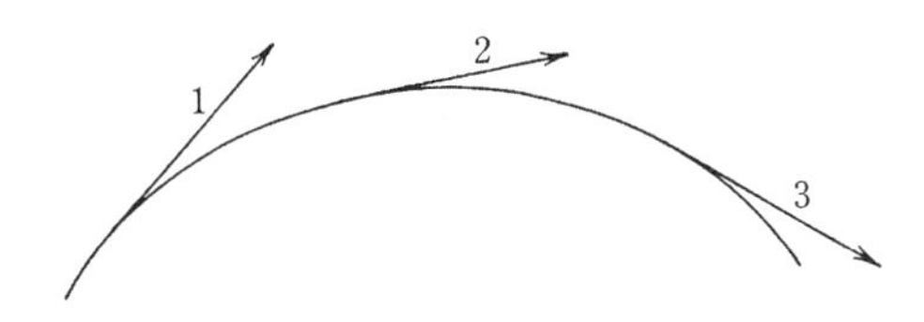


그러면 이 그림과 같은 결과가 나올 것이다. 돌멩이에 작용하는 힘의 방향은 속도의 변화와 같으며, 우리는 그 속도 변화를 어떻게 측정할 수 있는지를 알고 있다. 따라서 다음 그림에서 확인할 수 있는 결과에 따르면, 힘이 수직 아래쪽으로 작용하고 있다는 사실을 확인할 수 있다.

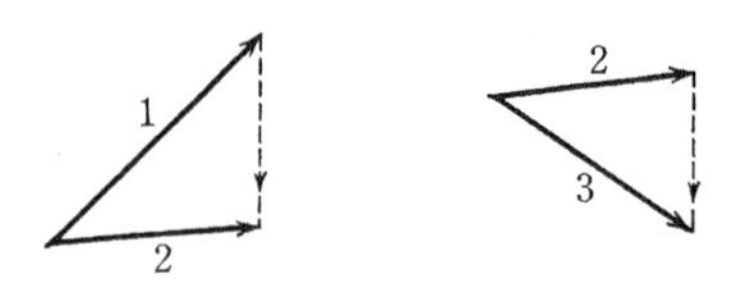


경로와 실제 속도는 상당히 다르지만, 속도의 변화는 동일한 방향으로, 즉 지구 중심부를 향하도록 일어나고 있는 것이다.

실 끝에 돌멩이를 묶어서 평면 위에서 돌리면, 돌멩이는 원을 그리며 움직인다.

여기서 돌멩이가 동일한 속력으로 운동을 한다면, 이 그림에 존재하는 모든 벡터는 같은 길이를 가지게 된다. 그러나 경로가 직선이 아니기 때문에 속도는 동일하지 않다. 등속 직선운동은 힘이 존재하지 않을 경우에만 가능하다.

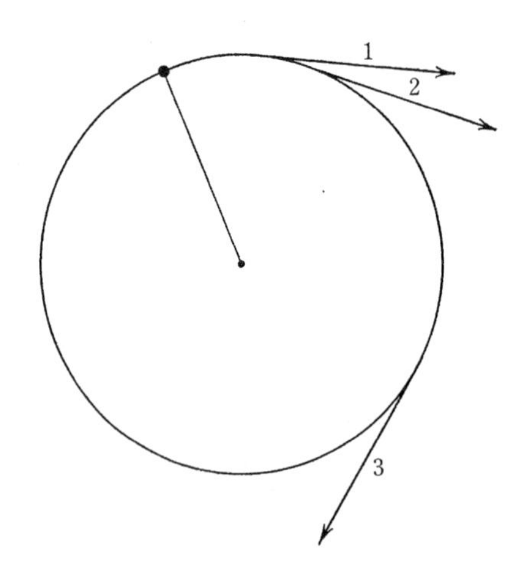

그러나 여기에서는 속력은 일정하나 방향이 일정하지 않기 때문에 속도가 변화한다고 할 수 있다. 운동의 법칙에 따르면 이런 변화를 일으키는 힘이 존재해야 하며, 이 경우 그 힘은 돌멩이와 줄을 쥐고 있는 손 사이에서 발생한다. 그러면 즉시 다음 질문이 생겨난다. 이 힘은 어느 방향으로 작용하는 것인가? 이번에도 벡터 그림이 해답을 제시해 준다. 두 개의 매우 가까운 지점 사이의 속도 벡터를 그리면 속도의 변화를 찾을 수 있다.

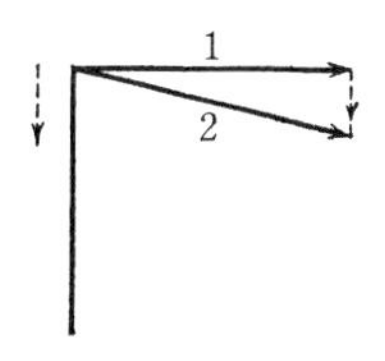


이 마지막 벡터는 원의 중심을 향하는 것처럼 보이며, 항상 원에 대한 접선 형태가 되는 속도 벡터와 수직을 이룬다. 다른 말로 하자면 줄을 통해 돌멩이에 손의 힘이 작용하고 있는 것이다.

매우 비슷하지만 더 중요한 운동으로, 지구 주위를 공전하는 달의 운동이 있다. 이 운동은 어느 정도까지는 속력이 일정한 원운동으로 치환하는 것이 가능하다. 여기서 힘은 방금 전의 예시에서 손의 방향이었던 것과 같은 이유에서 지구 방향을 향한다. 지구와 달을 연결하는 끈은 존재하지 않지만, 두 물체의 중심점을 연결하는 선을 상상하는 것은 가능하다. 힘은 이 선을 따라서 지구의 중심부를 향해 작용한다. 허공으로 던지거나 탑 꼭대기에서 떨어뜨린 돌멩이에 작용하는 힘과 마찬가지다.

지금까지 운동에 대해 알아본 모든 사실은 단 하나의 문장으로 축약할 수 있다. '힘과 속도 변화는 동일한 방향을 가지는 벡터이다.' 이 문장은 운동이라는 문제에 대한 첫 실마리일 뿐, 관찰할 수 있는 모든 운동에 대한 설명이 될 수는 없다. 아리스토텔레스의 사고방식에서 갈릴레오의 사고방식으로 전환하는 과정은 과학에서 가장 중요한 주춧돌이 되었다. 이 혁신 덕분에 앞으로 나아갈 길이 명백하게 밝혀진 것이다. 우리는 그 발전의 첫 단계를, 최초의 실마리를 따라가는 과정을, 새로운 물리 개념이 낡은 개념과 고통스럽게 충돌하며 태어나는 모습을 보여주고 싶었다. 예상치 못한 새로운 길이 어떻게 발견되고, 그것이 과학의 새로운 영역을 어떻게 개척하는지, 그리고 끊임없이 변화하는 우주의 모습을 그려 나가는 과학적 사고라는 모험에 어떻게 연결되는지가 우리의 관심사였다. 기초적인 최초의 과정은 항상 혁명적인 요소를 가지게 마련이다. 과학적 상상력은 기존의 개념을 너무 제한적이라 여기며 새로운 개념으로 그를 대체한다. 일단 시작된 이후의 발전은 진화라고 불러야 할 만한 양상을 보인다. 적어도 정복해야 할 새로운 영역이 등장해서 전환점이 마련될 때까지는 말이다. 그러나 주요 개념의 전환이 어떤 논리를 따르며 어떤 어려움을 극복하기 위한 것인지를 이해하기 위해서는, 최초의 실마리뿐 아니라 그로부터 끌어낼 수 있는 결론까지 알고 있어야 한다.

현대 물리학의 가장 중요한 특징 중 하나는 최초의 실마리에서 끌어낼 수 있는 결론이 정성적일 뿐만 아니라 정량적이기도 하다는 점이다. 다시 한 번 탑에서 돌멩이 하나를 떨어뜨리는 경우를 생각해 보자. 낙하하는 돌멩이의 속도가 증가한다는 사실은 이미 알고 있지만, 이제 더 많은 사실이 알고 싶어진다. 그 변화의 양은 얼마나 되는가? 그리고 낙하를 시작한 이후 특정 시점에서 돌멩이의 위치와 속도는 어떻게 되는가? 우리가 원하는 것은 사건을 예측하고, 실험을 통해 관측 결과가 이런 예측과 일치하는지, 즉 최초의 가정이 옳은지를 확인하는 것이다.

정량적인 결론을 얻기 위해서 우리는 수학의 용어를 사용해야 한다. 과학에서 대부분의 기본 개념은 본질적으로 단순하며, 모두가 이해하는 언어로 표현할 수 있어야 한다. 그러나 이런 개념을 확장하기 위해서는 고도로 정교한 수사 기술을 사용해야 한다. 실험과 비교할 수 있는 결론을 이끌어내기 위해서는 수학을 추리의 도구로 사용해야 한다. 기초적인 물리 개념만 살펴보는 동안에는 수학이라는 언어를 피하는 것이 가능하다. 이 책에서 우리는 수학을 피하고자 하므로, 이후 발생하는 중요한 실마리를 이해하기 위해 때로는 제대로 된 증명 없이 결과만을 인용할 수밖에 없다. 수학이라는 언어를 배제하기 위해서는 명확성을 포기하는 대가를 치를 수밖에 없으며, 때로는 도출한 방식을 설명하지 않고 결과만을 인용하는 경우도 종종 발생할 것이다.

운동의 문제에서 매우 중요한 예시는 태양 주위를 공전하는 지구이다. 지구가 타원이라 부르는 곡선을 그리며 공전한다는 사실은 잘 알려져 있다. 속도의 변화를 벡터로 표시하면 지구에 가해지는 힘이 태양 방향을 향한다는 사실을 확인할 수 있다.

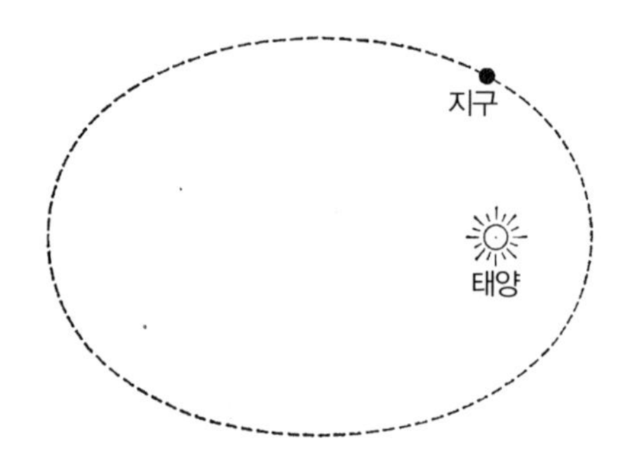


그러나 이 사실은 결국 불충분한 정보에 지나지 않는다. 우리는 특정 시간에서의 지구와 다른 행성들의 위치를, 그리고 다음 일식이나 기타 주요 천체의 사건이 벌어지는 일시와 기간을 예측하고 싶다. 이를 위해서는 최초의 실마리만으로는 부족하다. 이제는 힘의 방향만이 아니라 그 절대값, 즉 강도를 알 필요가 있기 때문이다. 이 점에 관해 영감에 찬 추측을 한 사람이 바로 뉴턴이었다. 그의 '중력의 법칙'에 따르면, 두 물체가 서로를 끌어당기는 힘은 아주 단순하게 그 거리에 영향을 받는다. 거리가 늘어나는 것에 비례해서 힘은 줄어드는 것이다. 정확하게 말하자면, 거리가 두 배가 되면 힘은 $2 \times 2 = 4$배로 작아지며, 거리가 세 배가 되면 힘은 $3 \times 3 = 9$배로 작아지게 된다.

따라서 중력의 경우, 우리는 단순하게 '힘은 움직이는 물체 사이의 거리에 영향을 받는다'고 표현할 수 있다. 더 나아가면 모든 힘에 대해, 이를테면 전기력이나 자기력 등에 대해서도 비슷한 방식으로 접근할 수 있다. 우리의 목적은 힘을 단순한 형식으로 표현하는 것이다. 그리고 이를 위해서는 그 표현을 적용한 결론이 실험으로 입증될 때에만 정당화된다.

그러나 인력에 대한 이런 지식만으로는 행성의 움직임을 제대로 묘사해 낼 수가 없다. 우리는 힘과 속도 변화를 나타내는 벡터가 매우 짧은 시간 동안에는 동일한 방향을 가리킨다는 사실을 알고 있지만, 뉴턴은 거기서 한 걸음 더 나아가 그 길이에 대해서도 단순한 연관 관계를 찾아냈다. 뉴턴은 다른 모든 조건이 동일하다면, 즉 운동을 하는 물체가 동일하고 특정 시간 안에 벌어지는 변화가 동일하다면, 속도의 변화가 힘에 비례한다는 결론을 내렸다.

따라서 행성의 운동에 대한 정량적인 결론을 내리기 위해서는 두 개의 추측을 통한 보완이 필요하다. 하나는 일반적인 성질로, 힘과 속도 변화의 연관 관계에 대한 것이다. 다른 하나는 특수한 성질로, 특정 종류의 힘이 물체 사이의 거리에 대해 어떤 종류의 연관성을 지니는가 하는 것이다. 첫 번째가 뉴턴의 일반 운동 법칙이며, 두 번째가 중력의 법칙이다. 이들을 동시에 적용하면 해당 운동을 판별하는 것이 가능하다. 이는 다음과 같은 왠지 어설프게 들리는 논리를 통해 확인할 수 있다. 특정 순간에 행성 하나의 위치와 속도를 확인할 수 있고 작용하는 힘을 알고 있다고 해 보자. 그렇다면 뉴턴의 법칙에 따라 우리는 짧은 시간 동안의 속도 변화를 알 수 있다. 시작점의 속도와 변화량을 알게 되면, 우리는 일정 시간이 끝나는 순간 행성의 속도와 위치를 찾을 수 있다. 이런 과정을 반복하면 더 이상 관측 결과에 의존하지 않고도 운동 경로 전체를 추적할 수 있게 된다. 역학을 통해 운동하는 물체의 경로를 예측하는 원론적인 방법은 이런 것이지만, 지금 사용한 방식은 현실적으로 효용성이 있다고 말하기는 어렵다. 이렇게 한 단계씩 계산을 해 나간다면 극도로 오랜 시간이 필요할 뿐 아니라 부정확하기도 할 것이다. 하지만 다행히도 이런 방식을 사용할 필요는 없다. 수학이 제공해 주는 지름길을 이용하면, 문장 하나를 쓸 때 필요한 것보다 더 적은 잉크를 소모해서 명확한 운동 경로를 예측하는 일이 가능하다. 이렇게 얻은 결론은 관찰을 통해 확인하거나 부정할 수 있다.

허공에서 낙하하는 돌멩이나 궤도를 도는 달에는 동일한 외부의 힘, 즉 지구가 물체를 끌어당기는 중력이 작용한다. 뉴턴은 낙하하는 물체나 위성이나 행성의 운동이 두 개의 물체 사이에 작용하는 중력의 매우 특수한 적용 사례라는 점을 깨달았다. 단순한 경우에는 수학의 도움을 받아 이런 운동을 묘사하고 결과를 예측하는 일이 가능하다. 응용이 필요하고 극도로 복잡한 경우, 예를 들어 다수의 물체가 서로에게 영향을 끼치는 경우라면 수학의 방법론을 적용한다고 해도 별로 단순하지 않지만, 기본적인 원칙 자체는 동일하다.

이렇게 해서 최초의 실마리에서 도출된 결론을 통해, 우리는 낙하하는 돌멩이의 운동, 그리고 달과 지구와 행성의 운동을 설명할 수 있게 되었다.

이는 실험에 의해 증명되거나 부정되는 하나의 가설 체계이다. 여기서 우리가 수행한 가정 중 하나를 독립적으로 시험해 보는 일은 불가능하다. 태양 주변을 도는 행성의 경우에는 역학이라는 계가 아주 훌륭하게 맞아떨어진다는 사실이 확인되었다. 우리는 다른 여러 가정을 적용한 다른 계 또한 그만큼 잘 작동할 것이라고 상상할 수 있다.

물리학의 개념은 오로지 인간의 정신만으로 자유롭게 창조해 낸 결과물이며, 그 겉모습이 어떻게 보이든 외부 세계가 지정해 준 결과물이 아니다. 현실을 이해하려 하는 우리들은 어떻게 보면 내부가 노출되지 않은 손목시계를 이해하려 하는 사람과 비슷한 처지라고 할 수 있다. 문자반과 움직이는 바늘을 관찰하고, 똑딱거리는 소리를 들을 수는 있지만, 내부를 열어 볼 수는 없는 것이다. 머리가 좋은 사람이라면 지금 관찰할 수 있는 모든 상황을 설명하는 내부 구조를 그려 볼 수 있겠지만, 자신이 그린 것 외에도 관찰 결과에 일치하는 구조가 존재할지 여부는 확신할 수 없을 것이다. 실제 내부의 모습과 자신의 추측을 비교해 볼 수도 없을 것이며, 애초에 비교의 의미나 가능성조차 상상하지도 못할 것이다. 그러나 그는 지식이 차츰 쌓이면 현실을 묘사하는 자신의 그림도 점차 단순해질 것이며, 감각을 통해 받아들인 현상을 좀 더 많이 설명해 줄 수 있으리라 확신하게 될 것이다. 또한 인간의 정신으로 도달할 수 있는 이상적인 지식의 한계 또한 상정하고 있으며, 그런 이상적인 한계점을 객관적 진실이라 부를지도 모른다.

## 남은 하나의 실마리

역학을 처음 공부할 때는 이 분야의 모든 이론이 단순하고 근본적이며 영원히 변하지 않을 것만 같은 느낌을 받는다. 그런 사람들은 300년 동안 아무도 주목하지 않은 중요한 실마리가 하나 더 존재할 것이라고는 상상조차 하지 못한다. 그동안 무시되어 온 실마리는 역학의 가장 기본적인 개념 중 하나인 질량과 관련이 있다.

다시 한 번 완벽하게 매끈한 길 위를 달리는 수레라는 이상적인 가상의 실험으로 돌아가 보기로 하자. 멈춰 있던 수레를 밀면, 수레는 이후 일정한 속도로 등속 운동을 하게 된다. 만약 힘의 작용을 원하는 만큼 반복할 수 있다고 가정한다면, 미는 행동을 통해 동일한 수레에 동일한 방식으로 동일한 힘을 계속해서 가할 수 있을 것이다. 실험을 아무리 반복해도 최종 속도는 항상 동일할 수밖에 없다. 그러나 여기서 실험을 바꾸어서, 수레가 텅 빈 경우와 짐을 실은 경우를 가정하면 어떨까? 짐을 실은 수레는 텅 빈 수레보다 최종 속도가 느릴 것이다. 여기서 우리는 동일한 힘이 멈춰 있던 서로 다른 두 물체에 작용할 경우, 그에 따른 결과는 동일하지 않을 것이라는 결론을 내릴 수 있다. 이 경우 속도는 물체의 질량에 따라 달라지며, 질량이 클수록 속도는 줄어든다고 할 수 있을 것이다.

따라서 적어도 이론적으로는 특정 물체의 질량이나 서로 다른 두 물체의 질량의 비를 측정하는 일이 가능해진다. 정지해 있는 물체 두 개에 동일한 힘을 가했을 경우, 첫 번째 물체의 속도가 두 번째 물체의 속도보다 세 배 빠르다면, 우리는 첫 번째 물체의 질량이 두 번째보다 세 배 가볍다고 할 수 있다. 물론 이는 두 물체의 질량의 비를 측정하는 효율적인 방법이라 할 수는 없지만, 관성의 법칙을 적용하면 이런 방식이 가능할 것이라 상상할 수는 있을 것이다.

실제로는 질량을 어떻게 측정해야 할까? 물론 방금 서술한 방법을 통해서는 아니다. 사실 누구나 이미 올바른 답을 알고 있다. 저울을 이용하면 되는 것이다.

여기서 질량을 측정하는 두 가지 방법을 조금 더 자세하게 알아보도록 하자.

첫 번째 방법은 지구의 인력인 중력과는 아무 관계도 없다. 힘을 가한 수레는 완벽하게 매끈한 수평면상을 따라 움직인다. 수레가 평면 위에 머물러 있게 하는 힘, 즉 중력은 변화하지 않으며, 질량을 측정할 때에도 전혀 영향을 끼치지 않는다. 두 번째 방식, 즉 저울로 무게를 측정하는 경우에는 상황이 상당히 다르다. 만약 지구가 물체를 끌어당기지 않는다면, 즉 중력이 존재하지 않는다면 저울 또한 사용할 수 없을 것이다. 두 가지 측정 방법의 차이는, 첫 번째 방법은 중력과 아무런 관계가 없으나 두 번째 방법은 중력의 존재가 있어야만 사용 가능하다는 것이다.

여기서 질문을 하나 던져 보자. 만약 위에서 말한 대로 두 개의 물체의 질량의 비율을 구한다면 동일한 결과를 얻을 수 있을까? 실험을 통해 꽤나 명확한 해답을 얻을 수 있다. 완벽하게 같은 값이 나오는 것이다! 이 결과는 예측할 수 있는 것이 아니며, 추측이 아닌 관찰로 얻어 낸 결과이다. 단순하게 정리하기 위해, 여기서 첫 번째 방식으로 측정한 질량을 관성 질량, 두 번째 방식으로 측정한 질량을 중력 질량이라고 부르도록 하자. 우리 행성에서 이 두 가지 질량은 동일한 값을 가지지만, 항상 그렇지는 않다는 것을 손쉽게 상상할 수 있다. 즉각 다른 질문이 하나 떠오른다. 두 가지 질량이 동일한 것이 그저 우연일 뿐일까, 아니면 좀 더 깊은 함의가 존재하는 것일까? 고전 물리학의 관점에서 이 질문에 대한 답변은 다음과 같다. '두 질량이 일치하는 것은 오로지 우연이며, 그 이상의 의미를 부여해서는 곤란하다.' 현대 물리학의 답변은 그와는 정반대이다. 두 질량이 동일하다는 사실은 보다 정밀한 이해를 위한 새로운 실마리의 근거가 된다는 것이다. 이는 사실 소위 말하는 일반 상대성이론을 유추하는 과정에서 가장 중요한 실마리 중 하나였다.

기이한 사건을 단순한 우연의 일치라고 설명하는 추리소설은 당연히 저급해 보일 것이며, 논리적인 흐름을 지니는 이야기 쪽이 훨씬 만족스러운 독서 경험을 제공할 것이다. 정확하게 같은 이유에서, 관성 질량과 중력 질량이 동일한 이유를 제시할 수 있는 이론은 같은 사실을 우연이라 치부하고 넘겨 버리는 이론보다 우월하다고 할 수 있다. 물론 양쪽 모두 관찰 가능한 사실과 일관성을 가진다는 전제하에서의 이야기다.

관성 질량과 중력 질량이 동일하다는 사실은 이후 상대성 이론 성립의 기본 전제가 되기 때문에, 여기서 조금 더 자세하게 살펴보고 넘어가는 것도 좋을 듯하다. 두 질량이 동일하다는 사실을 설득력 있게 증명하려면 어떤 실험이 필요할까? 해답은 갈릴레오의 오래된 실험, 즉 탑 위에서 서로 다른 질량을 가지는 두 개의 돌을 떨어뜨리는 실험이다. 갈릴레오는 낙하에 걸리는 시간이 항상 동일하다는 사실에 주목해서, 낙하하는 물체의 운동이 질량에 따라 변화하지 않는다는 사실을 발견했다. 이 단순하지만 매우 중요한 실험 결과를 양쪽 질량이 동일한 값을 가진다는 사실과 연결하기 위해서는 좀 더 복잡한 추론 과정이 필요하다.

정지해 있는 물체에 외부에서 힘을 가하면 물체는 운동을 시작하며 일정한 속도를 가지게 된다. 여기서 물체는 관성 질량에 따라 좀 더 쉽게 또는 힘들게 움직이며, 질량이 크면 운동에 저항하는 성질이 강해진다. 용어를 엄격하게 사용하지 않는다면 이렇게도 말할 수 있다. '물체가 외부의 힘에 반응하여 움직이려 하는 정도는 관성 질량에 따라 달라진다.' 만약 지구가 모든 물체를 같은 힘으로 끌어당긴다는 것이 사실이라면, 관성 질량이 큰 물체는 작은 물체보다 천천히 낙하해야 한다. 그러나 실제 관찰 결과는 다르다. 모든 물체는 동일한 방식으로 낙하한다. 이는 지구가 서로 다른 질량을 가지는 물체를 서로 다른 힘으로 끌어당긴다는 뜻이다. 이제 지구가 중력으로 돌멩이 하나를 끌어당기고 있으며, 돌멩이의 관성 질량은 전혀 모른다고 해 보자. 지구가 돌멩이를 '부르는' 힘은 중력에 따라 달라진다. 돌멩이가 그에 '답하는' 운동은 관성 질량에 따라 달라진다. '답하는' 운동이 항상 동일하기 때문에—같은 높이에서 떨어뜨린 물체는 모두 같은 방식으로 낙하하므로—중력 질량과 관성 질량은 동일하다고 유추할 수 있다.

현학적인 종족인 물리학자들은 같은 결론을 다음과 같은 식으로 서술한다. 낙하하는 물체의 가속은 물체의 중력 질량에 비례하여 증가하고, 물체의 관성 질량에 비례하여 감속한다. 낙하하는 모든 물체는 동일한 등가속도를 가지므로, 두 질량은 동일할 수밖에 없다.

우리의 위대한 추리소설에는 완벽하게 해결되어 끝맺어진 질문은 존재하지 않는다. 우리는 300년이 흐른 후에야 운동이라는 최초의 문제로 돌아가서 조사 방식을 바꾸었고, 그제야 지금까지 간과했던 실마리들을 찾아낼 수 있었다. 그로 인해 우리를 둘러싼 우주의 모습은 다시 한 번 바뀌었다.

## 열은 물질인가?

그럼 이제 새로운 실마리를 따라가 보기로 하자. 이번 실마리는 열이라는 현상의 세계에서 유래한다. 그러나 과학 자체를 서로 독립적이고 연관이 없는 부분으로 분해하는 일은 불가능하다. 우리는 여기서 도입하는 새로운 개념이 이미 친숙한 개념들과, 그리고 우리가 앞으로 발견하게 될 개념들과 서로 맞물리는 모습을 관찰하게 될 것이다. 과학의 한 분야에서 일어나는 일련의 사고 과정은, 종종 겉보기에는 상당히 다른 성질을 가진 사건을 서술할 때에도 사용할 수 있다. 이 과정에서 양쪽 현상, 즉 최초에 개념을 유도한 현상과 새로 적용된 현상 모두의 이해를 증진시키기 위해서 기존의 개념에 수정이 가해지기도 한다.

열이라는 현상을 서술하기 위한 가장 기초적인 개념은 '온도temperature'와 '열heat'이다. 이 두 가지를 구분하기까지는 과학사 전체를 놓고 볼 때 믿을 수 없을 정도로 오랜 시간이 필요했지만, 일단 구분이 이루어진 다음에는 빠르게 진전이 이루어졌다. 이제는 모든 사람에게 익숙한 개념이지만, 여기서는 좀 더 자세하게 검토하여 두 개념이 어떻게 다른지를 강조해 보이고자 한다.

우리는 촉각을 통해 뜨거운 물체와 차가운 물체를 비교적 명확하게 판별할 수 있다. 그러나 이는 순전히 정성적인 판단일 뿐 정량적인 서술이라 할 수는 없으며, 때로는 그조차 모호해지기도 한다. 잘 알려진 실험을 통해 그 점을 확인할 수 있다. 차가운 물, 미지근한 물, 뜨거운 물이 담긴 용기 세 개를 준비한다. 한 손은 차가운 물에, 다른 손은 뜨거운 물에 넣으면, 우리는 전자의 물은 차갑고 후자의 물은 뜨겁다는 신호를 받는다. 그런 다음 양손을 동시에 미지근한 물에 넣으면, 우리는 양쪽 손에서 서로 모순되는 신호를 받게 된다. 같은 이유로, 에스키모와 적도 부근의 원주민이 봄날의 뉴욕에서 만나게 된다면, 두 사람은 날씨에 대해 서로 다른 의견을 피력할 것이다. 갈릴레오가 기초적인 형태를 발명한 온도계를 이용하면 그런 모든 불일치를 간단하게 정리할 수 있다. 익숙한 이름이 다시 등장했다! 온도계는 명확한 몇 가지 물리적 가정을 기반으로 만들어진 도구다. 150년 전에 열과 온도라는 두 가지 개념의 연관 관계를 명확히 하는 일에 큰 기여를 한 인물인 조지프 블랙Joseph Black의 강의에서 몇 줄을 인용해서 그 가정이 어떤 것인지를 파악해 보도록 하자.

> 이 도구를 사용함으로써 우리는 천 가지 이상, 예를 들자면 금속, 돌, 소금, 나무, 깃털, 목재, 물을 비롯한 기타 수많은 액체를 한데 모아서, 불을 피우지도 않고 햇빛이 들지도 않는 방 안에 한데 모아 놓는다면, 처음에는 서로 다른 *열기*를 가지고 있었다고 하더라도 시간의 경과에 따라 뜨거운 물체에서 차가운 물체 쪽으로 열이 옮겨 가서, 몇 시간, 또는 하루 정도의 시간이 지나면, 모든 물체를 차례로 온도계로 측정할 경우 모두 완벽하게 동일한 온도를 가지게 된다는 사실을 알 수 있었다.

여기서 이탤릭체로 쓴 '열기'라는 단어는 현대 물리 용어를 사용한다면 '온도'로 치환이 가능할 것이다.

병자의 입에서 체온계를 빼는 의사는 다음과 같은 논리를 적용하고 있다. '온도계는 수은 기둥의 길이로 자신의 온도를 표현한다. 우리는 온도의 증가에 따라 수은 기둥의 길이가 늘어날 것이라 가정한다. 그러나 이 온도계는 환자와 몇 분 동안 접촉해 있었기 때문에, 환자와 온도계는 같은 온도를 가질 것이다. 따라서 나는 환자의 체온이 온도계가 나타내는 온도와 동일할 것이라는 결론을 내린다.' 이 의사는 아마 기계적으로 행동한 것이겠지만, 굳이 생각하지 않고도 물리 원리를 적용하고 있는 것이다.

하지만 온도계가 인체와 같은 양의 열을 가지는 것이 가능할까? 물론 아니다. 두 물체의 온도가 동일하다고 해서 동일한 양의 열을 가지고 있다고 가정하는 일은, 블랙의 말에 따르면

> 문제를 매우 성급하게 파악하는 것이다. 온도의 세기 또는 강도가 동일한 두 개의 물체에 존재하는 열의 양이 다르다는 사실은 혼란스러울 수 있으나, 온도의 강도와 그 양은 명백히 서로 다른 개념이며, 열의 분배를 생각할 때는 항상 구분할 필요가 있다.

아주 단순한 실험을 가정해 보면 이 두 개념이 다르다는 사실을 손쉽게 파악할 수 있다. 1파운드의 물을 가스불 위에 올려놓으면 실온에서 끓는점에 이를 때까지 약간의 시간이 걸

린다. 그리고 더 많은 양, 이를테면 12파운드의 물을 같은 용기에 넣어 같은 화력으로 가열할 경우에는 훨씬 많은 시간이 필요하다. 이 사실을 해석하면 더 많은 양의 '무언가'가 필요하다고 말할 수 있는데, 여기서 '무언가'가 바로 열이 된다.

다음 실험을 통해서는 한 걸음 더 나아간 중요한 개념, 즉 '비열specific heat'을 확인할 수 있다. 용기 하나에 1파운드의 물을 넣고, 다른 용기에 1파운드의 수은을 넣어서 같은 방식으로 가열한다고 해 보자. 수은은 물보다 훨씬 빨리 뜨거워지며, 따라서 온도 1도를 올리기 위해 더 적은 '열'이 필요하다고 할 수 있다. 일반적으로 말하자면 같은 질량을 가지는 서로 다른 물체에서 1도를 올리는 데 필요한 '열'의 양은 서로 다르다. 물, 수은, 철, 구리, 나무 등의 서로 다른 물체의 온도를, 이를테면 화씨 40도에서 41도로 올리려 해 보면 이 사실을 확인할 수 있다. 우리는 여기서 각각의 물질이 독자적인 열용량, 또는 비열을 가진다고 말할 수 있다.

열의 개념을 확립했으니 그 성질을 좀 더 자세히 살펴보도록 하자. 여기 뜨거운 물체와 차가운 물체가 있다. 좀 더 정확하게 표현하자면 한쪽 물체가 다른 물체보다 온도가 높다고 해야 할 것이다. 이런 두 물체를 접촉시킨 다음 다른 모든 외부 영향을 배제한다. 우리는 양쪽 물체가 결국 동일한 온도가 될 것이라는 사실을 알고 있다. 그러나 이런 현상은 어떤 식으로 일어나는가? 두 물체가 접촉한 순간과 동일한 온도가 된 순간 사이에 무슨 일이 벌어진 것인가? 열이 한쪽 물체에서 반대쪽 물체로, 마치 물이 높은 곳에서 낮은 곳으로 '흘러가는' 것처럼 보이는 모습을 상상해 볼 수 있다. 이런 착상을 통하면 조악하기는 하지만 여러 사실을 설명할 수 있으며, 다음과 같은 비유도 가능해진다.

물 - 열

고지대 - 고온

저지대 - 저온

이런 흐름은 양쪽의 높이, 즉 온도가 동일해질 때까지 멈추지 않는다. 정량적 고찰을 통해 이런 단순한 착상을 좀 더 유용하게 이용할 수 있다. 특정 온도를 가지는 특정 질량의 물과 알코올을 한데 섞을 경우, 비열을 알고 있기만 하면 혼합물의 최종 온도를 예측할 수 있다. 마찬가지로, 최종 온도를 측정하고 약간의 방정식을 사용해 주기만 하면, 특정 비열을 가지는 두 물질의 비율을 예측할 수도 있다.

우리는 열의 개념에서도 다른 물리 개념과 비슷한 성질을 확인할 수 있다. 지금까지 이용한 관점에 따르면, 열은 역학에서 질량이 그렇듯이 물질이라 할 수 있다. 현금을 금고에 보관할 수도 있고 써 버릴 수도 있는 것과 마찬가지로, 열의 양 또한 변화할 수도 변화하지 않을 수도 있다. 자물쇠를 채운 금고 속의 현금의 양이 변하지 않는 것처럼, 외부와 고립된 물체의 질량과 열 또한 변하지 않는다. 가상의 완벽한 보온병이 그런 금고의 역할을 해 줄 것이다. 뿐만 아니라, 화학적 변화가 일어나도 고립된 계의 질량은 변하지 않는 것처럼, 열 또한 한쪽 물체에서 다른 물체로 흘러가더라도 전체 계 내에서는 그대로 보존된다. 만약 열이 물체의 온도를 올리는 것이 아니라 다른 일, 이를테면 얼음을 녹이거나 물을 수증기로 만드는 등에 사용되더라도, 물을 다시 얼리거나 수증기를 액화시키는 등으로 열을 되찾을 수 있기 때문에 여전히 물질로 간주할 수 있다. 융해나 기화 등에 들어가는 열을 말하는 과거의 용어인 '숨은열latent heat'을 보면 열을 물질로 간주하는 관점에서 유래했음을 알 수 있다. 숨은열은 금고에 보관한 현금처럼 일시적으로 숨어 있을 뿐이라, 금고의 비밀번호를 알기만 하면 언제든 사용할 수 있는 것이다.

그러나 당연하게도, 열은 질량과 같은 물질의 개념이라고는 할 수 없다. 질량을 저울로 확인하는 것처럼, 열도 같은 방식으로 확인할 수 있을까? 뜨겁게 달아오른 철 한 조각은 차가울 때보다 더 무거울까? 실험에 따르면 그렇지 않다는 사실을 확인할 수 있다. 열이 물질이라고 한다면 분명 무게가 없는 물질일 것이다. 이런 '물질로서의 열'은 '칼로릭caloric'이라 부르며, 우리가 앞으로 마주치게 될 무게가 없는 물질의 일족 중 첫 번째로 마주친 개념이다. 나중에 이 일족의 가계도 전체와 그 흥망을 추적해 볼 기회가 생길 것이다. 지금으로서는 이 특정 개념이 어떻게 탄생했는지를 알아보는 것만으로 충분하다.

모든 물리 이론의 목적은 최대한 많은 현상을 설명해 내는 것이다. 특정 사건을 이해할 수 있도록 해 주는 한은 그 존재의 정당성이 입증된다. 우리는 물질 이론이 수많은 열 현상을 설명해 줄 수 있다는 사실을 확인했다. 그러나 머지않아 이 또한 거짓 실마리임이 밝혀질 것이다. 열을 무게가 없는 물질로 간주할 수는 없는 것이다. 문명의 시작을 알린 단순한 실험을 고려해 보면 이 사실은 명백해진다.

우리는 물질을 창조하거나 소멸시킬 수 없는 것으로 생각한다. 그러나 원시인은 마찰을 통해 나무에 불을 붙이기 충분할 정도의 열을 만들어 냈다. 사실 마찰로 열이 발생한다는 사실은 구태여 다시 언급할 필요가 없을 정도로 흔하고 익숙한 것이다. 일정량의 열이 발생하는 모든 상황을 고려해 볼 때, 열이 물질이라는 이론을 납득하기는 쉽지 않다. 물론 이 이론의 지지자라면 그런 현상에 대해 다른 설명을 만들어 낼 수 있을 것이다. 그의 논리는 다음과 같은 식으로 전개될 것이다. '물질 이론은 열의 창조로 보이는 현상을 설명할 수 있다. 두 개의 나뭇조각을 서로 문지르는 단순한 경우를 생각해 보자. 여기서 문지르는 행위는 나무에 영향을 끼쳐 그 성질을 변화시킨다. 이렇게 물질의 성질이 변형되었기 때문에, 열의 양이 동일해도 예전보다 더 큰 온도를 가질 수 있는 것이다. 어쨌든 여기서 상승한 성질은 온도뿐이다. 마찰로 인해 변화한 것은 나뭇조각의 비열일 뿐, 열의 총량 자체는 변하지 않아도 되는 것이다.'

지금의 논의 단계에서는 물질 이론의 신봉자와 논쟁하는 것 자체가 의미 없는 일일지도 모른다. 결국 실험에 의해서만 결론이 날 수 있는 문제이기 때문이다. 두 개의 동일한 나뭇조각에 서로 다른 방법을 사용하여 같은 양의 온도를 올리려 한다고 해 보자. 하나는 마찰, 다른 하나는 전열기와의 접촉이라는 방법이다. 만약 양쪽 나뭇조각이 새로운 온도에서도 동일한 비열을 가지고 있다면 물질 이론은 무너져 내릴 수밖에 없다. 비열을 측정하는 방법은 상당히 단순하며, 이 이론의 운명은 그런 단순한 실험의 결과에 달려 있다고 할 수 있다. 한 이론의 생사를 판가름하는 단 하나의 실험은 물리학의 역사에서 꽤나 자주 등장하며, 이런 실험을 '결정적 실험'이라고 부른다. 실험의 결정적 값은 질문을 공식화하는 방식에 의해서만 밝혀지며, 그 실험에 의해 시험대에 오르는 이론은 한 번에 하나뿐이다. 마찰과 전도라는 서로 다른 방식으로 특정 온도에 도달한 동일한 재질의 물체의 비열을 측정하는 실험은, 이런 결정적 실험의 좋은 예라 할 수 있다. 럼퍼드Benjamin Thompson, Count Rumford가 150년 전에 그런 실험을 수행해서 물질 이론에 마지막 결정타를 날렸다.

럼퍼드가 직접 실험에 대해 이야기한 내용을 발췌해 본다.

일상의 평범한 사건에서도 종종 자연의 가장 재미있는 작용 과정을 반추해 볼 수 있는 기회를 얻을 수 있으며, 또한 때로는 매우 흥미로운 철학적 실험을 해 볼 수도 있다. 거의 아무런 수고나 비용을 들이지 않고도, 기술과 기성 제조품의 기계적인 기본 용도만 가지고도 충분히 가능한 일이다.

나는 종종 이런 식으로 관찰을 하였으며, 그 결과 일상의 평범한 일에 주의를 기울이는 습관이, 때로는 우연으로, 때로는 가장 사소한 형상을 반추하는 과정에서 나온 상상을 즐겁게 확장해서, 철학자들이 연구를 위해 따로 떼어 놓은 시간 동안 치열하게 사색에 몰두하는 것보다 높은 확률로 쓸모 있는 의심이나 살펴볼 가치가 있는 탐구와 개선의 실마리를 제공해 준다는 사실을 깨닫게 되었다…

최근 뮌헨의 병기창에서 대포의 내부를 검사하는 일을 수행하다가, 나는 문득 황동 대포에 총열을 뚫는 동안 상당한 양의 열이 발생한다는 사실, 그리고 천공기에 의해 밀려난 금속 부스러기에는 더욱 강한 열이 남아 있다는 사실 (실험에 의해 확인한 바에 의하면, 끓는 물보다 훨씬 높은 온도였다)에 주목하게 되었다…

위에서 언급한 공정에서 발생한 열은 어디서 온 것일까?

천공기의 작용에 의해 금속 한 덩어리에서 떨어져 나온 금속 부스러기에 의해 저장되어 있던 것일까?

만약 그렇다면, 숨은열과 열량에 대한 현대적인 이론에 따라서, 그 용량은 공정에 의해 변할 뿐 아니라, 발생한 모든 열을 감안해 볼 때 변화량 자체도 충분히 커야 할 것이다. 그러나 그런 변화는 발생하지 않는다. 나는 동일한 무게의 금속 부스러기와 실톱으로 잘라낸 금속판을 가져다가 동일한 온도(끓는 물의 온도)로 만든 다음, 동일한 양의 찬물(59½°F의 온도)에 넣었다. 금속 부스러기를 넣은 물은 금속판을 넣은 쪽과 비교해 볼 때 어떤 면으로 봐도 전혀 더 가열되거나 덜 가열되지 않았다.

그는 결국 다음과 같은 결론을 내린다.

이 주제를 탐구하는 데 있어, 우리는 가장 중요한 상황, 즉 이 실험에서 마찰에 의해 생성된 열은 고갈되지 않는 것으로 보인다는 점에 주목해야 한다.
단열 상태의 물체 또는 물체의 계에서 무한하게 생성될 수 있는 존재를 물질이라 할 수 없음은 자명한 일이다. 따라서 내 생각에, 이 실험에서 열이 그러했듯이 활성화되고 전달될 수 있는 존재가, 운동이 아닌 다른 무엇일 가능성은 극도로 낮거나 아예 불가능해 보인다.

여기서 우리는 과거의 이론이 무너져 내리는 모습을 볼 수 있다. 좀 더 엄밀하게 말하자면, 물질 이론은 열의 흐름에만 적용된다는 사실을 확인할 수 있다고 해야 할 것이다. 우리는 럼퍼드가 천명한 대로 새로운 실마리를 찾아야 한다. 이를 위해 잠시 열의 문제는 놓아두고 역학으로 돌아가 보기로 하자.

## 롤러코스터

스릴 만점의 인기 놀이기구인 롤러코스터의 운동을 추적해 보기로 하자. 우선 작은 객차를 궤도에서 가장 높은 지점까지 들어 올리거나 운전해 가야 한다. 가장 높은 지점에서 객차를 놓으면, 객차는 중력의 영향을 받아 낙하하면서 그대로 환상적인 곡선 궤도를 따라 오르내리며, 탑승자에게 갑작스러운 속력 변화로 인한 스릴을 제공한다. 모든 롤러코스터에는 주행 시작점인 가장 높은 지점이 존재한다. 그리고 주행 도중에는 절대 그 최고점과 같은 높이까지 도달하지 못한다. 여기서 모든 운동을 완벽하게 묘사하려면 매우 복잡할 것이다. 한쪽에는 역학적인 문제, 즉 시간에 따른 속도의 변화와 위치의 문제가 있다. 다른 한쪽에는 레일과 바퀴의 마찰과 그에 의해 발생하는 열의 문제가 있다. 물리적 과정을 이런 두 관점으로 나누는 단 하나의 이유는 우리가 앞에서 논의한 개념을 적용하기 위해서다. 이렇게 나눌 경우 이상적인 실험, 즉 상상은 할 수 있으나 실제로 현실로 옮길 수 없는 역학의 요소만 존재하는 실험을 수행해 볼 수 있다.

이 가상의 실험을 위해, 우리는 운동에 항상 따라오는 마찰을 완벽하게 제거하는 방법을 누군가 알아냈다고 가정한다. 그는 자신의 발견을 적용해서 롤러코스터를 만들려 하는데, 롤러코스터를 만드는 방법은 직접 알아내야 한다. 객차는 지표에서 100피트 떨어진 곳에서 시작해서 위아래로 움직일 것이다. 이내 그는 시행착오를 통해 아주 단순한 법칙 하나를 적용해야 한다는 사실을 깨닫는다. 즉 궤도의 높이가 시작점 이상으로 올라가지 않는 한은 자신이 원하는 대로 경로를 만들어도 된다는 것이다. 객차가 무사히 궤도의 종착점에 도착하려면, 높이가 100피트까지는 몇 번이고 도달해도 되지만, 절대 100피트를 넘어서는 안 된다.

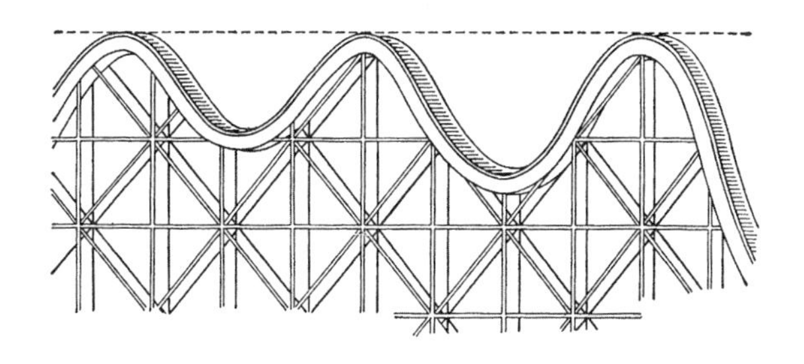

실제 롤러코스터에서는 마찰 때문에 시작점의 높이에 절대 도달할 수 없지만, 우리의 가상의 기술자의 경우에는 마찰을 고려할 필요가 없다.

이상적인 롤러코스터의 시작점을 떠난 이상적인 객차의 운동을 추적해 보기로 하자. 지상과의 거리는 줄어들지만 속력은 증가한다. 이 문장은 얼핏 보기에는 언어 수업 시간에 배운 내용을 떠오르게 만든다. '나는 연필이 없지만, 당신은 오렌지 여섯 개가 있다.' 그러나 앞의 문장은 사실 이 정도로 한심한 내용은 아니다. 나한테 연필이 없다는 사실과 당신에게 오렌지 여섯 개가 있다는 사실 사이에는 아무런 연관도 없지만, 객차와 지표 사이의 거리와 속력 사이에는 명백한 연관 관계가 존재한다. 우리는 객차가 지상에서 얼마나 떨어져 있는지만 알고 있으면 특정 지점에서 객차의 속력을 계산할 수 있으나, 그 정량적 특성을 표현하려면 수학 공식이 필요하기 때문에 여기서는 넘어가기로 하겠다.

최고점의 객차는 속도가 0이며 지상에서 100피트 떨어져 있다. 다른 용어를 사용해서 이 사실을 표현해 보자. 최고점의 객차는 위치에너지를 가지지만, 운동에너지는 가지지 않는다. 최저점에서는 운동에너지가 가장 크지만 위치에너지는 전혀 가지지 않는다. 그 사이의, 어느 정도의 속도와 높이를 가지는 모든 점에서는 운동에너지와 위치에너지 양쪽을 모두 가지고 있다. 위치에너지는 높이에 따라 증가하며, 운동에너지는 속도가 상승할수록 증가한다. 역학의 원리를 따르면 충분히 이 운동을 설명할 수 있다. 두 에너지는 수학적 원리에 따라 그 양이 변하지만, 두 에너지의 양을 합친 총량은 변하지 않는다. 따라서 수학을 이용해 공을 들이면 위치에 따라 변하는 위치에너지와 속도에 따라 변하는 운동에너지를 묘사하는 일이 가능하다. 그러나 이 두 단어는 그저 편의상 사용하는 임의적인 용어일 뿐이다. 두 가지 에너지를 합친 총량은 변하지 않으며, 우리는 이를 운동상수라 부른다. 운동에너지와 위치에너지를 합한 전체 에너지는 물질과 같은 성질을 보인다고 할 수 있다. 이를테면 총 가치는 변하지 않지만 계속 환전을 거듭하는, 명확하게 고정된 환율을 따라 달러와 파운드를 오가는 현금과 같은 것이다.

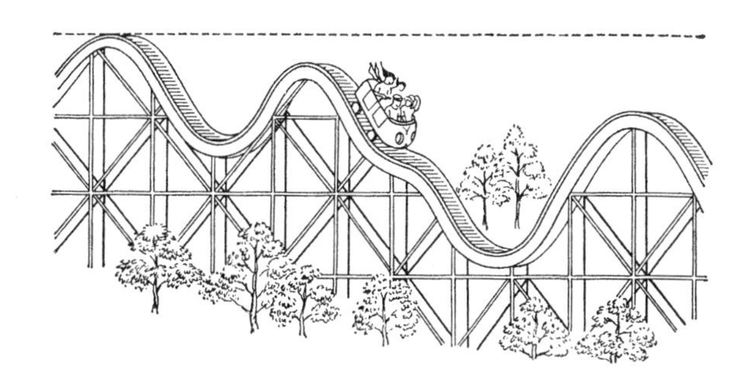

마찰 때문에 출발한 최고점까지 돌아갈 수 없는 현실의 롤러코스터에서도 계속해서 운동과 위치에너지의 변환이 이루어진다. 그러나 여기서는 에너지의 총합이 일정하지 않고 계속 줄어든다. 이제 운동의 역학과 열이라는 두 요소의 연관 관계를 확인하기 위해 중요한 한 발짝을 용기 있게 내딛을 때가 왔다. 지금의 한 발짝의 결과로 얼마나 풍요로운 결론과 일반화가 탄생할 수 있는지는 뒤에서 살펴보게 될 것이다.

이제 운동에너지와 위치에너지 말고도 한 가지 개념이 추가로 적용된다. 바로 마찰로 인해 발생한 열이다. 여기서 열이 역학적 에너지, 즉 운동 및 위치에너지와 연관이 있는 것일까? 이제 새로운 추측이 필요한 시점이 왔다. 만약 열을 에너지의 한 형태로 간주할 수 있다면, 세 가지 에너지, 즉 열과 운동과 위치에너지의 합이 일정할 수도 있을 것이다. 열만이 아니라 다른 종류의 에너지까지 전부 계산에 넣는다면 에너지 또한 물질처럼 파괴할 수 없는 개념이 될지도 모른다. 마치 달러를 파운드로 환전할 때 프랑으로 자신에게 수수료를 지불하는 것과 같은 상황이다. 여기서 수수료 또한 그대로 남아 있기 때문에, 달러와 파운드와 프랑의 합은 환율이 고정되어 있다면 항상 동일할 것이다.

과학의 발전에 따라 열이 물질이라는 낡은 개념은 파괴되었다. 이제 우리는 새로운 물질, 즉 에너지라는 개념을 창조하고, 열이 에너지의 한 형태라는 사실을 보이려 한다.

## 교환율

열이 에너지의 특수한 형태라는 개념을 이끌어낸 새로운 실마리가 발견된 지는 채 100년도 되지 않았으며, 마이어Julius Robert Mayer의 추론을 줄James Prescott Joule이 실험을 통해 확인했다. 열의 기초적인 성질을 발견한 거의 대부분의 과학자들이 물리를 고상한 취미로 여긴 비전문 학자였다는 사실은 참으로 흥미롭다. 다재다능한 스코틀랜드 사람 블랙, 에너시 보존의 법칙을 발견한 독일인 의사 마이어, 미국의 위대한 탐험가 출신으로 여생을 유럽에서 보내며 바이에른 공국의 국방상을 비롯해 다양한 직책을 수행한 럼퍼드 백작 등이 그렇다. 또한 영국인 양조업자로서 시간이 남을 때마다 에너지 보존에 대한 중요한 실험을 수행한 줄과 같은 사람도 있다.

줄은 실험을 통해 열이 에너지의 한 형태라는 가설을 입증하고 그 교환율을 밝혀냈다. 잠시 시간을 할애해 그의 실험 결과를 살펴보도록 하자.

특정한 계에서 운동에너지와 위치에너지는 역학에너지의 구성 요소가 된다. 롤러코스터의 경우 우리는 역학에너지의 일부가 열로 전환되었다고 추측했다. 만약 이 추측이 옳다면, 이 전환을 비롯한 기타 모든 비슷한 과정에서 일정한 교환율이 존재해야 한다. 이는 정량적인 측정을 필요로 하는 질문이지만, 일정한 양의 역학에너지가 항상 동일한 양의 열로 전환된다는 사실은 매우 중요하다. 우리는 그 교환율이 어떤 수치를 가지는지, 즉 일정한 양의 역학에너지로부터 어느 정도의 열을 얻을 수 있는지를 알고 싶기 때문이다.

이 수치를 확인하는 것이 줄의 연구의 목적이었다. 그가 어느 실험에서 사용한 기구는 추시계와 매우 흡사하다. 추시계의 태엽을 감는 행동은 두 개의 추를 상승시키며, 따라서 계에 위치에너지를 추가해 준다. 여기서 다른 간섭이 없다면 이 시계는 폐쇄계로 간주할 수 있을 것이다. 추가 천천히 하강하며 시계가 돌아가기 시작한다. 일정한 시간이 지나면 추는 가장 낮은 지점에 도달하고, 시계는 멈추게 된다. 에너지에는 무슨 일이 일어난 것일까? 추의 위치에너지는 장치의 운동에너지로 바뀐 다음, 열로 변해 천천히 소멸된다.

줄은 이런 시계를 교묘하게 개조해서 잃은 열을 측정하고 그에 따라 교환율을 발견하고자 했다. 그의 장치는 두 개의 추를 이용해 물에 잠겨 있는 바퀴 모양 프로펠러를 돌린다. 추의 위치에너지는 움직이는 프로펠러의 운동에너지로 전환되며, 이윽고 열로 변해 수온을 상승시킨다.

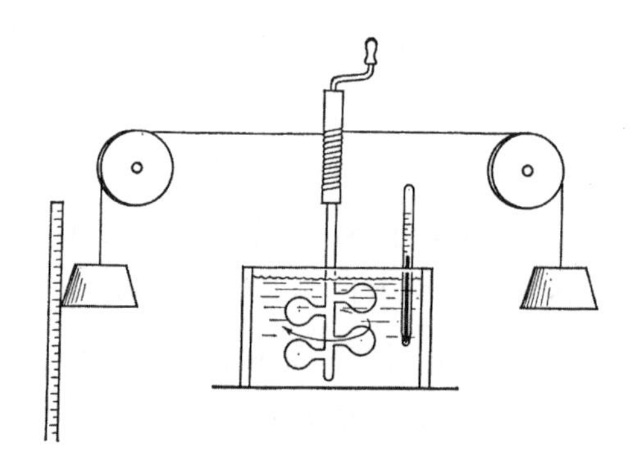

줄은 여기서 온도 변화를 측정한 다음, 물의 비열을 이용해 흡수한 열의 양을 구했다. 그는 여러 번의 실험 후 다음과 같이 결과를 정리했다.

> 하나. 물체의 마찰로 인해 발생한 열은, 해당 물체가 고체인지 액체인지 여부와 관계없이, 항상 소모한 힘(여기서는 에너지를 의미한다)에 비례한다. 또한
> 둘. 1파운드(55°F와 60°F 사이의 진공 속에서 측정한 무게)의 물의 온도를 1°F 올리는 데 필요한 열을 만들기 위해서는, 772파운드 무게의 물체가 1피트 떨어지는 데 필요한 역학적인 힘(에너지)을 소모해야 한다.

다른 말로 하자면, 772파운드 무게의 물체를 지상에서 1피트 거리까지 들어 올린 위치에너지는 1파운드의 물의 온도를 55°F에서 56°F까지 상승시키는 에너지와 동일하다는 것이다. 이후 이어진 실험을 통해 좀 더 정확한 수치를 찾아내게 되었지만, 열에너지와 동일한 역학에너지를 알아내는 계수는 기본적으로 줄이 선구적인 실험을 통해 찾아낸 수치와 유사하다.

이 중요한 실험을 수행한 이후로는 빠른 속도로 발전이 이루어졌다. 얼마 지나지 않아 역학에너지와 열에너지는 수많은 에너지의 형태 중 일부일 뿐이라는 사실이 발견되었다. 이 두 가지로 변환될 수 있는 모든 것이 일종의 에너지이다. 태양이

발산하는 빛도 에너지인데, 그 일부가 지구에 도착해 열로 전환되기 때문이다. 전류 또한 에너지를 가지는데, 철사를 달구거나 전동기의 바퀴를 돌릴 수 있기 때문이다. 석탄은 대표적인 화학에너지이며, 석탄을 태우면 열의 형태로 에너지가 방출된다. 자연계의 모든 현상에서 일정한 교환율에 따라 한 가지 에너지가 다른 형태의 에너지로 변환된다. 외부의 영향으로부터 독립된 폐쇄계에서는 에너지가 보존되며, 따라서 물질과 같은 성질을 보이게 된다. 그런 계에서 모든 에너지 형태의 총합은 일정하지만, 특정 형태의 에너지 양은 계속 변화할 수 있다. 만약 우리가 우주 전체를 하나의 폐쇄계로 생각한다면, 19세기의 물리학자들처럼 우주의 에너지 총량은 불변이며, 생성되거나 파괴할 수 없다고 자신 있게 주장할 수 있을 것이다.

여기서 우리는 실존하는 존재를 두 가지 개념으로 설명한다. 하나는 물질이고, 다른 하나는 에너지다. 두 존재 모두 보존 법칙을 따른다. 고립된 계에서는 그 안의 질량이나 전체 에너지 모두 변화할 수 없다. 물질에는 무게가 있지만 에너지에는 무게가 없으며, 따라서 우리는 두 가지의 서로 다른 개념과 서로 다른 보존 법칙을 가지게 된다. 이런 개념을 계속 진지하게 받아들여도 되는 것일까? 아니면 새로운 발견이 일어나면 지금 보기에는 잘 짜인 것처럼 보이는 풍경도 변화하게 되는 것일까? 물론 답은 후자다! 이 두 가지 개념에 일어나는 새로운 변화는 상대성이론과 연관되어 있다. 나중에 뒤에서 이에 대해 더 자세히 살펴보게 될 것이다.

## 철학적 배경

과학 연구의 결과는 종종 과학이라는 분야에 한정되지 않고 그 이상의 철학적 문제에도 변화를 일으킨다. 과학의 목적은 무엇인가? 자연을 서술하려 시도하는 이론은 어떤 덕목을 가져야 하는가? 이런 질문은 물리학의 범주를 넘어서는 것이지만, 결국 물리학과 밀접하게 연관이 있다. 그런 질문이 발생하는 질료가 바로 과학에 의해 형성된 것이기 때문이다. 철학적 일반화는 과학의 결과물을 주춧돌로 삼아야 한다. 그러나 일단 한번 형성되고 널리 인정받은 이론은 종종 수많은 가능성 중 한 가지를 가리킴으로써 과학적 사고의 발전에 영향을 끼치기도 한다. 널리 인정받은 관점에 대한 반란에 성공하면 완벽하게 다르고 예상치 못한 발전을 불러오며, 그로 인해 새로운 철학적 관점의 초석이 된다. 물리학의 역사에서 실제 사례를 인용해 오지 않으면, 이런 말은 그저 막연하고 무의미하게만 들릴 것이다.

우리는 여기서 첫 번째의 철학적 관념, 즉 과학의 목적에 대해 논의하려 한다. 이 개념은 거의 백 년 전, 즉 새로운 증거와 사실과 이론 때문에 과학의 새로운 배경이 만들어지기 전까지 물리학의 발전에 큰 영향을 끼쳤다.

그리스 철학부터 현대 물리학에 이르는 과학의 역사 전반에 걸쳐, 자연의 현상을 간단한 기본적 관념과 연관성으로 치환하려는 노력은 끊임없이 반복되어 왔다. 이는 모든 자연철학의 근간이 되는 원칙이기도 하다. 심지어 원자론자들의 저술에서도 이런 노력을 찾아볼 수 있다. 23세기 전에 데모크리토스는 다음과 같이 썼다.

> 우리는 관습에 의해 단 것이 달고, 쓴 것이 쓰고, 뜨거운 것이 뜨겁고, 찬 것이 차갑고, 사물이 저마다 자신의 색을 가진다는 것을 안다. 그러나 실제로 존재하는 것은 원자와 진공뿐이다. 우리는 감각이 실제로 존재한다고 관습적으로 간주하지만, 사실은 그렇지 않다. 원자와 진공만이 현실에 존재한다.

고대 철학에서 이런 착상은 단순히 기발한 상상의 한 조각일 뿐이었다. 그리스인들은 그 뒤를 잇는 자연의 법칙을 알지 못했다. 실험과 이론을 연결하는 진정한 과학이 시작한 것은 갈릴레오의 실험에 이르러서였다. 우리는 최초의 실마리를 추적해 운동의 법칙을 발견했다. 200여 년 동안, 힘과 물질이라는 개념은 자연을 이해하고자 하는 모든 시도의 밑바탕이 되어 왔다. 이들 중 다른 쪽을 제외하고 한쪽만 상상하는 것은 불가능하다. 물질은 다른 물질에 작용하는 힘의 근원으로서 그 존재를 확정해 보이기 때문이다.

가장 간단한 예시를 하나 들어 보기로 하자. 두 개의 입자 사이에 힘이 작용하고 있다. 상상할 수 있는 가장 단순한 힘은 인력과 척력이다. 양쪽 모두 힘의 벡터는 두 물질을 잇는 선상에 존재한다. 단순하게 묘사해 보자면 서로를 당기거나 밀어내는 두 개의 입자는 다음 그림과 같이 나타낼 수 있다.

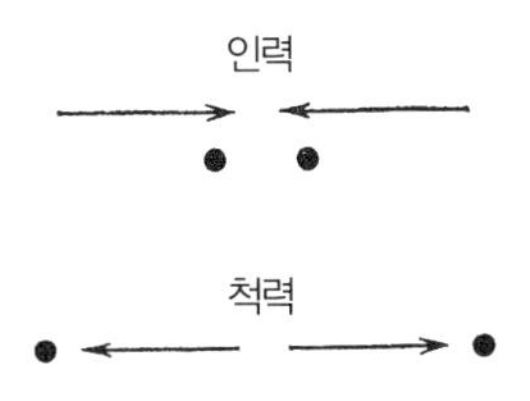


힘의 작용 방향을 다른 식으로 가정한다면 훨씬 복잡한 그림이 나올 것이다. 힘의 벡터의 길이를 놓고도 마찬가지로 단순한 가정을 할 수 있을까? 과도하게 특수한 가정은 배제한다 해도 한 가지만은 어렵지 않게 가정할 수 있다. 주어진 두 개의 입자 사이의 힘은 중력과 마찬가지로 그 사이의 거리에만 영향을 받는다는 것이다. 꽤나 단순해 보이는 가정이다. 물론 훨씬 복잡한 경우, 이를테면 거리만이 아니라 두 입자의 속도와 연관이 있는 경우 또한 생각할 수 있을 것이다. 물질과 힘을 기본 개념으로 여기는 상태에서는, 우리는 힘이 두 입자를 연결하는 직선상에서 작용하며, 그 강도는 거리에만 영향을 받는다는 정도가 최대로 단순한 가정일 것이다. 하지만 이런 힘으로 모든 물리 현상을 설명할 수 있을까?

역학과 그로부터 파생된 학문의 가장 큰 업적은, 천문학의 놀라운 성공을 통해 겉보기로는 역학적으로 보이지 않는 다른 문제에도 역학의 개념을 적용할 수 있음을 보여주었으며, 따라서 자연계의 모든 현상을 불변하는 물체 사이의 단순한 힘의 작용이라는 차원으로 나타낼 수 있다는 믿음에 기여했다는 것이다. 갈릴레오의 시대 이후 2세기 동안, 모든 과학의 결과물에는 의식적으로든 무의식적으로든 이런 생각이 깃들어 있었다. 19세기 중반 헬름홀츠Hermann Von Helmholtz의 말을 통해 그런 사실을 명확하게 확인할 수 있다.

> 따라서, 우리는 결국 물질을 다루는 물리과학이 자연계의 현상을 불변의 인력과 척력이라는, 오직 거리에 따라서만 그 강도가 달라지는 힘의 문제로 환원하는 모습을 확인하게 된다. 문제를 이렇게 바꾸는 것이 가능해진 후에야 우리는 비로소 자연계를 온전하게 이해할 수 있다.

따라서 헬름홀츠가 보기에, 과학의 발전은 이미 정해진 방향을 엄격하게 따를 수밖에 없다.

> 또한 자연 현상을 단순한 힘으로 환원하는 일이 끝나고, 그 현상에 따르는 모든 환원이 전부 끝났다는 증거가 나오기만 하면 과학의 역할은 거기서 끝을 맺을 것이다.

20세기 물리학자의 눈에는 단조롭고 순진해 보이기만 하는 관점이다. 위대한 연구라는 모험과 그에 따르는 따분하지만 잘못될 리 없는 우주의 모습이 그토록 빨리 사라지게 될 것이라는 것을 생전에 알았더라면, 헬름홀츠는 분명 두려움에 사로잡혔을 것이다.

이런 교리로 모든 사건을 단순한 힘의 작용으로 환원할 수 있다고 해도, 결국 힘과 거리가 어떻게 연관되어 있는지에 대한 질문은 남게 된다. 서로 다른 현상에는 서로 다른 연관 관계가 존재할 수도 있을 터이지만, 사건마다 서로 다르게 작용하는 수많은 힘을 도입해야 하는 상황은 철학의 관점에서 보면 분명 만족스럽지 못할 것이다. 하지만 헬름홀츠가 가장 명확하게 밝힌, 소위 말하는 '역학적 관점'은 당대에 중요한 역할을 수행했다. 역학적 관점의 직접적인 영향을 받은 가장 위대한 성과는 바로 물질의 운동 이론이다.

역학적 관점의 몰락을 살펴보기 전에, 우선 지난 세기의 물리학자들이 가지고 있던 관점을 일시적으로 받아들인 다음, 그들이 바라본 외부 세계에서 어떤 결론을 끌어낼 수 있을지 확인해 보도록 하자.

## 물질의 운동론

열이라는 현상을 단순한 힘의 작용을 통한 입자의 운동으로 표현하는 것이 가능할까? 닫혀 있는 용기에 특정 온도와 질량을 가지는 기체, 또는 공기가 들어 있다고 해 보자. 여기에 열을 가하면 온도가 상승하며, 따라서 에너지도 증가한다. 그러나 이 열이 어떤 식으로 운동과 연관을 가지게 되는가? 두 가지 개념, 즉 우리가 일시적으로 받아들인 철학적 관점과, 운동을 통해 열이 발생한다는 사실이 그런 연관 관계의 가능성을 제시해 준다. 모든 문제를 역학으로 환원할 수 있다면 열 또한 역학적 에너지여야 한다. 물질의 운동론의 목적은 물질이라는 개념을 특정 방식으로만 표현하기 위한 것이다. 이 이론에 따르면 기체는 사방으로 움직이며, 서로 충돌할 때마다 운동 방향을 바꾸는 엄청난 수의 입자, 또는 '분자'의 집합이다. 인간의 공동체에 평균 연령이나 평균 재산이 존재하듯, 이 분자의 집합에도 평균 속력이 존재할 것이다. 따라서 각각의 입자에는 평균 운동에너지가 존재한다고 할 수 있다. 용기에 가하는 열이 증가하면 평균 운동에너지 또한 증가한다. 따라서 이런 관점에 따르면, 열은 역학에너지와 다른 특수한 형태의 에너지가 아니라, 분자 운동에 따른 운동에너지일 뿐인 것이다. 모든 특정 온도마다 특정한 분자 당 평균 운동에너지가 존재한다. 이는 사실 임의적인 가정이 아니다. 물질에 대한 기계적 관점을 안정적으로 유지하려면, 기체 분자의 운동에너지를 온도의 지표로 간주해야만 하는 것이다.

이 이론은 단순한 상상력의 발현으로 끝나는 것이 아니다. 기체의 운동 이론은 실험 결과와 일치할 뿐 아니라, 현상에 대한 좀 더 깊은 이해를 가져다줄 수도 있기 때문이다. 몇 가지 예를 들어 보면 그 점이 명백해진다.

자유롭게 움직이는 피스톤으로 입구가 막혀 있는 용기가 하나 있다. 이 용기에는 일정 온도가 유지되는 일정량의 기체가 들어 있다. 피스톤이 특정 위치에서 멈춰 있다면, 추를 더해서 아래로 움직이게 하거나 추를 덜어내서 위로 움직이게 하는 일이 가능하다. 피스톤을 누르면 기체의 내부 압력에 대해 힘이 작용한다. 운동 이론을 따를 경우 이 내부 압력에는 어떤 역학 법칙이 작용한다고 할 수 있을까? 용기 안에는 기체를 구성하는 엄청난 수의 입자들이 모든 방향으로 운동하고 있다. 이들은 용기의 벽과 피스톤을 두드려 대며, 벽에 던진 공처럼 계속 튕겨 나온다. 수많은 입자들이 이런 폭격을 계속하기 때문에, 피스톤과 추를 아래로 당기는 중력에 맞서 피스톤은 일정한 높이를 유지하게 된다. 한쪽 방향으로는 일정한 크기의 중력이 작용하고, 반대쪽에는 매우 불규칙적인 수많은 분자들의 타격이 작용하는 것이다. 평형이 존재하려면, 이 모든 작고 불규칙적인 힘의 총합이 중력과 동일해야 한다.

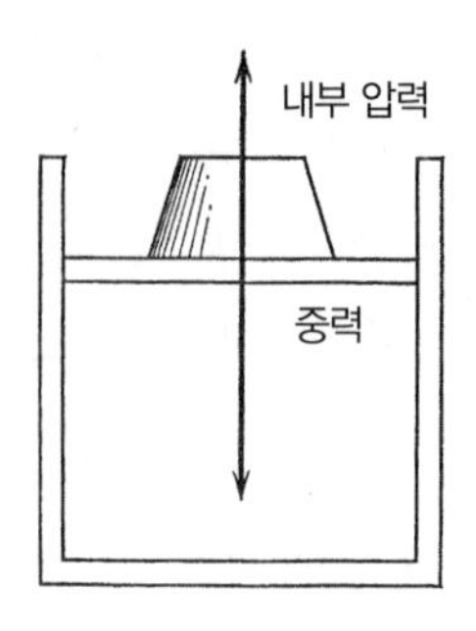


피스톤을 눌러서 기체의 부피를 온도의 변화 없이 이전보다 작게, 이를테면 절반으로 만들었다고 해 보자. 운동 이론에 따르면 어떤 결과를 기대할 수 있을까? 폭격으로 인한 효과가 예전보다 좋아질까, 아니면 나빠질까? 이제 입자는 이전보다 서로 가깝게 뭉쳐 있다. 평균 운동에너지는 여전히 동일하지만, 입자가 피스톤과 충돌하는 현상은 이제 훨씬 자주 일어나며, 따라서 힘도 더 커질 것이다. 운동 이론이 제공해 주는 이 그림에서, 우리는 피스톤을 더 낮은 위치로 유지하기 위해서는 더 많은 추가 필요하다는 사실을 확인할 수 있다. 이 단순한 실험 결과는 잘 알려진 것이지만, 동시에 물질에 대한 역학적 이론을 논리적으로 따른 예측의 결과이기도 하다.

다른 실험을 하나 더 살펴보자. 같은 부피의 다른 기체, 예를 들어 수소와 질소가 들어 있는 두 개의 용기가 있다고 해 보자. 양쪽 모두 온도는 동일하다. 동일한 무게의 피스톤이 양쪽 용기를 눌러 폐쇄하고 있다. 이는 곧 양쪽 가스가 같은 부피, 온도, 압력을 가진다는 뜻이다. 온도가 동일하기 때문에 운동 이론에 따르면 입자의 평균 운동에너지 또한 동일하다. 압력이 동일하기 때문에 양쪽 피스톤을 두드리는 힘의 총합 또한 동일하다고 할 수 있다. 평균적으로 보면 모든 입자는 동일한 에너지를 가지며, 양쪽 용기에는 같은 부피의 기체가 들어 있다. 따라서 화학적으로는 다른 기체라도 양쪽 용기에 존재하는 기체 분자의 수는 동일해야 한다. 이 결과는 다양한 화학 현상을 이해하는 데 중요한 역할을 수행한다. 특정 부피, 특정 온도와 압력에서 존재하는 분자의 수가 개별 기체가 아닌 모든 기체가 가지는 공통적인 성질이기 때문이다. 운동 이론을 통해 이런 상수의 존재를 예측한 것뿐 아니라 그 정확한 수치까지 밝혀낼 수 있다니 참으로 감탄스럽다. 이와 관련된 내용은 잠시 후에 다시 살펴보기로 하자.

물질의 운동 이론은 실험으로 얻은 기체에 관한 법칙을 정량적일 뿐 아니라 정성적으로도 설명해 준다. 게다가 이 이론은 기체에 가장 훌륭히 적용되기는 하지만, 비단 기체에만 한정되는 것도 아니다.

온도를 낮추면 기체를 액화시킬 수 있다. 물질의 온도가 하강했다는 말은, 곧 그를 구성하는 입자의 평균 운동에너지가 감소했다는 뜻이다. 따라서 액체 입자의 평균 운동에너지가 그에 대응하는 기체 입자보다 더 작다는 사실이 명백해진다.

액체 속에서 입자의 운동이 보이는 놀라운 현상은 소위 말하는 '브라운 운동'으로 정립되었는데, 물체의 운동론을 도입하지 않으면 신비롭고 이해할 수 없는 것으로 보일 만한 현상이다. 이 현상을 처음 관찰한 사람은 식물학자인 브라운Robert Brown이었으며, 80년 후인 20세기 초에 들어서야 그 원리가 설명되었다. 브라운 운동을 관찰할 때 필요한 도구는 현미경뿐인데, 그조차도 굳이 성능이 좋은 것을 쓸 필요는 없다.

브라운은 일부 식물종의 꽃가루 입자를 연구하는 중이었다. 즉

> 4000분의 1에서 5000분의 1인치에 달하는, 일반적으로 찾아볼 수 있는 것보다 훨씬 큰 크기의 꽃가루 입자 또는 알갱이였다.

그는 이어 다음과 같이 말한다.

> 물에 잠겨 있는 입자의 형태를 관찰하는 도중, 나는 이들 중 많은 수가 운동을 하고 있다는 사실을 발견했다… 이후 반복된 관찰에서도 비슷한 운동을 종종 관찰할 수 있었으며, 이는 액체의 흐름이나 점진적인 증발에 영향을 받은 것이 아니라, 입자 자체에서 일어나는 현상인 것으로 보였다.

브라운은 물에 담가 고정한 꽃가루 알갱이를 현미경으로 관찰하다가, 그 입자가 계속해서 떨면서 이동하는 모습을 목격한 것이다. 얼마나 감명 깊은 장면이었을까!

이 현상을 관찰하기 위해 특정 식물종의 꽃가루를 사용해야 할까? 브라운은 다양한 식물의 꽃가루를 사용해 실험을 되풀이하고는, 충분히 크기가 작기만 하다면 모든 종류의 알갱이가 물속에서 그런 운동을 한다는 사실을 발견했다. 게다가 유기물만이 아니라 작은 무기물 입자도 같은 종류의 멈추지 않는 불규칙적인 운동을 보인다는 사실을 알아냈다. 스핑크스 코에서 떨어져 나온 가루를 사용해도 같은 현상을 발견할 수 있을 것이다!

이 운동을 어떻게 설명할 수 있을까? 그 전까지 살펴본 모든 사실과 어긋나 보이는 현상이다. 특정 입자가 특정 시간, 이를테면 30초 동안 움직인 경로를 추적하면 환상적인 궤적이 나온다. 놀라운 사실은 이런 운동이 영원히 계속되는 것처럼 보인다는 것이다. 흔들리는 진자를 물속에 넣으면, 외부의 힘을 가해 주지 않는 한 머지않아 멈추게 된다. 영원히 멈추지 않는 운동이란 지금까지 살펴본 모든 현상과 어긋나는 것처럼 보인다. 그러나 물질의 운동 이론을 적용하면 이런 어려움을 훌륭하게 극복할 수 있다.

가장 뛰어난 현미경을 사용한다 해도 분자를 볼 수는 없으며, 물질의 운동론에서 말하는 운동 또한 관찰할 수 없다. 따라서 물을 입자의 집합체로 보는 이론이 옳다면, 그를 구성하는 입자의 크기는 최고의 현미경의 능력조차 넘어선다고 가정해야 할 것이다. 여기서는 그 이론을 계속 사용하며, 현실에 부합하는 모습을 보인다고 해 보자. 브라운 운동은 충돌하는 입자의 크기가 충분히 작을 경우 일어난다. 운동이 일어나는 이유는 충돌이 사방에서 균일하게 일어나지 않아서 서로 상쇄되지 않기 때문이며, 따라서 불규칙적이고 무계획적인 형태의 운동이 일어나게 된다. 관찰할 수 있는 운동이 관찰할 수 없는 운동의 결과인 것이다. 커다란 입자의 운동은 분자의 성질 중 한 가지일 뿐이며, 그저 충분히 큰 형태로 일어나기 때문에 현미경으로도 관찰할 수 있는 것이다. 브라운 운동을 하는 입자가 변칙적이고 무작위적인 궤적을 보인다는 사실은, 곧 물질을 이루는 좀 더 작은 입자도 비슷한 무작위적인 운동을 한다는 뜻이다. 따라서 우리는 브라운 운동을 정량적으로 연구하면 물질의 운동 이론에 대해 좀 더 깊은 통찰이 가능할 것이라는 결론에 도달한다. 눈에 보이는 브라운 운동이 눈에 보이지 않는 분자의 충돌에 영향을 받는다는 것은 분명해 보인다. 또한 충돌하는 분자들이 일정 정도의 에너지, 다른 말로 하자면 질량과 속도를 가지지 않는다면 브라운 운동은 일어나지 않을 것이다. 따라서 브라운 운동을 연구하면 분자의 질량을 측정할 수 있다는 결론을 그리 어렵지 않게 이끌어낼 수 있다.

## [도판1]

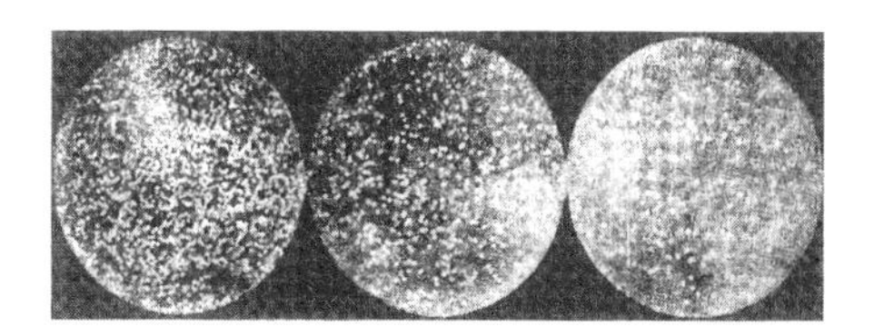

현미경으로 본 브라운 운동을 하는 입자

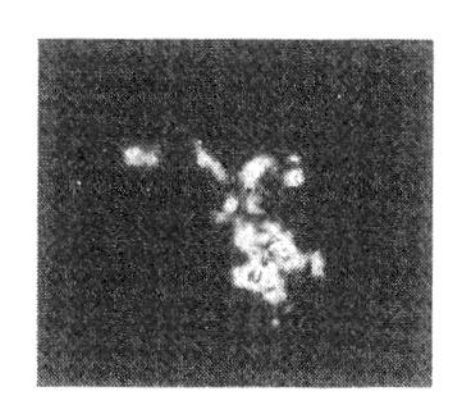

평면 위에서 브라운 운동을 하는 입자의 장노출 촬영 사진

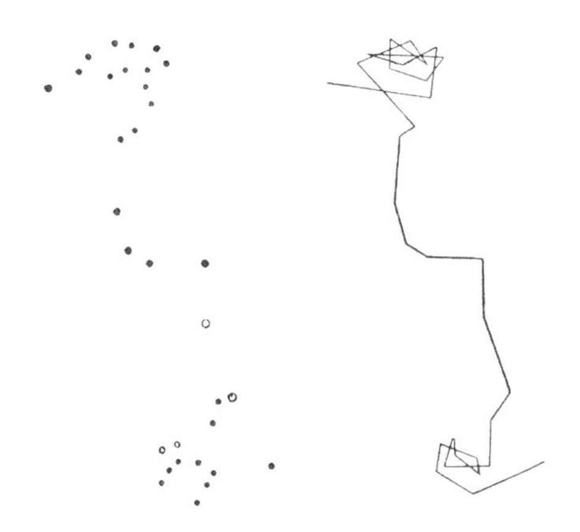

브라운 운동을 하는 입자의 위치를 연속으로 관찰한 결과

연속 관찰 결과에서 도출한 궤적

이론과 실험을 통해 연구를 계속한 결과, 운동 이론의 정량적 요소가 정립되었다. 브라운 운동이라는 현상에서 유래한 실마리는 정량적인 자료를 이끌어 냈다. 서로 다른 실마리에서 출발해서 다양한 과정을 따르더라도 같은 결과를 얻어낼 수 있다. 그 모든 과정이 같은 결과를 도출한다는 사실이 가장 중요하다. 물질의 운동 이론의 내적 일관성을 제공해 주기 때문이다.

여기서는 다양한 실험과 이론으로 얻어낸 여러 정량적 결과 중 한 가지만을 언급하기로 하겠다. 가장 가벼운 원소, 즉 수소 1그램을 가지고 있다고 가정하고, 다음과 같은 질문을 해 보자. 1그램의 수소 안에는 몇 개의 분자가 있을까? 이 질문에 대한 답은 수소만이 아니라 모든 기체에 적용될 것이다. 우리는 특정 조건 하에서 두 기체 안에 동일한 수의 입자가 존재한다는 사실을 알고 있기 때문이다.

특정 이론을 적용하면 정지한 입자가 보이는 브라운 운동을 측정하여, 우리의 질문에 답할 수 있다. 답은 엄청나게 큰 숫자이다. 3으로 시작하는 스물네 자릿수가 나오는 것이다! 1그램의 수소 안에 있는 분자의 개수는

303,000,000,000,000,000,000,000

이다. 1그램의 수소 속 분자가 현미경으로 볼 수 있을 정도

로 커졌다고 상상해 보자. 이를테면 브라운 운동을 보이는 입자처럼 5000분의 1인치까지 커졌다고 해 보는 것이다. 그러면 그 모든 입자를 빽빽하게 포장하려 해도 각 변의 길이가 4분의 1마일은 되는 상자가 필요할 것이다!

우리는 1을 위에서 인용한 숫자로 나누어 수소 분자 하나의 질량을 손쉽게 계산할 수 있다. 계산을 하면 엄청나게 작은 숫자,

0.0000000000000000000000033

그램이 나온다. 이것이 수소 분자 하나의 질량이다.

브라운 운동 실험은 물리학에서 중요한 역할을 하는 이 숫자를 도출하기 위한 수많은 독립된 실험 중 하나에 지나지 않는다.

물질의 운동 이론과 그를 통한 여러 중요한 성과를 통해, 우리는 자연계의 모든 현상을 물질 입자들 사이의 상호작용으로 환원할 수 있다는, 보편 철학의 개념이 정립되는 모습을 확인할 수 있다.

## 정리

역학을 이용하고, 운동하는 물체의 현재 상태와 작용하는 힘에 대해 알고 있다면, 물체가 취할 경로를 예측하거나 과거의 운동 내용을 파악할 수 있다. 즉, 이를테면 모든 행성이 미래에 취할 경로를 예측하는 것이 가능하다. 여기서 작용하는 힘은 뉴턴의 중력이며, 오직 거리에만 영향을 받는다. 고전역학의 위대한 성과는 역학적 관점을 모든 물리학의 분야에 일관적으로 적용하는 것이 가능하며, 모든 현상을 인력과 척력의 작용으로 설명할 수 있게 해주었다는 것이다. 이 힘은 불변하는 입자 사이에 상호작용하며 오직 거리에만 영향을 받는다.

물질의 운동 이론을 통해 우리는 역학적 문제를 해결하는 과정에서 발생한 이론이 어떻게 열이라는 현상과 물질의 구조를 성공적으로 설명해 내는지를 살펴볼 수 있다.

# Ⅱ 역학적 세계관의 몰락

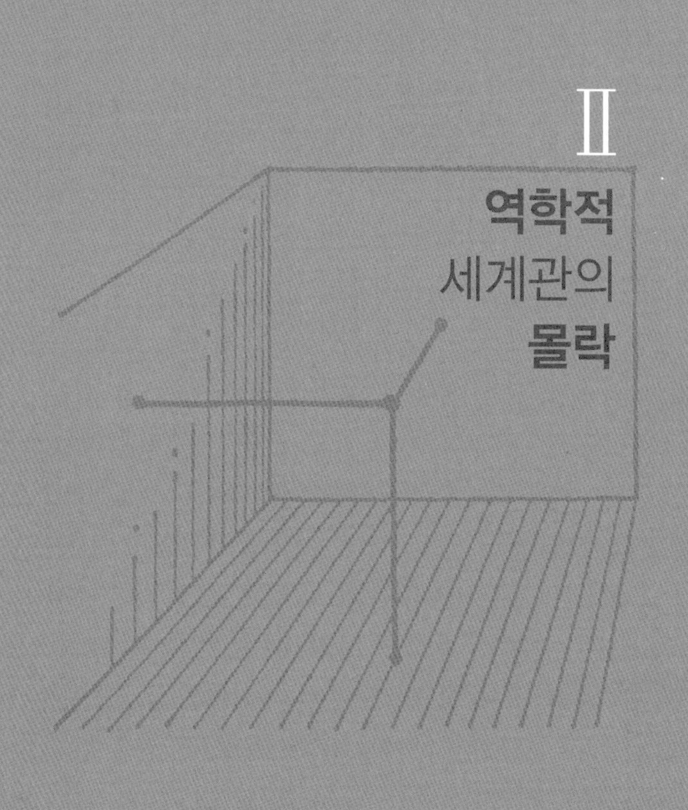

# 역학적 세계관의 몰락

## 두 가지 전기 유체

이제부터 아주 단순한 실험 몇 가지에 대한 따분한 결과 보고가 이어진다. 그 내용이 따분한 이유는 실험이 실제 현상보다 흥미롭지 않을 뿐만 아니라, 실험의 의미 자체도 이론이 등장하기 전까지 명확하게 밝혀지지 않기 때문이다. 우리의 목적은 물리학에서 이론이 어떤 역할을 수행하는지를 뚜렷이 보여주는 것이다.

1. 유리 받침대에 금속 막대를 올려놓고, 막대 양쪽 끝을 철사로 검전기에 연결한다. 검전기란 금박 두 장을 작은 금속 조각 양끝에 매달아 놓은 단순한 장치이다. 이런 장치를 유리병이나 플라스크 안에 넣어서 금속이 아닌 물체, 즉 절연체만 접

촉하게 만들어 놓으면 된다. 검전기와 금속 막대 외에도, 단단한 고무 막대와 플란넬 천 조각도 하나씩 필요하다.

실험은 다음과 같은 식으로 수행한다. 우선 금박 조각이 정상 상태인지, 즉 서로 가깝게 붙어 있는지를 확인해야 한다. 그렇지 않으면 금속 막대에 손가락을 살짝 가져다 대기만 해도 정상 상태로 만들 수 있을 것이다. 이렇게 준비를 마친 다음에, 고무 막대를 플란넬 천으로 열심히 문질러서 금속과 접촉시킨다. 그러면 금박 조각은 즉시 떨어진다! 심지어 막대를 뗀 다음에도 금박은 여전히 떨어진 상태를 유지한다.

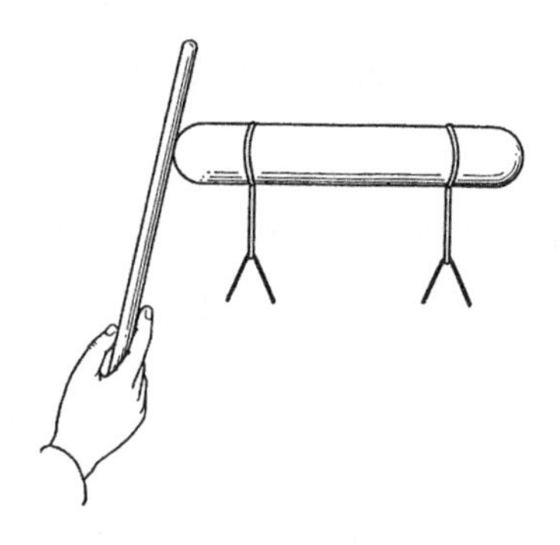

2. 방금 사용한 도구를 이용해 다른 실험을 하나 해 보자. 이번에도 금박 두 조각이 서로 가깝게 붙어 있는 상태로 시작한다. 이번에는 고무막대를 금속에 접촉시키는 것이 아니라 가깝게 가져가기만 한다. 이번에도 금박은 서로 떨어진다. 하지만 차이점이 한 가지 있다! 금속에 접촉하지 않은 채로 고

무막대를 치우면, 금박 조각은 떨어진 상태를 유지하는 대신 원래 위치로 돌아가게 된다.

3. 세 번째 실험을 위해 기구를 살짝 바꾸어 보기로 하자. 하나의 금속막대 대신, 금속막대 두 개를 하나로 연결한 것을 사용하는 것이다. 고무막대를 플란넬로 문지른 다음 다시 금속 가까이 가져가면, 이번에도 같은 현상이 일어나 금박이 서로 떨어진다. 하지만 이번에는 그 상태에서 금속막대를 둘로 나눈 다음 고무막대를 치워 보자. 이번에는 두 번째 실험처럼 금박이 원래 위치로 돌아와 붙는 대신 떨어진 상태를 유지하는 것을 확인할 수 있다.

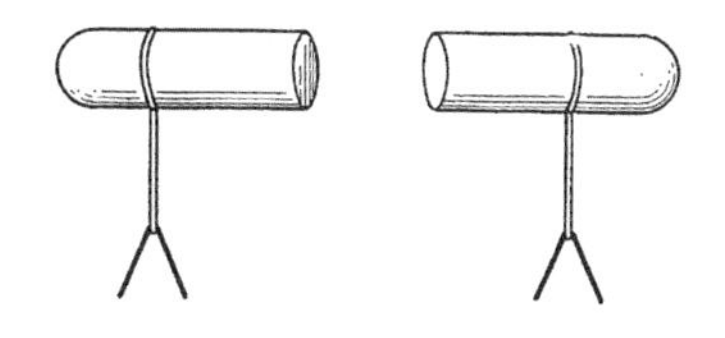

이렇게 단순하고 순진한 실험으로 열렬한 관심을 끌어 모으기는 힘들 것이다. 중세였다면 실험자가 종교재판정으로 끌려갔을 것이고, 현대의 우리들이 보기에는 재미없고 비논리적이기만 하다. 한 번 읽은 다음 헷갈리지 않고 반복하기조차 쉽지 않다. 여기서 실험의 내용을 이해하려면 이론을 투입해야 한다. 아니, 더 극단적으로 말할 수도 있다. 이 실험의 의미를 이론을 통해 미리 명확하게 깨닫지 못한 상태에서는, 이런 실험을 우연히 수행하는 일 자체가 불가능할 것이다.

이제 지금까지 살펴본 모든 실험을 설명할 수 있는 아주 간단하고 순진한 이론이, 어떤 착상을 기반으로 하고 있는지를 설명해 보기로 하겠다.

세상에는 두 가지 전기 유체가 존재한다. 하나는 양(+)의 유체라 불리고, 다른 하나는 음(-)의 유체라 불린다. 이들은 우리가 이미 설명한 바 있는 물질과 유사한 특성을 가진다. 이를테면 양이 늘어나거나 줄어들 수는 있지만, 폐쇄계 안에서는 그 절대량은 유지된다는 것이다. 그러나 전기 유체에는 열, 물질, 에너지 등과 크게 다른 특성이 한 가지 있다. 바로 서로 다른 두 종류의 물질이 존재한다는 것이다. 어떤 식으로든 일반화를 하지 않으면, 예전에 썼던 현금의 비유는 사용할 수가 없다. 양과 음의 유체가 서로를 정확하게 무효화하면 물체는 전기적으로 중립 상태가 된다. 사람에게 돈이 없다는 표현은, 말 그대로 가진 돈이 전혀 없을 경우 뿐 아니라 금고에 가진 현금과 정확하게 같은 양의 빚을 지고 있을 때도 성립할 수 있다. 이 경우 장부상의 대차표의 양 변의 수치를 두 가지 전기 유체에 비유할 수 있을 것이다.

이 이론의 다음 가정은 같은 종류의 전기 유체는 서로를 밀어내고, 다른 종류의 전기 유체는 서로를 끌어당긴다는 것이다. 이는 다음과 같은 그림으로 표현할 수 있다.

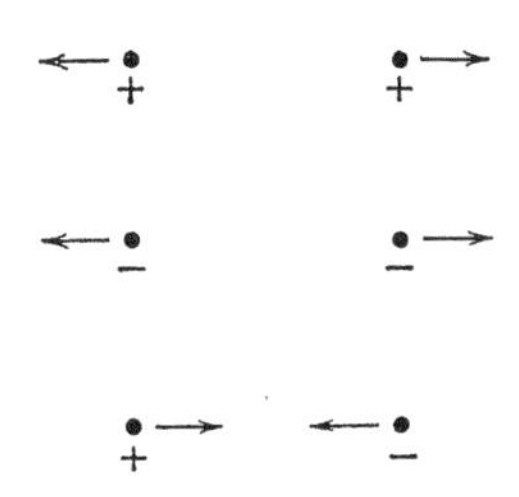


마지막으로 이론적 가정이 한 가지 더 필요하다. 세상에는 두 종류의 물체가 있는데, 하나는 전기 유체가 자유롭게 이동할 수 있는 '도체'이고, 다른 하나는 이동할 수 없는 '부도체'이다. 이런 경우에 대개 그렇듯이, 이런 분류 또한 너무 엄격하게 받아들일 필요는 없다. 완벽한 도체 또는 부도체는 결코 현실에 등장할 수 없는 가상의 존재일 뿐이다. 금속, 지구, 인체 등은 모두 도체지만, 전기가 통하는 정도는 서로 다르다. 유리, 고무, 도기 등은 부도체다. 공기는 방금 전의 실험을 본 사람이면 모두 알겠지만 어느 정도까지만 부도체다. 정전기 관련 실험의 결과가 좋지 않을 경우에는 항상 공기의 습도가 좋은 핑계가 되어 준다. 습도가 상승하면 전도율도 상승하기 때문이다.

이런 이론적 가정을 적용하면 이전의 세 가지 실험을 충분히 설명할 수 있다. 그러면 여기서 아까와 같은 순서로, 전기 유체 이론을 적용하여 다시 한 번 논의해 보기로 하자.

1. 고무막대는 통상 조건에서 다른 모든 물체와 마찬가지

로 전기적으로 중립적이다. 그 안에는 양과 음의 두 가지 전기 유체가 같은 양으로 존재한다. 플란넬로 고무막대를 문지르면 전기 유체를 분할할 수 있다. 이 표현은 순전히 편의를 위한 것인데, 이 이론에서 문지르는 행위가 가지는 의미를 표현하기 위한 어휘일 뿐이기 때문이다. 이후 막대에 남은 여분의 전기 유체를 음전기라 부르는데, 이 또한 물론 편의상의 분류이다. 만약 같은 실험을 고양이 털가죽에 유리 막대를 문지르는 식으로 수행했다면, 남은 여분의 전기는 동일한 편의상의 분류에 따라 양전기라 불러야 했을 것이다. 실험을 계속 진행하려면 전기 유체를 금속 도체로 가져와야 하며, 이를 위해 우리는 고무로 금속 막대를 건드린다. 그러면 전기 유체는 자유롭게 흘러가서 금박을 비롯한 금속 전체에 골고루 퍼지게 된다. 음전기가 음전기에 작용하면 척력이 발생하기 때문에, 금박 조각은 최대한 서로 떨어지려 하며, 그로 인해 우리는 금박이 벌어지는 현상을 관찰할 수 있다. 금속 막대는 유리나 기타 부도체로 만든 받침대에 올려 있기 때문에, 전기 유체는 공기의 전도율이 허용하는 한 금속 안에 머무르게 된다. 이제 우리는 실험을 시작하기 전에 금속을 만져야 하는 이유를 알 수 있다. 그렇게 하면 금속, 인체, 지구는 하나의 거대한 도체가 되는 것이다. 그러면 전기 유체가 희석되어 검전기 안에는 거의 어떤 유체도 남아 있지 않은 상태가 된다.

2. 이번 실험은 이전의 실험과 같은 방식으로 시작한다. 그

러나 이번에는 고무로 금속을 건드리는 대신 가까이 가져가기만 한다. 도체 안에 있는 두 가지 전기 유체는 자유롭게 움직일 수 있기 때문에 둘로 나뉘며, 한쪽은 고무 쪽으로 끌려가고 다른 쪽은 밀려나게 된다. 고무막대를 치우면 두 가지 유체는 다시 섞이게 되는데, 다른 유체끼리는 서로 끌어당기게 되기 때문이다.

3. 이번에는 금속을 두 개로 나눈 다음 고무막대를 치운다. 이 경우 두 가지 유체는 서로 섞일 수 없기 때문에, 금박은 한쪽 유체가 과도하게 모인 상태를 유지하며, 따라서 서로 떨어져 있게 된다.

간단한 이론을 도입한 것만으로도 지금까지 언급한 모든 사실이 이해되는 것으로 보인다. 이 이론은 사실 더 많은 것을 제공해 줄 수 있는데, 여기 있는 실험만이 아니라 '정전기'라 통칭하는 다른 많은 사실도 이해할 수 있게 해 주는 것이다. 모든 이론의 목적은 우리를 새로운 사실로 인도하고, 새로운 실험을 제안하고, 새로운 현상과 새로운 법칙의 발견으로 이끄는 것이다. 두 번째 실험에 변화를 주어 보자. 고무 막대를 금속 가까이 놓은 상태에서 손가락으로 전도체를 건드린다고 해 보자. 그러면 무슨 일이 벌어질까? 이론에 따르면 다음과 같은 일이 일어날 것이다. 밀려난 (-)극의 유체는 이제 내 몸을 통해 도망갈 수 있으므로 남은 한 종류의 유체, 즉 양전기의 유체만 남아 있게 된다.

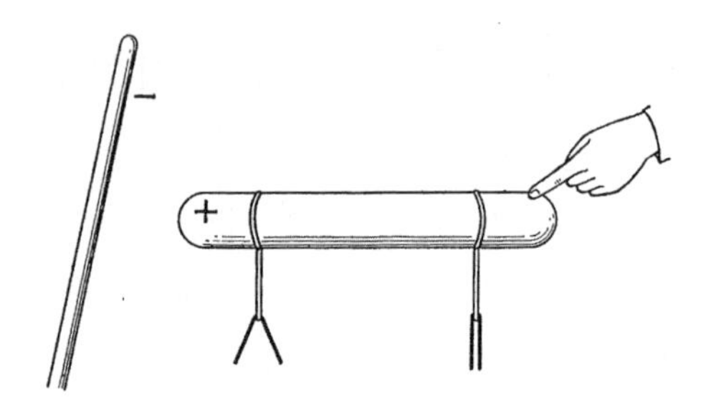


따라서 고무막대 근처의 금박만 벌어진 상태를 유지할 것이다. 실제 실험 결과는 이런 예측과 동일하다.

지금 우리가 다루고 있는 이론은 물론 현대 물리학의 관점에서 본다면 순진하며 부적절한 것이지만, 모든 물리 이론이 가지는 특징을 보여주는 데는 적절한 예시가 된다.

과학에서 영원한 이론이란 존재하지 않는다. 이론에 의해 예측한 사실이 실험을 통해 부정되는 일은 언제나 벌어진다. 모든 이론에는 그 점진적인 성립과 승리의 기간이 있으며, 그 이후에는 빠른 쇠락을 겪을 수도 있다. 우리가 이미 살펴본 열의 물질론의 부상과 쇠락은 여러 다양한 예시 중 하나에 지나지 않는다. 이후에는 좀 더 중요하고 난해한 이론을 언급하게 될 것이다. 과학에서 중요한 발전은 거의 모두 옛 이론이 위기에 처했을 때 그로 인한 어려움을 해결하기 위한 노력에서 생겨난다. 우리는 옛 개념과 이론을 확인해 볼 필요가 있다. 과거에 속한 것일지라도, 새로운 이론의 중요성과 그 유효성의 한계를 확인해 볼 수 있는 유일한 방법이기 때문이다.

이 책의 첫 장에서, 우리는 연구자의 역할을 탐정에 비유했다. 양쪽 모두 필수적인 사실을 모아들인 다음에는 순수한 사고의 힘만으로 옳은 해법을 알아낸다. 그러나 이런 비유는 한 가지 측면에서는 피상적인 것일 수밖에 없다. 현실과 탐정소설에서는 범죄 자체가 주어진다. 탐정은 편지, 지문, 탄환, 총 따위를 직접 찾아야 하지만, 적어도 살인 자체가 벌어졌다는 사실은 명확하게 알고 있다. 하지만 과학자의 경우는 다르다. 전기에 대해 완벽하게 아무것도 모르는 사람을 상상하는 일은 그리 어렵지 않을 것이다. 우리 조상 모두가 전기에 대한 지식이 전혀 없는 상태로도 충분히 행복하게 살았기 때문이다. 그런 사람에게 금속 막대, 금박, 병, 단단한 고무막대, 플란넬 천 등 우리의 세 가지 실험에 필요한 모든 재료를 준다고 해 보자. 설령 그 사람이 훌륭한 지성인이라 하더라도, 병에는 포도주를 따르고 플란넬 천은 걸레로 사용할 뿐, 우리가 지금까지 묘사한 실험은 절대 생각조차 하지 못할 것이다. 탐정에게는 범죄가 주어지고 문제가 서술된다. 코크 로빈을 죽인 자가 누구인지를 직접 물어봐 주는 것이다. 하지만 과학자는 적어도 부분적으로는 스스로 범죄를 저지른 다음 수사를 진행해야 한다. 게다가 단 하나의 사건만을 설명하는 것이 아니라 지금까지 일어난, 또는 앞으로 일어날 수 있는 모든 현상을 설명해야 하는 것이다.

유체의 개념을 도입하는 과정에서, 우리는 모든 현상을 물질과 그 사이에서 상호작용하는 단순한 힘으로 설명하는 역학적 관념의 영향을 볼 수 있다. 역학적 세계관을 전기 현상에 적용할 수 있는지 확인하기 위해서, 우리는 다음 문제를 고려해 보아야 한다. 두 개의 작은 구체가 전기로 충전되어 있다고 해 보자. 즉, 한 가지 전기 유체를 과도하게 가지고 있다는 뜻이다. 우리는 이 두 개의 구체가 서로를 당기거나 밀어낼 것이라는 사실을 알고 있다. 그러나 이 경우에도 힘이 거리에만 영향을 받을 것인가? 만약 그렇다면 어떤 방식으로? 가장 단순하게 추측을 해 보자면 이 힘 또한 중력과 마찬가지로 거리에 영향을 받을지도 모른다. 즉, 예를 들어 거리가 3배가 된다면 힘이 9분의 1이 될지도 모른다는 것이다. 쿨롱Charles-Augustin de Coulomb의 실험에 의하면 이 규칙은 실제로 적용된다. 뉴턴이 중력의 법칙을 발견한 지 100년 후, 쿨롱은 전기력 또한 유사한 방식으로 거리에 영향을 받는다는 사실을 발견했다. 그러나 뉴턴의 법칙과 쿨롱의 법칙에는 두 가지 주요한 차이점이 있는데, 하나는 중력은 모든 경우에 존재하지만 전기력은 전하를 띤 물체들 사이에서만 존재한다는 것이다. 다른 하나는 중력에는 인력만이 존재하지만, 전기력에는 인력과 척력이 둘 다 존재한다는 것이다.

여기서 열을 다룰 때 고려했던 문제가 다시 등장한다. 전기 유체는 무게가 없는 물질인가? 다른 말로 하자면, 전하를 가진 금속 조각은 전기적으로 중립 상태인 금속 조각과 무게가 동일한가? 저울로 확인해 보면 무게에는 변화가 없다. 우리는 여기서 전기 유체 또한 무게 없는 물질의 부류에 속한다는 사실을 확인할 수 있다.

전기 이론을 발전시켜 가려면 두 가지 새로운 개념을 추가할 필요가 있다. 이번에도 명확한 정의 대신 우리에게 이미 익숙한 개념을 비유적으로 사용할 것이다. 열이라는 현상을 다룰 때 열 자체와 온도를 구분하는 일이 얼마나 중요했는지 기억하고 있을 것이다. 마찬가지로 전위와 전하라는 개념을 구분하는 일 또한 중요하다. 두 개념이 어떻게 다른지는 다음과 같은 비유를 사용하면 쉽게 이해할 수 있을 것이다.

전위 - 온도

전하 - 열

두 개의 도체, 예를 들면 서로 크기가 다른 구체 두 개는 동일한 전하를 가질 수 있다. 즉 한 가지 전기 유체를 같은 만큼 과도하게 가질 수 있다. 그러나 그 전위는 서로 달라서, 작은 구체에서는 높고 큰 구체에서는 낮을 것이다. 여기서 전기 유체는 작은 도체에서 더 빽빽하게 밀집해 있게 된다. 밀도가 높아지면 척력도 커지기 때문에, 전하가 도체를 벗어나려 하는 힘 또한 큰 구체보다 작은 구체에서 더 클 것이다. 전하가 도체를 벗어나려 하는 경향성이 전위를 측정하는 기준이 된다.

전하와 전위의 차이를 명확하게 보이기 위해, 가열한 물체의 특성을 몇 개의 문장으로 서술하고 그에 대응하는 전위를 가진 도체의 특성을 나열해 보기로 하자.

그러나 이 비유를 너무 과도하게 적용하면 곤란하다. 한 가지 예시를 통해 두 개념의 유사점뿐 아니라 차이점까지 확인할 수 있다. 뜨거운 물체를 차가운 물체와 접촉시킬 경우, 열은 뜨거운 쪽에서 차가운 쪽으로 흘러간다. 이번에는 절연 처리가 된 도체에 동일하지만 서로 다른 극성의 전하, 즉 양전하와 음전하를 충전해 놓았다고 해 보자. 두 물체는 서로 다른 전위를 가진다. 우리는 여기서 습관적으로 음전하를 가진 쪽이 양전하를 가진 쪽보다 더 낮은 전위를 가지고 있다고 가정하게 된다. 만약 두 도체를 한데 가져다 놓고 철사로 연결한다면, 전기 유체 이론에 따라 전하가 존재하지 않으며 전위차가 전혀 존재하지 않는 상태가 될 것이다. 우리는 여기서 짧은 시간 동안 존재해서 전위차를 없애주는 전하의 '흐름'을 상상해야 한다. 하지만 그런 흐름이 어떤 식으로 발생하는 것일까? 양의 유체가 음의 물체로 흘러가는 것일까, 아니면 음의 유체가 양의 물체로 흘러가는 것일까?

| 열 | 전기 |
| --- | --- |
| 서로 온도가 다른 두 개의 물체는 접촉한 후 일정 시간이 지나면 같은 온도가 된다. | 서로 전위가 다른 두 개의 도체는 접촉하면 매우 빠른 속도로 같은 전위를 가지게 된다. |
| 동일한 양의 열을 열용량이 다른 두 개의 물체에 가할 경우 온도의 변화량은 서로 다르다. | 동일한 양의 전하를 전하 용량이 다른 두 개의 물체에 가할 경우 전위의 변화량은 서로 다르다. |
| 물체와 접촉한 온도계의 온도는 수은주의 길이를 통해 확인할 수 있으며, 이는 접촉한 물체의 온도와 동일하다. | 도체와 접촉한 검전기의 전위는 금박의 분리를 통해 확인할 수 있으며, 이는 접촉한 도체의 전위와 동일하다. |

지금까지 살펴본 내용만으로는 둘 중 어느 쪽이 옳은지 결정할 근거가 없다. 둘 중 하나가 옳거나, 아니면 동시에 양쪽 흐름이 모두 일어난다고 가정해야 한다. 그저 편의상 받아들이는 가정일 뿐, 이런 선택에는 아무런 중요성이 존재하지 않는다. 애초에 선택을 실험을 통해 증명할 방법이 존재하지 않기 때문이다. 전기에 대한 훨씬 심오한 이론은 이 문제에 대한 해답을 제공해 주었지만, 그 해답을 전기 유체라는 단순하고 초보적인 이론에 대입해 보아도 아무 의미도 없다. 여기서는 일단 다음과 같은 표현을 받아들이기로 하자. 전기 유체는 전위가 높은 쪽에서 낮은 쪽으로 흘러나간다. 따라서 우리가 가정한 두 개의 도체의 경우, 전하는 양에서 음으로 흘러간다.

이 표현은 그저 편의를 위한 관례일 뿐이며, 지금 단계에서는 상당히 모호한 표현이기도 하다. 지금 우리가 마주친 어려움만으로도 열과 전기를 비유하는 것이 정확하지 않다는 사실을 확인할 수 있다.

지금까지 기계적 세계관을 통해 정전기의 기본적 현상을 설명할 수 있는 가능성을 검토해 보았다. 자기력 현상의 경우에도 동일한 적용이 가능하다.

## 자기 유체

이번에도 앞 장에서와 같은 방식으로, 매우 단순한 사실로부터 그에 대한 논리적 설명을 찾아보기로 하자.

1. 긴 막대자석 두 개를 준비한다. 하나는 중심점을 고정해 놓고, 다른 하나는 손에 들고 있다. 두 개의 자석의 끄트머리를 가깝게 대면 그 사이에 강한 인력이 발생한다. 언제나 관찰할 수 있는 현상이다. 인력이 발생하지 않으면 자석을 반대로 돌려서 다른 쪽 끝으로 시도해 보면 된다. 막대가 자성을 띠고 있으면 항상 뭔가 일어날 것이다.

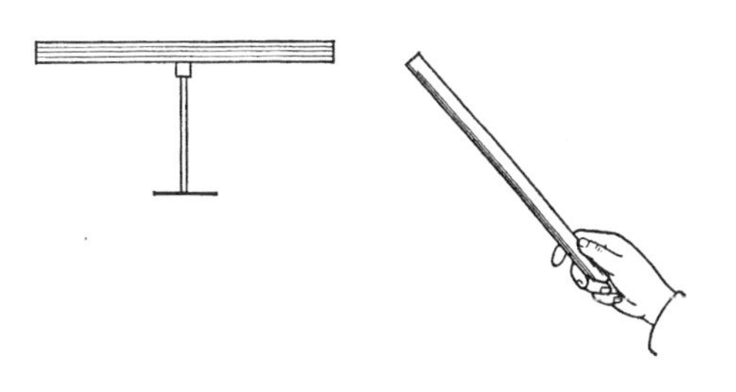

우리는 자석의 끄트머리를 '극pole'이라 부른다. 손에 든 자석의 한쪽 극을 다른 자석을 따라 이동시키며 실험을 계속해 보자. 극을 움직여 감에 따라 인력은 점차 감소하다가, 고정된 자석의 가운데에 이르면 어떤 힘도 느껴지지 않게 된다. 같은 방향으로 극을 계속 움직이면 척력을 관찰할 수 있으며, 고정된 자석의 반대쪽 극에 도달했을 때 척력이 가장 강해진다.

2. 위의 실험은 다른 실험의 실마리를 제공해 준다. 모든 자석에는 두 개의 극이 존재한다. 그렇다면 그중 하나의 극을 분리해 낼 수 있을까? 아주 단순하게 생각해 보면, 자석을 동일한 크기의 두 조각으로 쪼개면 될 것이라 추측할 수 있다. 자석의 한쪽 극과 다른 자석의 중앙부 사이에는 아무런 힘도 존재하지 않는다는 사실을 이미 확인했기 때문이다. 그러나 실제로 자석을 쪼개 보면 예측하지 못했던 놀라운 결과가 일어난다. 반쪽짜리 자석을 고정시킨 상태로 (1)의 실험을 다시 수행할 경우, 예전과 완벽하게 동일한 결과가 발생하는 것이다! 예전에 자기력을 전혀 느낄 수 없었던 부분이 이제는 강한 힘

을 가지는 극이 되어 있다.

이 현상을 어떻게 설명해야 할까? 전기 유체의 이론을 본떠서 자기력 이론을 만들어 보기로 하자. 여기서도 정전기 현상과 마찬가지로 인력과 척력이 존재하므로 일리가 있을 것이다. 두 개의 도체로 만든 구체가 동일한 양의 양전하와 음전하를 가지고 있다고 해 보자. 여기서 '동일한 양'이란 +5와 -5처럼 절대값이 같다는 뜻이다. 이런 두 개의 구체를 유리 막대와 같은 부도체로 연결했다고 해 보자.

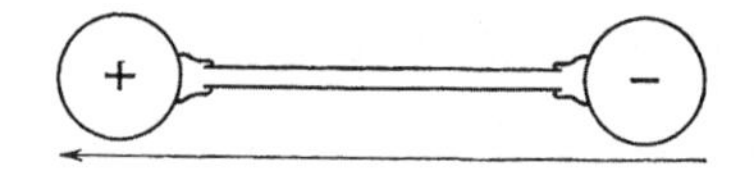


여기서 음전하로 충전된 도체에서 반대쪽으로 향하는 화살표를 통해 전체 모습을 도식적으로 표현할 수 있다. 우리는 이런 물체 전체를 전기적 '쌍극자dipole'라 부른다. 이렇게 만든 쌍극자 두 개를 사용해서 (1)번 실험을 수행하면 막대자석을 사용했을 때와 정확하게 같은 결과가 나온다. 우리의 발명품이 실제 자석의 모형이라 생각하고 자기 유체의 존재를 가정하면, 우리는 자석이 양극에서 서로 다른 유체를 가지는 '자기적 쌍극자'라고 말할 수 있을 것이다. 전기 이론을 본떠 만든 이 단순한 이론은 첫 번째 실험을 설명하는 데 적합하다. 한쪽에서는 인력을, 다른 한쪽에서는 척력을 느낄 것이고, 가운데에서는 서로 다른 힘의 평형을 통해 아무것도 느끼지 못할 것이다. 그러나 두 번째 실험의 경우에는 어떠할까? 전기적 쌍극자의 유리막대를 둘로 쪼갤 경우에는 두 개의 단극을 얻게 될 뿐이다. 우리의 이론에 따르면 자기적 쌍극자의 금속 막대를 둘로 쪼개도 같은 결과가 나와야 하지만, (2)번의 실험 결과는 이와 배치된다. 이러한 불일치를 해결하기 위해서는 좀 더 복잡한 이론을 도입할 수밖에 없다. 이전 모형과 달리, 이번에는 다른 극으로 나누어질 수 없는 매우 작은 기초적인 자기적 쌍극자들이 모여 자석을 이룬다고 상상해 보자. 자석 전체를 놓고 보면 질서가 유지되는데, 이런 기초적 쌍극자들이 모두 같은 방향으로 배열되어 있기 때문이다.

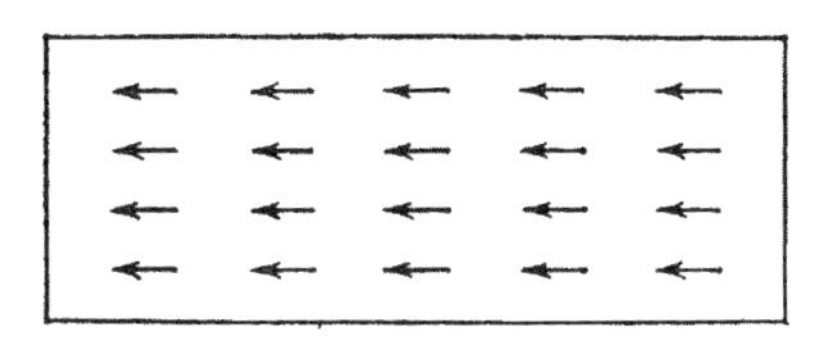

이럴 경우 자석을 쪼개면 즉시 새로운 극이 나타나는 이유를 이해할 수 있으며, 개량을 거친 새 이론이 (1)번과 (2)번 실험 결과 모두를 설명해 준다는 사실도 확인할 수 있다.

좀 더 단순한 이론 쪽으로도 여러 현상을 설명할 수 있으며, 그 경우만 놓고 보면 이론을 개량할 필요는 없어 보인다. 예를 하나 들어 보자. 우리는 자석이 철을 끌어당긴다는 사실을 알고 있다. 그 이유는 무엇일까? 일반적인 쇳조각 안에서는 두 가지 자기 유체가 뒤섞여 있기 때문에 전체적으로는 아무 영향도 끼치지 못한다. 하지만 양극을 가까이 가져다 대면 유체에 '분할 명령'을 내린 것과 동일한 효과가 되어, 음의 유체가 끌려가고 양의 유체가 밀려난다. 따라서 쇳조각과 자석은 서로 끌리게 된다. 자석을 치우면 유체는 원래 상태에 가까운 형태로 돌아간다. 돌아가는 정도는 유체가 외부의 힘이 내린 명령의 목소리를 얼마나 오래 기억하느냐에 따라 달라진다.

이 문제의 정량적 측면에 대해 굳이 설명할 필요는 없을 것이다. 자성을 띤 두 개의 매우 긴 막대를 사용해서, 서로의 극을 가져다 댈 때의 인력 (또는 척력)을 확인해 볼 수 있을 것이다. 막대가 충분히 길기만 하면 반대쪽 극의 효과는 무시할 수 있을 정도가 될 것이다. 극 사이의 거리에 따라 인력 또는 척력은 어떻게 변화하는가? 쿨롱의 실험 결과에 따르면, 뉴턴의 중력의 법칙과 쿨롱의 정전기의 법칙은 동일한 방식으로 거리에 영향을 받게 된다.

이 이론에서도 다시 한 번 일반적인 관점의 적용 사례를 확인할 수 있다. 모든 현상을 변하지 않는 입자 사이에서, 오직 거리에만 영향을 받는 인력과 척력으로 해석하려는 경향이다.

나중에 사용하게 될 잘 알려진 사실 하나를 언급하고 넘어가야겠다. 지구는 하나의 거대한 자기적 쌍극자다. 진실임은 명백하지만, 설명에 필요한 단서는 조금도 존재하지 않는다.

북극점 부근은 자기력의 음극이며 남극점 부근은 자기력의 양극이다. 음극과 양극은 그저 관습으로 붙인 명칭일 뿐이지만, 일단 정착된 다음에는 다른 모든 경우에도 동일한 호칭을 사용할 수 있다는 장점이 있다. 수직으로 놓인 축 위에 자성을 띤 바늘을 올리면, 바늘은 지구의 자기력이라는 명령에 복종해서, (+)극을 북극점 쪽, 즉 지구의 (-)극 방향으로 돌린다.

지금까지 우리는 전자기 현상의 영역에서 계속해서 역학적 세계관을 적용해왔지만, 그 사실을 딱히 자랑스럽게 여기거나 기뻐할 필요는 없다. 특정 부분에서는 명백하게 미진하거나 대놓고 실패한 경우가 있었기 때문이다. 무엇보다 새로운 물질의 개념, 즉 두 종류의 전기 유체와 기초적인 자기적 쌍극자를 만들어 내지 않았는가. 물질의 종류가 견디기 힘들 정도로 많아지고 있는 것이다!

힘은 단순해야 한다. 중력, 전기력, 자기력을 모두 비슷한 방식으로 설명할 수 있어야 한다. 그러나 힘을 단순하게 만들기 위해 우리는 꽤나 큰 대가를 치렀다. 무게 없는 물질을 또 하나 추가로 도입해야 했던 것이다. 이는 상당히 작위적인 개념이며, 실제 존재하는 기초적인 물질, 즉 질량과는 별로 관계가 없다.

## 첫 번째 심각한 문제

이걸로 일반적 철학의 관점을 적용할 때 첫 번째로 마주하게 되는 심각한 문제를 살펴볼 준비가 끝났다. 나중에는 지금 이 문제와 그보다도 심각한 다른 문제가 결합해서, 모든 현상을 역학으로 설명할 수 있다는 신념이 어떻게 무너져 내렸는지를 살펴보게 될 것이다.

전기가 과학의 한 분야로 빠르게 발전해 나가게 된 계기는 다름 아닌 전류의 발견이었다. 여기서 우리는 과학의 역사 가운데 매우 특이한 사례, 즉 사고가 필수적인 역할을 수행한 상황을 마주하게 된다. 개구리 다리의 경련을 발견한 이야기는 여러 가지로 전해져 온다. 실제 자세한 상황이 어땠는지는 차치하고, 갈바니Luigi Galvani가 그 현상을 우연히 발견한 덕분에 18세기 말에 볼타Alessandro Volta가 '볼타 전지'를 만들 수 있었다는 사실은 명백하다. 볼타 전지는 이제 실용적으로는 아무런 쓸모도 없는 물건이지만, 학교의 시범 실험이나 교과서의 묘사 속에서는 여전히 전류를 만들어 내는 매우 단순한 방법으로 흔히 등장한다.

볼타 전지는 누구나 간단하게 만들 수 있다. 물과 약간의 황산이 들어 있는 유리 용기를 여러 개 가져다 놓는다. 각각의 유리 용기에는 용액 속에 구리판과 아연판이 하나씩 들어 있다. 구리판을 각각 옆 용기의 아연판과 연결하여, 첫 용기의 아연판과 마지막 용기의 구리판만 아무것과도 연결되지 않은 상태로 만든다. 여기서 전지의 구성 요소, 즉 금속판이 담긴 유리 용기의 수가 충분히 많다면, 상당히 정밀한 검전기를 이용할 경우 첫 용기의 구리판과 마지막 용기의 아연판 사이의 전위차를 관찰할 수 있다.

여러 개의 용기를 사용한 전지를 만든 이유는 방금 사용한 도구로도 손쉽게 전위차를 측정하기 위해서였다. 이후의 논의를 위해서라면 용기는 하나만 있어도 충분하다. 구리판의 전위는 아연판의 전위보다 더 높게 측정된다. 여기서 높다는 말은 +2가 −2보다 크다는 느낌으로 사용한 것이다. 도체를 이용해 첫 용기의 구리판과 마지막 용기의 아연판을 연결하면 양쪽 모두 전하가 충전되며, 한쪽은 양전하가, 다른 한쪽은 음전하가 모인다. 여기까지는 딱히 새롭거나 놀라운 현상은 관찰할 수 없었으니 전위차에 대한 예전의 관점을 다시 적용해 보아도 좋을 것이다. 우리는 두 개의 도체 사이를 전선으로 연결하면 전기 유체가 한쪽에서 다른 쪽으로 흘러가며 전위차가 빠르게 해소될 수 있음을 이미 발견했다. 이 과정은 열의 흐름에 따라 온도가 동일해지는 과정과 유사했다. 그러나 이런 상황이 볼타 전지에도 적용되는가? 볼타는 자신의 보고서에 다음과 같이 기록했다.

> 여기서 금속판은 가볍게 충전된 상태로, 매번 전하가 빠져

나갈 때마다 끝없이 다시 충전되는 도체와 같은 모습을 보인다. 다른 말로 하자면 무한한 양의 전하를 공급하거나 전기 유체의 끝없는 운동 또는 경향성을 제공한다는 뜻이다.

이 실험 결과의 놀라운 점은, 구리판과 아연판 사이의 전위차가 두 개의 도체를 전선으로 연결해 놓았을 때와는 달리 즉시 사라지지 않는다는 점이다. 차이는 그대로 유지되며, 유체 이론에 따르면 전위가 높은 쪽(구리판)에서 낮은 쪽(아연판)으로 전기 유체가 일정하게 흘러가는 상태가 지속되는 것이다. 유체 이론을 구제하기 위해 일정한 힘이 작용해서 두 금속판 사이의 전위차를 회복해 주고, 그에 따라 전기 유체의 흐름이 발생한다고 가정할 수도 있을 것이다. 그러나 그 경우에는 이 현상 자체가 에너지 법칙의 관점에서 놀라운 것이 된다. 유체가 흘러가는 전선에서는 쉽게 관찰할 수 있을 정도의 열이 발생하며, 이 열은 가는 전선이라면 그대로 녹여 버릴 정도로 강하다. 따라서 이 경우, 전선에서 열에너지가 발생한다고 할 수 있다. 그러나 볼타 전지 자체는 외부에서 힘이 작용하지 않기 때문에 폐쇄계가 된다. 따라서 에너지 보존의 법칙을 어기지 않으려면 어디서 전환이 일어나는지, 그리고 열이 얼마나 방출되는지를 확인해야 한다. 전지 안에서 복잡한 화학적 과정이 벌어지며, 구리와 아연은 물론 용액 자체도 그 과정에서 중요한 역할을 수행한다는 사실은 어렵지 않게 확인할 수 있다. 에너지 관점에서 보면 다음과 같은 일련의 전환 과정이 벌어진다고 할 수 있다. 화학 에너지 → 흘러가는 전기 유체의 에너지, 즉 전류 → 열에너지. 볼타 전지는 영원히 작동하지는 않는다. 전기 유체의 흐름으로 전환될 화학 에너지가 고갈되면 전지 또한 쓸모가 없어진다.

역학의 개념을 적용하는 데 있어 큰 문제를 불러일으킨 실험은 처음 들으면 얼핏 괴상하다는 느낌이 들 수도 있다. 외르스테드Hans Christian Ørsted는 120년 전에 그 실험을 수행하고 다음과 같이 기록했다.

> 이 실험에서 자성을 띤 바늘은 갈바니의 장치의 도움에 의해 이동한 것으로 보인다. 이런 현상이 갈바니의 회로가 닫혀 있을 때만 일어나며, 여러 해 전 여러 명망 있는 물리학자들이 헛된 실험에서 입증해 보였듯이 열려 있을 때에는 일어나지 않는다.

볼타 전지와 도체 전선이 하나씩 있다고 하자. 전선을 구리판에만 연결하고 아연판에는 연결하지 않는다면, 두 금속판 사이에는 전위차는 존재하지만 흐름이 발생할 수는 없을 것이다. 여기서 전선을 구부려 원형으로 만든 다음, 그 가운데 자성을 띤 바늘을 놓는다고 해 보자. 전선과 바늘은 같은 평면에 놓여 있어야 한다.

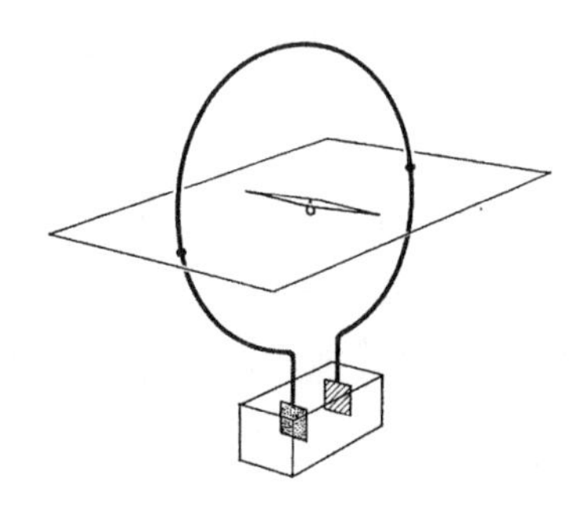

전선이 아연판을 건드리지 않는 한은 아무 일도 일어나지 않는다. 어떤 힘도 여기에 작용하지 않으며, 존재하는 전위차는 바늘의 위치에 아무런 영향도 끼치지 않는다. 외르스테드가 언급한 '여러 명망 있는 물리학자들'이 그런 현상이 일어날 것이라 기대한 이유를 이해하기가 힘들 정도이다.

그럼 이제 전선을 아연판에 연결해 보기로 하자. 곧바로 기묘한 일이 벌어진다. 자성을 띤 바늘이 이전 위치에서 움직이는 것이다. 이 책의 지면을 전선의 원이 위치하는 평면이라 가정한다면, 바늘의 극 하나가 독자들 쪽을 가리키게 된다. 이 말은 곧 힘이 평면과 평행하게 자성체의 극에 작용한다는 뜻이 된다. 이 실험에서 관찰할 수 있는 현상과 직면하면, 힘의 작용 방향에 대해 그런 결론을 내리지 않을 수가 없다.

애초에 이 실험이 흥미로운 이유는 겉보기에는 완전히 다른 두 가지 현상, 즉 자기력과 전류 사이에 연관 관계가 존재한다는 사실을 보여준다는 것이었다. 그러나 그보다 더 중요한 사실이 하나 있다. 이 실험에서 자석의 극과 전류가 흐르는 전선의 일부 사이에 작용하는 힘은 전선과 바늘을 연결하는 선 위, 다른 말로 하자면 흘러가는 전기 유체의 입자와 자기적 쌍극자를 연결하는 선 위에 존재할 수 없는 것이다. 힘이 그 선과 직각으로 작용하기 때문이다! 역학적 관점에 따르기로 결정한 이후 처음으로, 외부 세계의 행위를 환원한 결과와 다른 방향으로 작용하는 힘이 등장한 것이다. 중력과 정전기와 자력이 모두 뉴턴과 쿨롱의 법칙을 따랐으며, 두 개의 서로 끌어당기거나 밀치는 물체를 연결한 선 위에서 작용했다는 사실과는 완전히 다른 결과이다.

롤랜드Henry Augustus Rowland가 거의 60년 전에 훌륭하게 수행한 실험을 보면 두 현상 사이의 차이점은 더욱 확연해진다. 기술적인 세부 사항을 제외하면, 그의 실험은 다음과 같이 서술할 수 있다. 전하를 띤 작은 구체를 상상해 보자. 그리고 구체가 자력을 띤 바늘 주변을 원을 그리며 매우 빠른 속도로 회전한다고 가정해 보자. 이는 기본적으로는 외르스테드의 실험과 동일한 상황이나, 일반적인 전류 대신 전하의 흐름에 역학적인 영향을 주었다는 점이 다르다. 롤랜드는 이 실험의 결과가 원형의 전선에서 유체가 흘러갈 때와 비슷하다는 사실을 발견했다. 직각으로 작용하는 힘에 의해 자석이 움직이는 것이다.

그럼 이제 충전된 구체를 더 빨리 회전시켜 보자. 자석의 극에 작용하는 힘은 증가하며, 바늘이 튕겨 움직이는 모습을 더욱 확실하게 관찰할 수 있다.

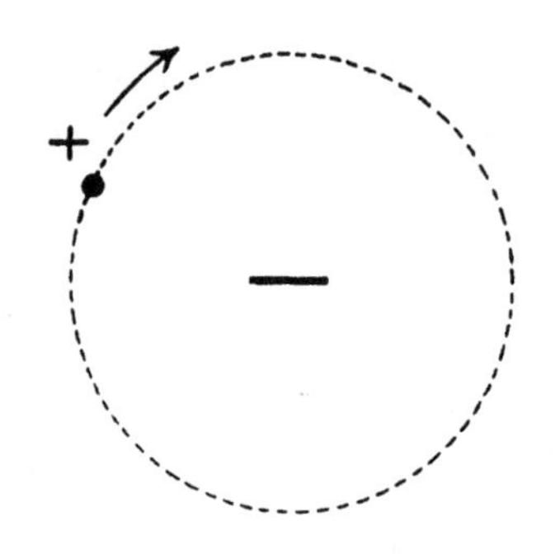


이 관찰 결과는 다른 심각한 문제를 낳는다. 힘이 전하와 자석을 연결하는 선 위에 존재하지 않을 뿐 아니라, 전하의 속도에 따라 강도가 변하기까지 하는 것이다. 역학적 관점은 모든 현상이 거리에만 영향을 받고 속도에는 영향을 받지 않는 힘을 이용해 설명할 수 있다는 전제를 깔고 있었다. 롤랜드의 실험 결과는 분명 이 믿음을 뒤흔들었다. 그러나 이 경우에도 보수적인 자세를 견지하며 옛 개념의 틀 안에서 해법을 찾으려 시도할 수 있다.

승리한 것처럼 신나게 이론을 발전시켜 나가다가 갑작스레 예상치 못한 장애물에 부딪치는 것은 과학에서 꽤나 자주 발생하는 일이다. 때로는 낡은 이론을 일시적으로라도 단순히 일반화시키는 정도로 출구를 발견할 수 있다. 예를 들자면, 방금 전의 문제는 예전의 관점이 의미하는 바를 확장해서, 기초 입자 사이에 작용하는 새로운 종류의 힘을 상정하는 것만으로 벗어날 수 있다. 그러나 상당히 많은 경우 옛 이론을 짜깁는 것만으로는 부족하며, 결국 그런 장애물 때문에 옛 이론은 몰락하고 새 이론이 부상하게 된다. 겉보기로는 기초도 튼실하고 성공적으로 보이던 역학 이론을 파괴한 것은 작은 바늘 자석의 움직임만이 아니었다. 좀 더 재기 넘치는 공격이 완전히 다른 방향에서 들어왔다. 그러나 이는 아예 다른 이야기이므로 나중을 기약해야 할 것이다.

## 빛의 속도

갈릴레오의 『새로운 두 과학』을 살펴보면, 스승과 제자들이 빛의 속도를 놓고 다음과 같이 토의하는 대목을 찾을 수 있다.

> **사그레도:** 하지만 소위 빛의 속도라는 것을 어떤 부류로 간주해야 하며, 또 그 속력을 어떻게 묘사해야 하는 것입니까? 순간적으로 일어나는 것입니까, 아니면 다른 운동과 마찬가지로 시간이 필요한 것입니까? 실험을 통해 이 문제의 해답을 얻을 수 있습니까?

**심플리치오:** 일상의 실험을 통하면 빛의 전파가 순간적으로 벌어진다는 사실이 자명하지 않은가. 멀리서 대포를 쏘는 모습을 보면 섬광은 순식간에 우리 눈에 도달하지. 하지만 소리는 인지할 수 있는 간격을 두고 우리 귀에 도달하지 않나.

**사그레도:** 글쎄, 심플리치오, 자네의 친숙한 실험에서 내가 유추할 수 있는 것이라고는 우리의 귀에 들어오는 소리가 빛보다 느리게 이동한다는 것뿐인데. 그로부터 빛의 전파가 순식간에 일어나는지, 아니면 극도로 빠르지만 여전히 시간을 필요로 하는지는 확인할 수 없지 않은가…

**살비아티:** 그런 경험과 다른 여러 관찰에서 얻은 작은 결론을 종합한 결과, 나는 실제로 빛의 전파가 순간적으로 일어나는지를 확인할 수 있는 기계를 고안했다네…

이어 살비아티는 자신의 실험 방법을 설명한다. 그의 착상을 이해하기 위해, 빛의 속도에 한도가 있을 뿐 아니라 그 값이 매우 작다고 상상해 보기로 하자. 빛의 속도를 슬로모션 영화처럼 느리게 만드는 것이다. A와 B라는 두 명의 사람이 덮개 달린 랜턴을 들고 서로 1마일 거리에 서 있다고 해 보자. 첫 번째 사람, 즉 A가 덮개를 벗긴다. 두 사람은 B가 A의 불빛을 보면 바로 덮개를 벗기겠다고 약속을 해 놓은 상태다. 여기서 우리가 가정한 '느리게 움직이는' 빛이 1초에 1마일을 간다고 해 보자. A는 덮개를 벗겨서 신호를 보낸다. B는 1초 후 신호를 확인하고 화답하는 신호를 보낸다. 여기서 A는 자신이 신호를 보내고 2초 후에 신호를 돌려받게 된다. 다른 말로 하면, 빛의 속도가 초속 1마일일 경우, A가 1마일 떨어져 있는 B에게 신호를 보낸 후 돌려받을 때까지 2초가 경과한다는 말이 된다. 마찬가지로, 만약 A가 빛의 속도는 모르지만 자신의 동료가 약속을 지킬 것이라 가정하고, B가 자신이 덮개를 연 후 2초 후에 덮개를 벗기는 것을 보았다면, 그는 빛의 속도가 초속 1마일이라는 결론을 내릴 수 있을 것이다.

갈릴레오의 시대에 사용 가능했던 실험 기술로는 이런 식으로 빛의 속도를 측정할 가능성이 거의 없었다. 거리를 1마일로 잡는다면 10만분의 1초 단위의 시간을 정확하게 측정할 수 있는 장치가 필요했을 테니까!

갈릴레오는 빛의 속도를 구하는 방법을 구상해 냈지만, 그 결과까지 제시하지는 못했다. 문제의 구상이 실제 해결보다 중요한 경우가 종종 있는데, 해결 자체는 그저 수학 계산이나 실험 기술의 발전으로 가능한 경우도 있기 때문이다. 반면 새로운 문제, 새로운 가능성을 제기하거나 예전의 문제를 새로운 각도에서 바라보기 위해서는 창의적 상상력이 필요하며, 그런 시도야말로 과학의 진정한 발전을 가져온다. 관성의 원리, 에너지 보존의 법칙은 이미 잘 알려진 실험과 현상을 놓고 새롭고 독창적인 방식으로 사고해서 얻어낸 결과물이다. 이 책의 나머지 부분에서 이렇게 기존의 사실을 새로운 관점에서 바라보는 일과 새로운 이론의 중요성을 강조하는 예시를 여럿 찾아볼 수 있을 것이다.

빛의 속도를 확인하는 비교적 단순한 문제로 돌아가 보면, 우리는 갈릴레오가 한 사람만으로도 이 실험을 훨씬 단순하고 정확하게 수행할 수 있음을 깨닫지 못했다는 놀라운 사실을 깨닫게 된다. 멀리 떨어진 곳에 친구를 세워 놓는 대신 그 위치에 거울을 하나 가져다 놓기만 하면, 신호를 자동적으로 받아서 즉시 되돌려 보내 줄 것이기 때문이다.

약 250년 전에 피조Armand Hippolyte Louis Fizeau가 바로 이 원리를 따라 실험을 수행했다. 그는 처음으로 지상 실험을 통해 광속을 측정한 사람이었다. 천문학 관측을 통해 광속을 처음 측정한 사람은 뢰머Ole Christensen Rømer였는데, 그의 실험 결과는 정확도가 훨씬 떨어졌다.

빛이 엄청나게 빠르다는 점을 감안하면, 광속을 측정하려면 태양계의 다른 행성과 지구 정도로 거리를 벌리거나 실험 기술을 극도로 정교하게 다듬어야 한다. 뢰머는 첫 번째 방법을 사용했고, 피조는 두 번째 방법을 사용했다. 이런 초창기의 실험 이래로, 광속이라는 매우 중요한 숫자는 여러 번에 걸쳐 측정되었으며, 그에 따라 정확도도 갈수록 증가했다. 우리가 사는 20세기에 이르러서는 마이클슨Albert Abraham Michelson

이 놀랍도록 정교한 실험을 고안해 냈다. 이 실험의 결과를 간단하게 언급하고 넘어가기로 하자. 진공에서 광속은 초속 186,000마일, 또는 초속 300,000킬로미터이다.

## 물질로서의 빛

다시 한 번 몇 가지 실험을 통한 사실로부터 시작해 보자. 방금 인용한 수치는 진공에서 빛이 움직이는 속도이다. 외부의 영향이 없으면 빛은 텅 빈 공간을 이 속도로 움직인다. 우리는 공기를 제거한 빈 유리병을 통해 사물을 볼 수 있다. 텅 빈 공간을 통해 우리 눈까지 전해져 오는 행성, 항성, 성운의 빛을 볼 수도 있다. 안에 공기가 있든 없든 병을 통해 사물을 볼 수 있다는 단순한 사실을 통해, 우리는 공기가 빛의 전파에 거의 영향을 끼치지 않는다는 사실을 확인할 수 있다. 바로 이 때문에 우리는 진공 상태와 크게 다르지 않은 결과가 나올 것이라 가정하고 평범한 방에서도 광학 실험을 수행할 수 있는 것이다.

광학에서 가장 기본적인 사실 하나는 빛의 전파가 직선으로 이루어진다는 것이다. 초보적이고 단순한 실험을 통해 이 사실을 확인해 보자. 점광원 앞에 구멍이 하나 뚫린 가림막을 설치한다. 점광원이란 아주 작은 광원으로, 이를테면 랜턴 덮개에 작은 구멍을 뚫은 것을 상상하면 된다. 거리가 떨어진 반대편 벽에서 보면, 가림막의 구멍은 어두운 배경의 조명으로 보일 것이다. 다음 그림은 이 현상이 빛이 직선으로 전파된다는 사실과 어떻게 연관되어 있는지를 알려준다. 빛과 그림자와 반음영이 존재하는 좀 더 복잡한 상황 또한 진공 또는 공기 속에서 빛이 직선으로 움직인다는 가정을 통해 설명할 수 있다.

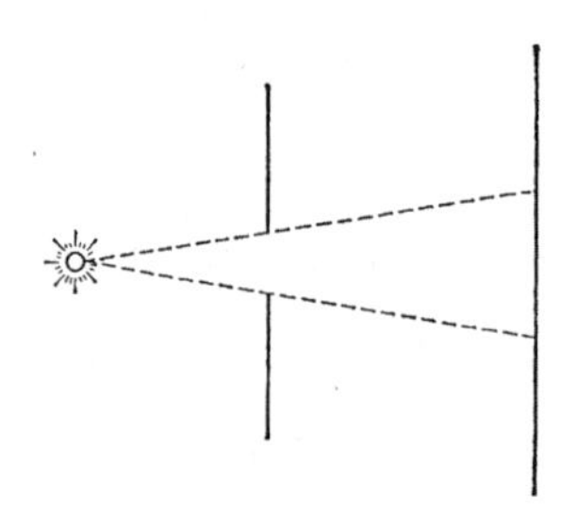

그러면 다른 예로서 빛이 물질을 통과해 움직이는 경우를 생각해 보자. 진공을 통해 이동하던 광선이 유리판과 만난다. 무슨 일이 벌어질까?

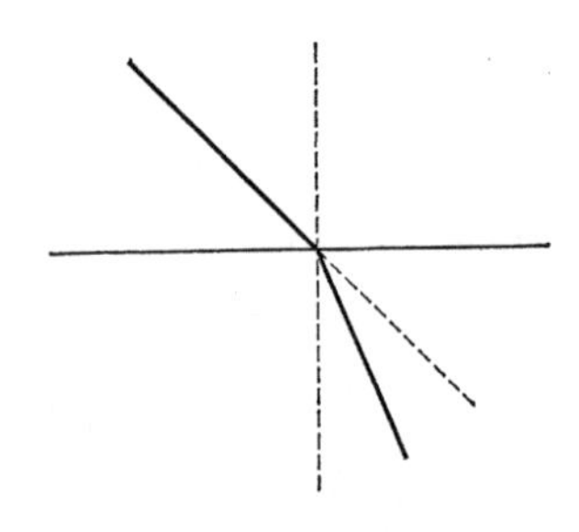

만약 직선운동의 법칙이 여전히 유효하다면, 빛의 경로는 점선과 같은 모습을 보일 것이다. 그러나 관찰 결과는 그렇지 않다. 빛의 경로는 그림에서 볼 수 있는 것처럼 꺾이게 된다. 지금 우리가 관찰하는 현상은 굴절이라 부르는 것이다. 물에 반쯤 넣은 막대기가 중간에서 꺾여 보이는 익숙한 현상은 굴절이 영향을 끼치는 여러 실례 중 하나이다.

이 정도로 실마리를 모으면 빛을 다루는 단순한 역학 이론을 만들어 내기에는 충분할 것이다. 여기서 우리의 목적은 물질, 입자, 힘이라는 관념이 어떤 식으로 광학이라는 분야에 침투해 들어가서, 마침내 낡은 철학적 관점을 깨뜨리는지를 살펴보는 것이다.

여기서 가장 단순하고 초보적인 이론을 도출할 수 있다. 빛을 발하는 모든 물체가 빛의 입자, 즉 광입자corpuscles를 방출한다고 가정해 보자. 이런 미립자가 우리 눈에 도달해서 빛이라는 감각을 만들어 내는 것이다. 우리는 이미 역학적 설명을 위해 새로운 물질을 도입하는 일에 너무 익숙해져 있어서, 딱히 더 망설이지 않고도 손쉽게 이런 가정을 할 수 있다. 이 미립자는 일정한 속도로 진공 속을 날아가서 빛을 발하는 물체의 정보를 우리 눈까지 가져와야 한다. 빛이 직선으로 전파된다는 것을 보여주는 모든 현상은 이런 미립자 이론을 지지하는 셈인데, 미립자를 가정하면 바로 이런 운동을 예측할 수 있기 때문이다. 이 이론은 거울에 의한 빛의 반사 또한 다음 그림과 같이, 탄력 있는 공을 벽에 던졌을 때 보이는 역학적 반사와 같은 방식으로 설명할 있도록 해 준다.

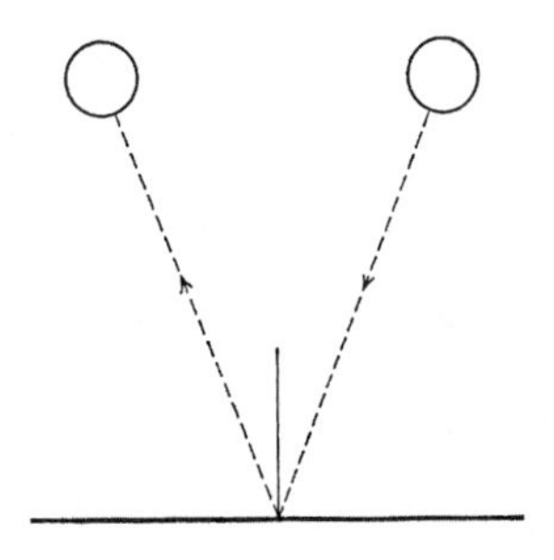

굴절을 설명하기는 약간 더 힘들다. 하지만 자세히 들어가지 않고도 역학적 설명의 가능성은 확인할 수 있다. 예를 들어 유리 표면에 떨어진 미립자의 경우, 해당 물질의 입자로부터 힘이 작용할 수 있을 것이다. 기묘하게도 물질과 바로 인접할 경우에만 작용하는 힘이지만 말이다. 우리가 이미 확인했듯이, 움직이는 입자에 힘이 작용하면 속도가 변화하기 마련이다. 광입자에 작용하는 힘이 유리 표면에 수직으로 작용하는 인력이라면, 새 운동 경로는 기존 경로와 수직선 사이의 어딘가에 위치할 것이다. 이 정도면 빛의 입자 이론을 단순하게 설명하는 데 성공한 것으로 보인다. 그러나 이 이론의 유용성과 타당성이 어디까지 영향을 미치는지를 확인하려면, 좀 더 복잡한 새로운 현상을 탐구해 보아야 한다.

## 색의 수수께끼

세상의 풍요로운 색채를 처음으로 설명한 것은 이번에도 뉴턴의 천재성이었다. 뉴턴의 말을 통해 그의 실험을 알아보기로 하자.

> 1666년에 (당시 나는 구형이 아닌 다른 형태로 광학용 유리를 연마하는 일에 몰두하고 있었다) 나는 삼각형의 유리 프리즘을 만들어서 색상이라는 축복받은 현상에 대해 알아보고자 했다. 그를 위해 나는 방을 어둡게 만든 다음, 창문 가리개에 작은 구멍을 뚫어 적절한 정도의 태양빛이 들어오게 만들고, 그 구멍 앞에 프리즘을 올려놓아 굴절된 빛이 반대쪽 벽에 비치게 만들었다. 그렇게 생생하고 강렬한 색깔을 관찰하는 일은 처음에는 매우 즐거운 유희가 되었다.

태양의 빛은 '백색'이다. 프리즘을 지나면 태양의 빛은 눈에 보이는 세계에 존재하는 모든 색으로 변한다. 자연의 여신이 무지개의 모습으로 선사하는 아름다운 색깔이 여기서도 모두 등장한다. 이 현상을 설명하려는 시도는 사실 매우 오래전부터 존재해 왔다. 성경에서 무지개를 인간과 신의 언약의 증거라 설파한 것도 어떻게 보면 하나의 '이론'이라 할 수 있다. 그러나 이는 왜 무지개가 계속 등장하는지, 그리고 왜 항상 비와 연관되어 있는지를 설명해 주지 못한다. 색채라는 수수께끼를 처음으로 과학적으로 공격해서 해법을 찾아낸 사람은 다름 아닌 뉴턴이었고, 그 내용은 그의 위대한 저작에 실려 있다.

무지개의 한쪽 끝은 항상 붉은색이며, 반대쪽은 보라색이다. 이 사이에 다른 모든 색깔들이 들어차 있다. 뉴턴은 이 현상을 백색의 빛 안에 이미 모든 색이 존재하기 때문이라고 설명한다. 행성 사이의 공간과 대기층을 함께 뚫고 온 모든 색깔이 한데 어우러져 백색 빛의 효과를 내는 것이다. 따라서 소위 말하는 백색광이란 여러 다른 색의 광입자들이 섞여 있는 혼합 상태인 것이다. 뉴턴의 실험에서 프리즘은 공간 속의 미립자들을 나누어 배열하는 역할을 한다. 역학 이론에 따르면, 굴절이란 유리의 입자가 빛의 입자에 힘을 가해 발생하는 현상이다. 서로 다른 색의 미립자들에는 각자 다른 정도로 힘이 작용하며, 그 정도는 보라색에서 가장 강하고 붉은색에서 가장 약하다. 따라서 각각의 색은 굴절되면 다른 경로를 따르게 되며, 프리즘을 떠나면 다른 색과 분리된다. 무지개의 경우에는 물방울이 프리즘의 역할을 하는 것이다.

빛의 물질 이론은 이제 더 복잡해져 버렸다. 빛이 하나의 물질이 아니라 색상별로 존재하는 여러 종류의 물질이 되어 버린 것이다. 어쨌든 이 이론에 약간이라도 진실성이 존재하려면 우리가 관찰한 결과와 일치해야 할 것이다.

뉴턴의 실험에 의해 밝혀진, 태양의 백색광선 안에 존재하는 일련의 색상은 태양의 '스펙트럼', 좀 더 정확하게 말하자면 '가시 스펙트럼'이라 부른다. 여기서 서술한 것처럼 백색광선이 여러 부분으로 분리되는 현상은 빛의 분산이라 부른다. 우리의 설명이 옳으려면, 분리된 스펙트럼의 색을 적절한 위치에 놓은 프리즘에 통과시키면 다시 백색광으로 만들 수 있어야 할 것이다. 단순히 이전 실험의 반대 과정이 일어나는 것뿐이다. 분리되어 있던 광선들로 백색광을 만들 수 있어야 할 것이다. 뉴턴은 실험을 통해 프리즘이라는 단순한 도구를 이용해 스펙트럼에서 백색광으로, 또는 백색광에서 스펙트럼으로 원하는 만큼 변환할 수 있다는 사실을 보여주었다. 이런 일련의 실험은 각 색깔마다 존재하는 미립자가 변하지 않는 물질이라는 이론을 강력하게 지지해 준다. 따라서 뉴턴은 다음과 같이 기록했다.

> …색채란 새로 만들어지는 것이 아니라 분리를 통해 눈에 보이게 되는 것일 뿐이다. 다시 전부 합쳐서 하나로 뒤섞어 버리면 분리 이전에 가지고 있던 색깔로 돌아가기 때문이다. 같은 이유에서 변화를 통해 만들어진 다양한 색채를 실제로 존재하는 것이라 부를 수는 없다. 혼합 상태인 빛을 다시 한 번 잘라 내면, 혼합물에 포함되기 전과 완벽하게 동일한 색채를 나타내기 때문이다. 청색과 황색의 가루를 고르게 섞으면 맨눈으로 보기에는 녹색처럼 보이지만,

그를 구성하는 미립자의 성질 자체는 변화한 것이 아니라 그저 혼합되었을 뿐이다. 좋은 현미경을 사용하면 여전히 청색과 황색이 고르게 분포하는 모습을 확인할 수 있을 것이다.

스펙트럼에서 매우 얇은 띠 하나를 분리해 냈다고 해 보자. 수많은 색 중에서 단 하나만 슬릿을 통과하게 하고, 나머지는 가림막으로 막아 버리는 것이다. 슬릿을 통과해 들어오는 빛은 단색광 또는 균질광이라 부르는데, 더 이상 여러 요소로 쪼개질 수 없는 빛이라는 뜻이 된다. 이 사실은 실험을 통해 쉽게 증명할 수 있다. 한 가지 색의 빛은 더 이상 나뉘지 않는다. 단색광은 몇 가지 방법을 통해 손쉽게 얻어낼 수 있다. 예를 들어 나트륨에 고온을 가하면 황색의 단색광이 나온다. 광학 실험에서는 단색광을 사용하는 쪽이 유용한 경우가 있는데, 쉽게 예측할 수 있듯이 좀 더 단순한 결과가 나오기 때문이다.

이제 갑자기 매우 이상한 현상이 하나 일어난다고 상상해 보자. 우리의 태양이 특정 색깔, 이를테면 노란색의 단색광을 방출하기 시작한 것이다. 지구에 존재하는 온갖 다양한 색은 순식간에 사라져 버릴 것이다. 모든 물체가 노란색이나 검은색으로만 보일 테니까! 빛의 물질론을 적용할 경우 이런 예측이 가능해지는데, 새로운 색이 창조될 수는 없기 때문이다. 실험을 통해 이 예측을 확인할 수 있다. 조명이 나트륨등밖에 없는 방에 들어가면, 모든 물체가 노란색 또는 검은색으로 보인다. 이 세상의 풍요로운 색채는 백색광을 구성하는 다양한 색상의 반영인 것이다.

빛의 물질론은 이 모든 경우에서 훌륭하게 작동하는 것으로 보이지만, 색상에 따라 서로 다른 수많은 새로운 물질을 도입해야 한다는 점 때문에 다소 불편한 마음이 들게 하는 것은 사실이다. 게다가 모든 광입자가 진공 속에서 완벽하게 동일한 속도를 가진다는 가정도 꽤나 작위적으로 보인다.

물론 완전히 다른 부류의, 전혀 다른 성질의 가정을 해 보는 것도 가능하며, 이 경우에도 모든 상황을 설명할 수 있다. 사실 지금부터 동일한 광학 현상을 설명해 주는, 완전히 다른 개념을 바탕으로 하는 완전히 다른 이론의 성립 과정을 확인해 볼 생각이다. 그러나 이 새로운 이론의 기본 가정을 확인하기 전에, 우리는 광학과는 전혀 연관이 없는 질문에 대한 답을 하나 얻어야 한다. 역학으로 돌아가서 다음 질문에 답해 보도록 하자.

## 파동이란 무엇인가?

워싱턴에서 시작된 소문은 매우 빠르게 뉴욕에 도달하지만, 소문을 퍼뜨리는 일에 참여한 사람들 중에 워싱턴에서 뉴욕까지 실제로 이동한 사람은 존재하지 않는다. 여기서 소문이 워싱턴에서 뉴욕까지 전달되는 과정에는 성질이 꽤나 다른 두 가지 운동이 관여한다. 밀밭 위를 지나가는 바람은 경작지 전체로 전해지는 파동을 만든다. 여기서도 우리는 파동 자체의 운동과 작은 진동만을 보이는 개별 식물의 운동을 구분해서 생각해야 한다. 수면에 돌을 던질 때 점차 큰 원을 그리며 퍼져 나가는 파동은 다들 관찰한 적이 있을 것이다. 파동의 운동은 개별 물 입자의 운동과는 크게 다르다. 물 입자는 그저 위아래로 움직일 뿐이다. 우리가 관찰하는 파동의 운동은 물질의 한 가지 상태일 뿐, 물질 그 자체의 운동은 아니다. 파동 위에 코르크를 띄우면 그 사실을 명확하게 파악할 수 있는데, 코르크는 물의 실제 운동에 맞춰 위아래로 움직일 뿐, 파동을 따라 흘러가지는 않기 때문이다.

파동의 구조와 성립 방식을 이해하기 위해서 다시 한 번 이상적인 실험을 가정해 보자. 큰 공간에 물이나 공기나 기타 '매질'이 가득 차 있다고 가정해 보자. 매질 가운데쯤에 구체가 하나 존재한다. 실험을 시작하기 전에는 이 구체는 전혀 움직이지 않는다. 그러다 갑자기 구체가 규칙적으로 '고동'을 시작하며, 구체의 기본 형태는 유지한 채로 부피만이 팽창과 수축을 반복한다. 이 경우 매질에는 무슨 일이 일어날까? 구체가 팽창하기 시작하는 시점에서 검증을 시작해 보자. 구체 바로 곁에 있는 매질의 입자는 밀려나며, 그에 따라 물 또는 공기로 이루어진, 평소보다 밀도가 높은 구체와 동일한 모양의 껍질이 생겨난다. 마찬가지로 구체가 수축하면 동일한 영역의 매질의 밀도가 감소할 것이다. 그리고 이러한 밀도 변화는 매질 전체로 전파된다. 매질을 구성하는 개별 입자는 그저 약간 진동할 뿐이지만, 전체 매질은 번져 나가는 파동 형태의 운동을 하는 것이다. 여기서 밝혀진 가장 중요한 새로운 사실은, 우리가 물질이 아닌 존재의 운동을 처음으로 확인했다는 것이다. 여기서 파동은 물질 자체의 운동이 아니라, 물질을 통해 확산되는 에너지의 운동인 것이다.

팽창과 수축을 반복하는 구체의 예를 이용하여, 파동의 성질을 설명할 때 필수적인 두 가지의 일반적인 물리 개념을 도입해 보자. 하나는 파동이 퍼져 나가는 속도이다. 이는 매질의 종류, 이를테면 물이냐 공기냐에 영향을 받는다. 다른 하나는 파장이다. 바다나 강의 물결의 경우에는 파도 하나의 저점에서 다음 파도의 저점까지, 또는 물마루 하나에서 다음 물마루까지를 일컫는 용어이다. 따라서 바다의 파도가 강의 파도보다 파장이 길다고 말할 수 있을 것이다. 우리가 가정한 고동치는 구체가 만들어 낸 파동의 경우, 일정 시간 안에서 가장 밀도가 높거나 낮은 두 개의 구형 껍질 사이의 거리를 파장이라 할 수 있을 것이다. 이 거리가 매질의 성분에만 영향을 받지 않는다는 점은 명백하다. 구체가 고동치는 속도가 분명 큰 영향을 끼칠 것이며, 고동의 주기가 짧아지면 파장 또한 짧아질 것이고, 주기가 길어지면 파장 또한 길어질 것이다.

파동이라는 개념은 물리학에서 상당한 성공을 거두었다. 파동이란 분명 역학적인 개념이며, 운동 이론에 따르면 물질을 구성하는 기본 요소인 입자의 운동으로 환원해 생각할 수 있다. 따라서 파동이라는 개념을 사용하는 모든 이론은 일반적으로 역학적인 이론이라 간주할 수 있는 것이다. 예를 들어 음파와 관계된 현상은 모두 파동 이론에 기반을 두고 있다. 성대나 바이올린의 현처럼 진동하는 물체는 음파를 발산한다. 그리고 음파는 고동치는 구체의 경우와 마찬가지의 원리로 공기 속으로 확산된다. 따라서 모든 음향 관련 현상은 파동이라는 개념을 사용하면 역학으로 환원하는 것이 가능하다.

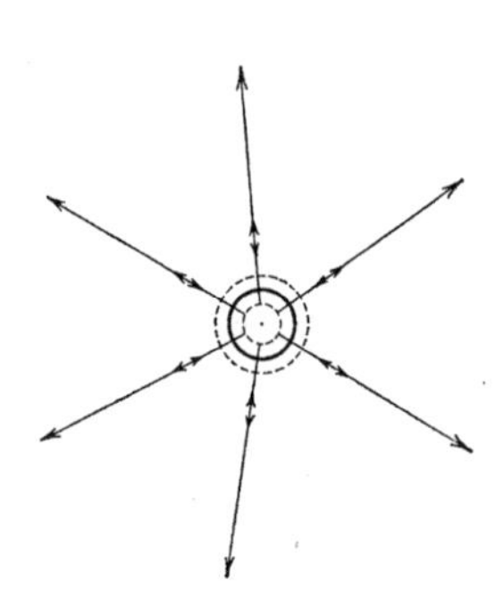

입자의 운동과 매질의 상태 중 하나인 파동 자체를 구분해야 한다는 것은 이미 강조한 바 있다. 이 두 가지는 매우 다르지만, 우리가 든 예시인 고동치는 구체를 떠올려 보면 두 가지

운동이 동일한 직선상에서 벌어진다는 점은 명백하다. 매질의 입자 하나는 짧은 직선 궤적을 따라 왕복하며, 밀도는 이 운동에 따라 증가와 감소를 반복한다. 파동이 퍼져 나가는 방향과 왕복운동이 발생하는 방향은 동일하다. 이런 종류의 파동을 우리는 '종파'라 부른다. 하지만 다른 종류의 파동도 존재할 수 있지 않을까? 이 뒤에서 살펴볼 내용에서는 다른 종류의 파동, 즉 '횡파'가 존재할 수 있다는 가능성을 염두에 두는 것이 중요하다.

앞에서 든 예시를 살짝 바꾸어 보자. 구체는 여전히 존재하지만, 이번에는 다른 종류의 매질, 즉 물이나 공기가 아니라 일종의 젤리 속에 파묻혀 있다. 덤으로 이번에는 고동치는 것이 아니라 항상 같은 박자에 따라, 일정 축을 기준으로 한쪽 방향으로 회전했다가 제자리로 돌아오는 운동을 반복한다.

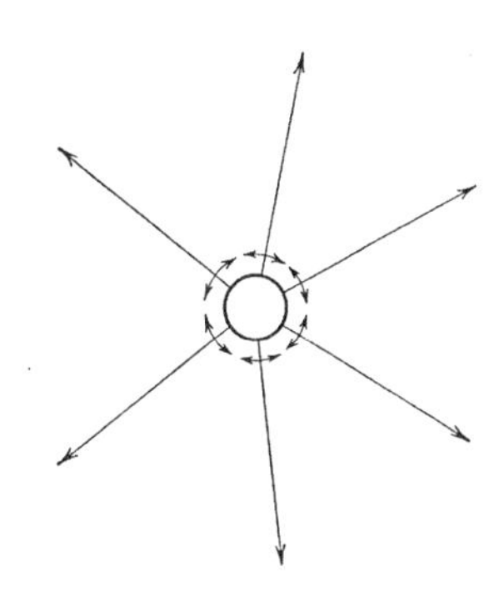

젤리는 구체에 붙어 있으며, 따라서 붙어 있는 부분들은 운동을 따라하도록 강요된다. 이렇게 접착되어 있는 부분은 더 멀리 있는 부분들이 자신의 운동을 따라하도록 만들고, 같은 일이 반복되면서 매질 안에 파동이 발생한다. 매질의 운동과 파동을 구분해야 한다는 점을 염두에 두고 살펴보면, 우리는 이 두 운동이 같은 직선 위에 존재하지 않음을 확인할 수 있다. 파동은 구체의 중심에서 뻗어 나오는 방향으로 전파되며, 매질의 각 부분은 그 방향과 수직으로 운동한다. 여기서 우리는 횡파를 만들어 낸 것이다.

수면을 따라 퍼져 나가는 파도는 횡파다. 떠 있는 코르크는 위아래로 움직이지만, 파도는 수평면을 따라 퍼져 나간다. 반면 음파는 주변에서 가장 손쉽게 찾아볼 수 있는 종파다.

한 가지를 더 언급하기로 하자. 균질한 매질 속에서 고동치거나 진동하는 구체는 '구면파spherical wave'를 만들어 낸다. 이렇게 부르는 이유는 파동의 근원을 감싸는 구체의 모든 점이 동일한 성질을 보이기 때문이다. 근원에서 멀리 떨어진 구체의 일부를 살펴보도록 하자. 그 일부가 멀리 떨어져 있을수록, 그리고 좀 더 작은 양을 잘라낼수록, 그 일부는 평면에 가까운 형상을 띠게 된다. 여기서 우리는 구체의 반경이 충분히 크기만 하면 구체의 일부와 평면의 일부는 본질적으로 차이가 없다고 할 수 있을 것이다.

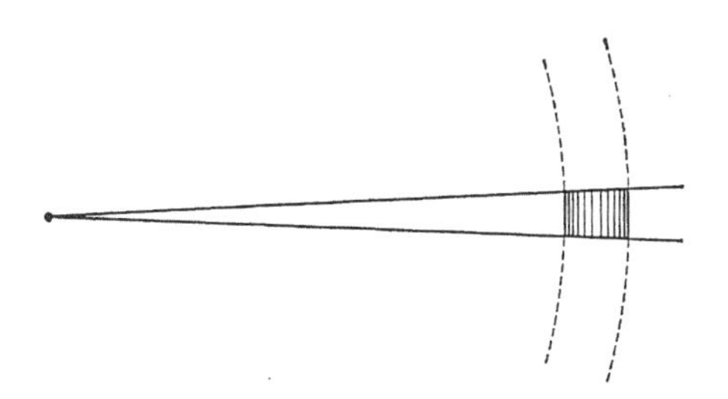

우리는 종종 근원에서 멀리 떨어져 있는 구면파의 일부를 '평면파plane wave'라 부른다. 위 그림에서 음영으로 칠한 부분이 구체의 중심에서 멀어지고 두 반지름 선의 간격이 작아질수록 우리는 평면파를 좀 더 잘 나타낼 수 있다. 평면파라는 개념은 다른 여러 물리적 개념들과 마찬가지로 일정 한도의 정확성만을 가지고 성립되는 가상의 개념에 지나지 않는다. 하지만 뒤에서 이 개념은 유용하게 사용될 것이다.

## 빛의 파동 이론

우리가 광학 현상의 탐구를 잠시 접어두었던 이유를 다시 떠올려 보기로 하자. 우리의 목적은 미립자론이 아니면서, 동시에 여러 사실을 설명할 수 있는 새로운 빛의 이론을 도입하는 것이었다. 이를 위해 잠시 줄거리에서 벗어나 파동의 개념을 도입한 것이다. 그럼 이제 원래 주제로 돌아가 보자.

제법 새로운 이론을 처음 도입한 사람은 뉴턴과 동시대인인 하위헌스Christiaan Huygens였다. 빛에 관한 논문에서 그는 다음과 같이 썼다.

> 여기에 더해 빛이 경로를 따라 움직일 때 시간이 필요하다면 – 이 가정의 타당성은 곧 살펴볼 것이다 – 빛은 그 경로를 막고 있는 물질에 각인되는 운동 방식을 연속적으로 따르게 될 것이다. 그리고 그 결과, 빛은 소리와 마찬가지로 구체의 표면과 파동의 형태를 나타내며 퍼져 나가게 된다. 내가 이런 운동의 형태를 파동이라 부르는 이유는 수면에 돌을 던졌을 때 일어나는 파도와 유사하기 때문이며, 연속으로 원형을 그리며 퍼져 나가기 때문이다. 물론 파도의 경우에는 발생하는 근원의 종류가 다르며, 평면상에서 일어나지만 말이다.

하위헌스에 따르면 빛은 파동, 즉 물질이 아니라 에너지의 전달일 뿐이다. 우리는 관찰할 수 있는 여러 사실을 미립자론으로 설명할 수 있다는 것을 확인했다. 파동 이론으로도 같은 일이 가능할까? 이제 미립자론으로 답변한 질문들을 다시 한 번 제기한 다음, 파동 이론이 마찬가지로 수월하게 해답을 제공할 수 있을지를 확인해 보아야 할 것이다. 여기서는 N과 H의 대화를 통해 이 문제를 살펴보기로 하자. N은 뉴턴의 미립자론 신봉자이고, H는 하위헌스 이론의 신봉자이다. 양쪽 모두 위대한 두 과학자의 저작 이후 성립된 논점은 사용할 수 없다고 하자.

N: 미립자론에서 빛의 속도는 명확한 의미를 지닌다네. 입자가 진공 속을 이동하는 속도를 뜻하기 때문이지. 파동이론에서 광속이 무슨 의미가 있나?

H: 당연히 광파의 속도를 의미하지. 모든 파동은 일정한 속도로 전파되니, 광파도 당연히 그렇지 않겠나.

N: 그렇게 단순한 문제가 아니야. 음파는 공기 속에서 전파되고, 파도는 물속에서 전파되지. 파동이 전파되기 위해서는 항상 매질이 필요하지 않은가. 하지만 빛은 소리와는 달리 진공 속을 이동할 수 있어. 진공에서 파동을 상정하다니, 파동을 전혀 상정하지 않는 것이나 다름없는 일이 아닌가.

H: 그래, 그게 가장 큰 문제긴 하지만 우리도 이미 잘 알고 있던 문제라네. 우리 선생님은 그 문제에 대해 주의 깊게 고찰한 결과, 유일한 해결책이 에테르라는 가상의 물질을 상정하는 것이라는 결론을 내리셨네. 온 우주에 퍼져 있는 눈에 보이지 않는 매질이지. 말하자면 온 우주가 에테르에 잠겨 있는 셈이라네. 새로운 개념을 도입할 용기만 가지고 있다면, 다른 모든 문제는 명쾌하고 설득력 있게 해결할 수 있거든.

N: 하지만 나는 그런 가정 자체를 반대하네. 우선 그러면 새로운 가상의 물질을 추가하는 셈인데, 이미 물리학에는 그런 물질이 너무 많지 않은가. 게다가 그런 물질의 도입을 반대할 만한 이유도 존재하지. 자네도 모든 현상을 역학으로 설명해야 한다는 사실에 동의하겠지. 하지만 에테르는 어떤가? 에테르가 어떤 기초적인 입자로 이루어져 있으며, 어떻게 다른 현상에 영향을 끼치는지와 같은 단순한 질문에 대답할 수 있나?

H: 자네의 첫 번째 고찰은 물론 지당한 것일세. 하지만 무게가 없는 에테르라는 자못 인위적인 물질을 도입하기만 하면, 훨씬 더 인위적인 광입자라는 개념을 제거해 버릴 수 있거든. 스펙트럼의 수많은 색에 해당하는 무한한 수의 '수수께끼의' 물질을 가정하는 대신, 단 하나의 물질만 가정하면 되지 않나. 이야말로 진정한 진보라는 생각이 들지 않는가? 적어도 모든 난점을 한데 모을 수 있으니 말이야. 이제 더 이상 서로 다른 색의 입자들이 진공 속을 동일한 속도로 이동해 온다는 인위적인 가정에 매달리지 않아도 되는 걸세. 자네의 두 번째 고찰 또한 맞는 소리야. 에테르를 역학적으로 설명할 수 있는 방법은 없네. 하지만 광학을 계속 연구하다 보면 다른 현상을 통해 에테르의 구조가 밝혀질 수도 있지 않겠나. 지금으로서는 새로운 실험과 결론을 기다릴 수밖에 없지만, 나는 에테르의

역학적 구조가 언젠가는 밝혀지게 될 것이라 믿는다네.

N: 일단 지금 해결할 수 없는 문제인 에테르 이야기는 잠시 접어두기로 하지. 나는 자네의 이론이 광입자론을 통해 명쾌하게 설명할 수 있는 여러 문제를 어떻게 해결하는지를 확인하고 싶네. 예를 들어 광선이 진공이나 공기 속에서 직선으로 운동한다는 문제 말일세. 촛불 앞에 종이 한 장을 놓으면 벽에 경계가 명확한 그림자가 생기지. 파동 이론이 옳다면 명확한 그림자는 생겨날 수 없지 않은가? 파동이 종이의 가장자리를 타고 돌아가 흐릿한 그림자를 만들 테니 말일세. 바다에 조각배 한 척이 떠 있다고 파도를 막을 수는 없지 않은가. 그림자를 남기지 않고 물체를 돌아가기만 할 뿐이지.

H: 그건 별로 설득력 없는 논점일세. 커다란 배의 측면을 때리는 강의 물결을 생각해 보게. 배의 한쪽 측면에서는 보이는 파도가 반대쪽에서는 안 보이지 않나. 파동의 크기가 작고 배가 충분히 크면 매우 명확한 그림자가 발생한다네. 빛이 직선으로 운동하는 것처럼 보이는 이유는, 일반적인 입자나 실험 도구의 크기와 비교해 볼 때 광파의 파장이 매우 작기 때문이라네. 충분히 크기가 작은 장애물을 만들 수 있다면 그림자가 생기지 않을 수도 있겠지. 빛이 휘어질 수 있는지 확인할 수 있는 장치를 제작하는 일은 현실적으로 상당히 어려울 걸세. 하지만 그런 실험

을 수행할 수만 있다면 파동 이론과 입자론 중 어느 쪽이 맞는지를 꽤나 확실하게 판별할 수 있을 걸세.

N: 나중에야 파동 이론으로 새로운 사실을 밝혀낼 수도 있겠지만, 지금 당장은 설득력 있는 실험 결과를 전혀 찾아볼 수 없군. 실험을 통해 빛이 휘어질 수 있다는 사실이 밝혀지기 전까지는 입자 이론을 믿지 않을 이유가 없다고 생각하네. 내가 보기에는 파동 이론에 비해 훨씬 단순하고, 따라서 더 나은 이론으로 보이거든.

아직 이 주제에 대해 할 이야기는 많지만, 대화는 이 정도로 끝내는 편이 좋을 듯하다.

이제 파동 이론이 빛의 굴절과 다양한 색을 어떻게 설명하는지를 살펴보자. 우리가 이미 확인했듯이, 입자 이론으로는 설명할 수 있는 현상들이다. 먼저 굴절부터 시작할 생각이지만, 그 전에 광학과는 아무 관계도 없는 예시를 하나 짚고 넘어가도록 하자.

널찍한 공간에서 두 사람이 단단한 막대를 양쪽에서 들고 운반하고 있다고 해 보자. 처음에는 같은 속도로 정면을 향해 걷기 시작한다. 속도가 동일하다면 시간에 따른 막대의 궤적은 계속해서 평행을 그리게 된다. 다른 말로 하자면, 막대의 진행 방향은 바뀌지 않는다. 막대의 연속적인 위치는 서로에 대해 평행이다. 하지만 몇 분의 1초 정도의 짧은 시간 동안,

두 사람의 속도가 동일하지 않다고 해 보자. 무슨 일이 일어날까? 당연하게도 그 순간 막대의 진행 방향이 바뀌어, 원래 위치와 평행이 아니게 될 것이다. 다시 동일한 속도가 되면 막대는 처음과는 다른 방향으로 진행하게 된다. 다음 그림을 통해 명확하게 확인할 수 있다.

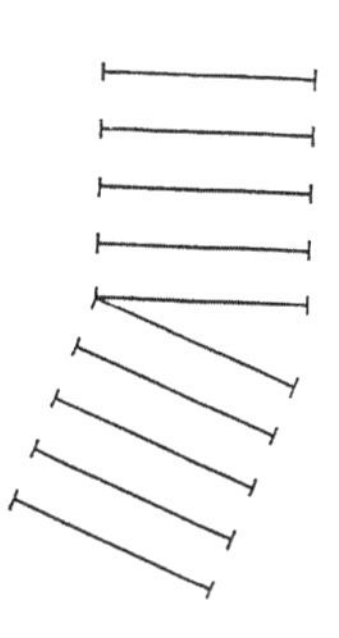

두 사람의 속도가 서로 다른 기간 동안에 진행 방향의 변화가 일어난 것이다.

이 예시를 통해 우리는 파동의 굴절 현상을 이해할 수 있다. 에테르 속을 이동하는 평면파가 유리판에 충돌한다. 다음 그림에서는 진행하던 파동이 비교적 넓은 표면에 충돌하는 모습을 확인할 수 있다. 특정 순간에 에테르의 모든 부분이 완벽하게 같은 형태로 움직이는 평면을 '등위상면' 또는 '파면'이라 부른다. 속도는 빛이 이동하는 매질의 종류에 영향을 받기 때문에, 진공 속을 이동할 때와 유리를 통과할 때는 속도가 서로 다를 것이다. 따라서 파면이 유리 속으로 들어가는 아주 짧은 시간 동안, 파동의 각 부분은 서로 다른 속도를 가지게 될 것이다. 유리에 도달한 부분의 파동은 유리가 매질일 때의 속도로 이동할 것이며, 다른 파동들은 여전히 에테르 속의 속도로 이동할 것이다. 이런 속도 차이 때문에 파면이 유리에 '돌입'할 때 파동 자체의 경로가 바뀌는 것이다.

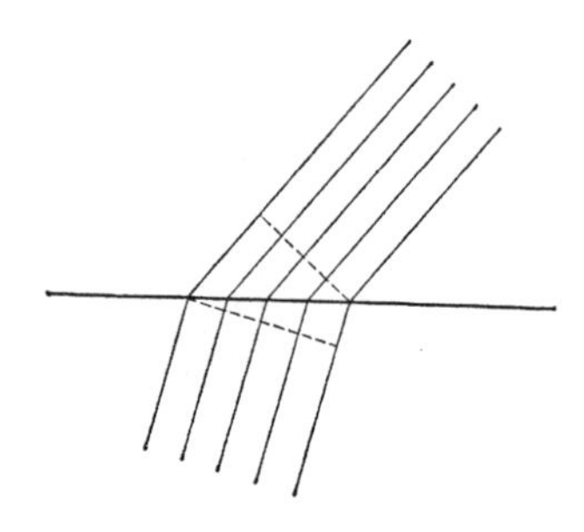

따라서 우리는 입자 이론뿐 아니라 파동 이론으로도 빛의 굴절 현상을 설명 가능하다는 사실을 확인할 수 있다. 약간의 수학을 곁들여 더 깊이 고찰해 보면, 파동 이론의 설명이 좀 더 단순하고 명확하며, 관찰 결과와 완벽하게 일치한다는 것을 깨닫게 된다. 정량적 추론을 사용하면, 매질을 통과하는 빛의 굴절률에 따라 매질 속에서의 광속을 계산하는 일이 가능하다. 실제 측정 결과는 이런 예측과 놀라울 정도로 일치하며, 따라서 빛의 파동 이론에 힘을 실어 준다.

아직 남은 한 가지 문제, 즉 색채를 살펴보자.

파동의 성질은 두 가지 수치, 즉 속도와 파장으로 표현한다는 점을 기억하기 바란다. 파동 이론의 기본적인 가정은 서로 다른 파장이 서로 다른 색에 대응한다는 것이다. 노란색 균질광의 파장은 붉은색 또는 보라색 균질광의 파장과 다르다. 인위적으로 수많은 색의 입자를 분할하는 대신, 파장의 차이라는 자연스러운 차이를 상정하면 되는 것이다.

뉴턴이 수행한 빛의 분산에 대한 실험은 서로 다른 두 가지 언어로 서술할 수 있다. 하나는 입자 이론, 다른 하나는 파동 이론이다.

| 입자 이론의 언어 | 파동 이론의 언어 |
|---|---|
| 서로 다른 색의 입자들은 진공에서 같은 속도를 가지지만, 유리 안에서는 다른 속도를 가진다. | 서로 다른 색에 속하는 서로 다른 파장의 광선들은 에테르 안에서는 동일한 속도를 가지지만, 유리 안에서는 다른 속도를 가진다. |
| 백색광은 서로 다른 색의 미립자의 혼합물이며, 스펙트럼 안에서는 서로 갈라지게 된다. | 백색광은 모든 파장의 광선의 혼합물이며, 스펙트럼 안에서는 서로 갈라지게 된다. |

같은 현상에 대해 완전히 다른 두 가지 이론을 적용함으로 인해 벌어지는 모호함은 피하는 쪽이 현명하다. 그러려면 양

쪽의 문제점과 장점을 상세히 고려한 다음 한쪽의 손을 들어 주어야 할 것이다. N과 H의 대화를 통해 그것이 쉬운 일이 아니라는 사실은 이미 확인했다. 이 시점에서 내린 결론은 과학적 신념이라기보다는 취향 차이에 가까울 것이다. 뉴턴의 시대, 그리고 이후 백여 년 동안, 대부분의 물리학자들은 입자 이론을 선호했다.

파동 이론의 손을 들어 주는 결과가 등장한 것은 시간이 흘러 19세기 중반에 들어서였다. H와 대화를 하는 도중, N은 원론적으로는 어느 쪽이 옳은지 실험으로 입증 가능하다는 사실을 언급했다. 즉, 입자 이론에 따르면 빛은 휘어질 수 없으며 명확한 윤곽을 가지는 그림자를 만들어야 한다. 반면 파동 이론에 따르면 충분히 작은 장애물이라면 그림자가 생기지 않을 것이다. 영Thomas Young과 프레넬Augustin-Jean Fresnel이 이 실험을 실제로 수행해서 그에 따른 이론적 결과물을 얻어내는 데 성공했다.

**[도판2]**

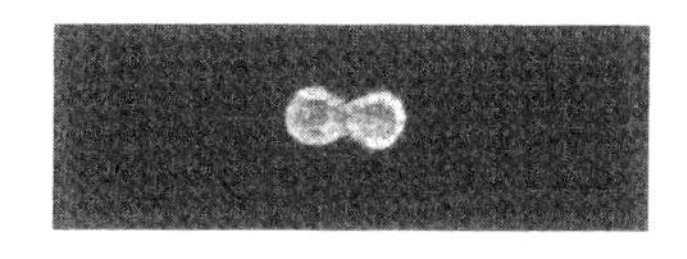

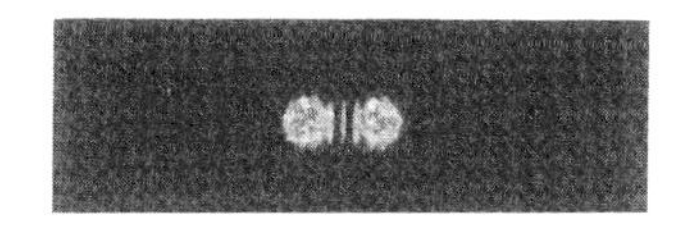

두 개의 매우 작은 구멍을 통과하는 두 줄기 광선을 찍은 사진이다. 위 사진은 두 개의 구멍을 순차적으로 개방했을 때의 사진이고, 아래 사진은 동시에 두 개의 구멍으로 광선이 통과했을 때의 사진이다

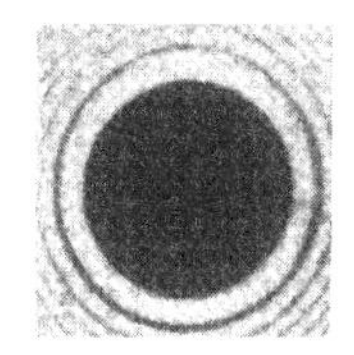

작은 장애물 주변에서 휘어지는 빛의 회절 현상

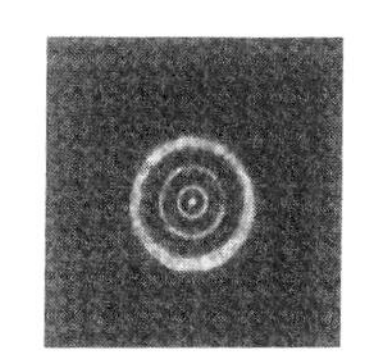

작은 구멍을 통과하는 빛의 회절 현상

우리는 이미 구멍이 뚫린 가림막을 점광원 앞에 세워서 벽에 그림자가 맺히게 하는 극도로 단순한 실험에 대해 논의한 바 있다. 이제 그 광원이 균질광을 발한다고 가정하여 더욱 단순한 실험으로 만들어 보자. 최적의 결과를 얻으려면 강한 빛이어야 할 것이다. 여기서 가림막에 뚫은 구멍을 점점 더 작게 만든다고 해 보자. 충분히 강한 광원과 충분히 작은 구멍을 만들 수 있다면 여기서 놀라운 현상이 일어난다. 입자론의 관점에서는 도저히 이해할 수 없는 현상이다. 빛과 어둠이 명확하게 구분되지 않는 것이다. 일련의 밝고 어두운 고리가 형성되며, 빛은 점차 어두운 배경 속으로 흐릿하게 사라져 버린다. 고리의 형성은 파동 이론의 주요한 특징 중 하나이다. 실험의 설정을 살짝 바꾸어 보면 밝고 어두운 영역으로 구성된 고리가 만들어지는 이유가 명백해진다. 검은색 종이에 두 개의 아주 작은 구멍을 뚫어서 빛이 지나가게 만들어 보자. 만약 두 구멍이 매우 작고 거리가 가까우며, 균질광이 충분히 강하면, 벽에는 수많은 밝고 어두운 고리가 그려지며 천천히 어두운 배경 속으로 사라진다. 이에 대한 설명은 단순하다. 어두운 고리는 한쪽 구멍을 통해 나오는 파동의 저점이 다른 쪽 구멍의 고점을 만나 서로를 상쇄해 버리는 지역인 것이다. 밝은 고리는 서로 다른 구멍의 고점끼리, 혹은 저점끼리 만나 그 정도를 강화하는 지역이다. 이런 설명은 구멍이 하나인 경우에 비해 조금 더 복잡하기는 하지만, 원리 자체는 동일하다. 두 개의 구멍에서 빛과 어둠의 줄무늬가 생기고 한 개의 구멍에서 빛과 어둠의 고리가 생기는 현상은 잘 기억해 놓을 필요가 있는데, 우리가 나중에 다른 두 장의 그림을 논의할 때 필요하기 때문이다. 여기서 서술한 실험은 빛의 '회절'을 보여주는 것으로, 이는 광파가 작은 구멍이나 장애물을 통과할 때 직선 전파를 하지 않는 현상을 말한다.

수학의 도움을 약간 받으면 더 멀리 나아갈 수 있다. 특정 무늬를 만들기 위해 파장이 얼마나 길거나 짧아야 하는지를 찾아내는 것도 가능할 것이다. 따라서 여기서 언급한 실험을 통해, 광원으로 이용한 균질광의 파장을 측정하는 일도 가능하다. 얼마나 작은 수치가 나오는지를 보이기 위해, 태양광 스펙트럼의 양쪽 끝인 붉은색과 보라색의 파장을 적어 보자면

적색광의 파장은 0.00008cm
자색광의 파장은 0.00004cm이다.

이렇게 작은 수치가 나오는 것은 그리 놀라운 일이 아니다. 자연계에서 명확한 경계를 가지는 그림자, 즉 빛의 직선 전파 현상을 관찰할 수 있는 이유는, 그저 우리가 일상적으로 만나는 모든 틈새나 장애물이 빛의 파장에 비해 극도로 크기 때문이다. 매우 작은 장애물이나 틈새를 이용할 때에만 파동으로서의 성질을 관찰할 수 있다.

그러나 빛을 설명하는 이론을 찾아가는 서사시는 아직 끝나려면 한참이 남았다. 19세기의 판결은 최종 판결도, 완벽한 판결도 아니다. 현대의 물리학자들에게도 입자 이론과 파동 이론의 선택 문제는 여전히 존재하는데, 이번에는 훨씬 심오하고 복잡한 형태를 띤다. 일단 파동 이론의 승리에서 문제점이 드러나기 전까지는 입자 이론의 패배를 받아들이고 넘어가도록 하자.

## 광파는 횡파일까, 종파일까?

지금까지 살펴본 모든 광학 현상은 파동 이론의 손을 들어준다. 작은 장애물 주변에서 빛이 휘어지는 현상과 굴절에 대한 설득력 있는 설명은 파동 이론의 가장 큰 강점이다. 하지만 역학의 세계관을 따르는 우리는 아직 한 가지 문제가 남아 있다는 것을 알고 있다. 바로 에테르라는 물질의 역학적 성질이다. 이 문제를 해결하기 위해서는 광파가 횡파인지 종파인지를 아는 것이 중요하다. 표현을 바꾸어 보자면, 빛은 음파와 마찬가지 방식으로 전파되는가? 즉, 광파 또한 매질의 밀도 차에 의해 전파되며, 따라서 매질의 입자가 전파 방향과 같은 쪽으로 진동하는가? 아니면 에테르가 탄력 있는 젤리와 비슷한 물질이라, 매질의 입자가 파동의 전파 방향과 직각으로 진동하는 횡파밖에 전파할 수 없는 것인가?

이 문제에 답을 내기 전에 우선 어느 쪽 해답이 더 그럴싸해 보이는지를 확인하도록 하자. 물론 광파가 종파라면 정말 행운일 것이다. 이 경우에는 역학의 개념에 따른 에테르를 설계하는 일이 훨씬 쉬워진다. 우리가 생각하는 에테르는 음파의 전파를 설명할 때 사용하는 역학적인 기체 모델과 유사할 것이다. 반면 횡파를 전파하는 에테르를 상상하는 일은 훨씬 힘들다. 입자가 횡파 운동을 하는 젤리 형태의 매질을 상상하는 것은 쉬운 일이 아니다. 하위헌스는 에테르가 '젤리 형태'보다는 '기체 형태'에 가까울 것이라 믿었다. 그러나 자연은 우리 상상력의 한계 따위에는 거의 신경을 쓰지 않는다. 자연이 이번 경우에도 역학적 관점에서 모든 사건을 이해할 수 있도록 물리학자들에게 자비를 베풀 것인가? 이 질문에 대답하기 위해서는 새로운 실험에 대한 논의가 필요하다.

답을 제공할 수 있는 수많은 실험 중에서, 여기서는 한 가지만 자세히 살펴보기로 하자. 여기서 설명할 필요는 없는 특정한 방식으로 절단한, 매우 얇은 전기석 결정의 판을 준비한다. 결정판을 통해 광원이 보일 정도로 충분히 얇아야 한다. 그럼 그런 판을 두 장 준비해서 빛과 우리의 눈 사이에 두 장을 모두 놓는다고 해 보자. 그러면 무엇이 보일까? 판이 충분히 얇다면 이번에도 광원이 보일 것이다. 실험 결과가 우리의 예상대로일 확률은 상당히 높다. 일단은 확률 문제와는 관계없이, 두 장의 결정판을 통해 광원이 보인다고 가정해 보자. 이제 그

중 한 장을 천천히 회전시켜 위치를 바꾸어 본다. 이는 물론 회전의 중심이 되는 축이 고정되어 있어야만 가능한 상황이다. 그 축을 판을 통과하는 광선으로 지정해 보자.

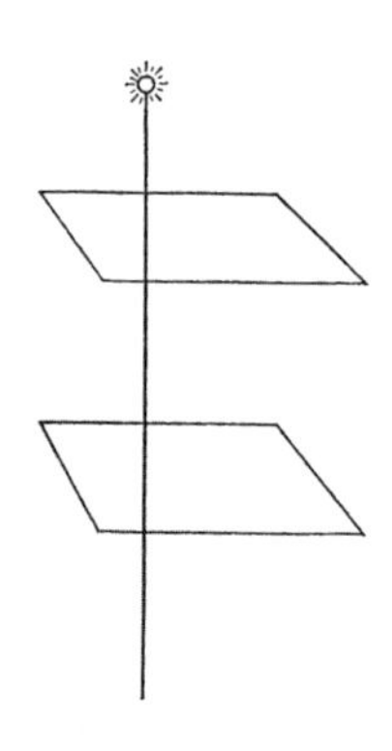

이는 곧 한쪽 결정판의 모든 점이 축이 통과하는 점 이외에는 다른 결정판과 어긋나게 한다는 뜻이다. 그러면 기묘한 일이 벌어진다! 빛이 점점 약해지다가 결국 모두 사라져 버리는 것이다. 회전을 계속해서 원래 위치로 돌아오면 다시 빛이 나타난다.

이 실험, 또는 비슷한 다른 실험들을 깊이 살펴보지 않고도 다음과 같은 질문이 가능하다. 빛이 종파라면 이런 실험의 결과를 설명할 수 있는가? 종파의 경우에는 에테르의 입자가 광선과 같은 축을 따라 움직인다. 따라서 수정을 회전시켜도 축위의 어떤 것도 변하지 않는다. 축이 되는 지점은 움직이지 않으며, 따라서 근처에서 매우 작은 불일치만이 일어날 것이다. 종파의 경우에는 기존의 형상이 사라지거나 새로운 형상이 생겨나는 등의 극적인 변화가 발생할 리 없다. 이와 비슷한 다른 여러 현상을 설명하려면 광파가 종파가 아니라 횡파라고 가정할 수밖에 없는 것이다! 다른 말로 하자면, 에테르가 '젤리와 같은' 성질을 가지고 있다는 가정이 필요하다.

참으로 슬픈 일이다! 이제 에테르를 역학적으로 설명하기 위해서는 엄청난 고난을 극복해야 할 테니, 마음을 다잡기 바란다.

## 에테르와 역학적 세계관

빛을 전달하는 매질로서 에테르가 가지는 역학적 성질을 이해하기 위해 벌인 다양한 시도를 모두 설명한다면, 이야기가 꽤나 길어질 것이다. 역학의 관점에서 특정 물질의 성질을 설정하려면, 물질이 입자와 그 입자의 연결 방향을 따라 작용하며 거리에만 영향을 받는 힘으로 이루어져 있다는 사실을 보여야 한다. 에테르를 젤리와 같은 성질을 지니는 역학적 물질로 설정하기 위해서는 극도로 인위적이고 부자연스러운 가정이 필요하다. 에테르 자체가 이제 아무도 기억하지 않는 과거에 속하는 물건인 만큼, 여기서 그 자세한 내용을 설명할 필요는 없을 것이다. 그러나 그 결과 자체는 매우 중요한 것이었다. 수많은 인위적인 가정을 서로 독립적으로 도입해야 한다는 상황 덕분에, 역학적 세계관이 파괴되는 상황에 이르게 된 것이다.

그러나 그 설명 자체의 어려움 말고도, 에테르의 존재를 반박할 수 있는 좀 더 단순한 요소들이 여럿 있다. 만약 우리가 광학 현상을 역학적으로 설명하고자 한다면 에테르는 모든 곳에 존재해야 한다. 빛이 매질 속에서만 운동할 수 있다면 진공이란 존재할 수 없다.

그러나 우리는 우주 공간이 물체의 운동에 저항을 보이지 않는다는 것을 역학을 통해 알고 있다. 예를 들어, 에테르 젤리 속을 운동하는 행성들은 매질을 통과할 때 당연히 존재해야 하는 저항의 영향을 조금도 받지 않는다. 에테르가 물질의 운동에 간섭하지 않는다면, 에테르 입자와 물질의 입자 사이에는 어떤 상호작용도 존재할 수 없다. 빛은 에테르와 마찬가지로 유리와 물도 통과할 수 있지만, 후자의 경우에는 속도의 변화가 일어난다. 이 사실을 역학적으로 어떻게 설명할 수 있을까? 분명 에테르 입자와 물질 입자 사이에 모종의 상호작용이 존재해야만 가능한 일이다. 그리고 우리는 방금 자유 운동을 하는 물체의 경우 그런 상호작용이 존재하지 않는다고 가정해야 한다는 사실을 확인했다. 다른 말로 하자면, 광학 현상에서는 에테르와 물질 사이의 상호작용이 존재하지만, 역학 현상에서는 상호작용이 존재할 수 없다는 것이다! 두말할 나위 없이 완벽하게 모순적인 결론이다.

이 모든 문제점을 해결할 방법은 한 가지밖에 남지 않은 것으로 보인다. 20세기에 이르기까지 과학의 발전 과정에 있어서, 자연 현상을 역학적 관점에서 이해하기 위해서는 전기 유체와 자기 유체, 광입자, 에테르 등 수많은 인위적 물질을 도입해야 했다. 그러나 이는 결국 모든 난점을 몇 개의 필수적인 개념으로 모아 놓았을 뿐이었다. 광학 현상의 모든 난점을 에테르로 응축했듯이 말이다. 여기서 에테르나 기타 물질을 단순한 방식으로 설명하려 시도했던 온갖 헛된 노력을 짚어 보면, 결국 궁극적인 문제는 자연의 모든 현상을 역학적 관점에서 설명할 수 있다는 최초의 가정이었다는 결론에 이르게 된다. 과학은 역학이 원하는 바를 성공적으로 수행하지 못했으며, 오늘날에 이르러서는 그 어떤 물리학자도 그런 일이 가능할 것이라 믿지 않는다.

주요한 물리 개념을 간략하게 검토하면서, 우리는 몇 가지 해결되지 않은 문제를 확인하고, 바깥 세계의 모든 현상을 하나의 일관된 표준 세계관으로 파악하려는 시도가 어떤 난점이나 장애물과 마주치는지를 살펴보았다. 고전역학에서는 중력 질량과 관성 질량의 동일성이라는 미처 확인하지 못한 실마리가 있었다. 전기와 자기 유체의 인위적 성질이 있었다. 전류와 자성을 띤 바늘 사이의 상호작용이라는, 아직 해결하지 못한 난점이 있었다. 이 경우에 힘이 전선과 자극 사이를 연결하는 선을 따라 작용하지 않았으며, 전하의 속도에 영향을 받았다는 사실을 기억해 두기를 바란다. 그 방향과 강도를 나타내는 법칙은 극도로 복잡하다. 그리고 마지막으로, 에테르라는 거대한 난점이 우리 앞을 가로막았다.

현대 물리학은 이 모든 문제에 도전하여 해결하는 데 성공했다. 그러나 이런 문제의 해법을 연구하는 동안 좀 더 새롭고 복잡한 문제들이 발생하고 말았다. 이제 우리의 지식은 19세기의 물리학자들보다 훨씬 방대하고 자세하지만, 우리가 마주하는 의문과 난점도 그만큼 복잡해졌다.

## 정리

과거의 전기 유체 이론, 그리고 빛의 입자 이론과 파동 이론을 통해, 우리는 역학적 세계관을 추가로 적용하려는 시도를 살펴보았다. 그러나 전기와 광학의 영역에서, 우리는 역학적 세계관의 적용에 큰 난관을 겪었다.

운동하는 전하는 자성을 띤 바늘에 영향을 끼친다. 그러나 이 경우 힘은 거리에만 영향을 받는 것이 아니라 전하의 속도에도 영향을 받는다. 이 힘은 밀쳐내지도 끌어당기지도 않지만, 전하와 바늘을 연결하는 선에 수직으로 작용한다.

광학에서 우리는 빛의 입자 이론 대신 파동 이론의 손을 들어 주어야 했다. 역학적인 힘이 상호작용하는 입자로 구성되어 있는 매질 속에서 발생하는 파동은 분명 역학적인 개념이다. 그러나 빛이 전파될 수 있는 매질은 무엇이며, 그 매질은 어떤 역학적 성질을 가지고 있을까? 이 질문에 대답하지 않고는 광학 현상을 역학적 현상으로 환원하는 일이 불가능하다. 그러나 이 문제를 해결하려 할 때 발생하는 난점은 너무 거대해서, 우리는 그 물질과 함께 역학적 세계관 자체도 포기할 수밖에 없다.

# 역장과 상대성

## 표현 방식으로서의 역장

19세기 후반에 들어 물리학에는 새롭고 혁신적인 개념이 여럿 도입되었고, 이 개념들은 역학적 세계관과는 다른 새로운 철학적 관점의 문을 열어 주었다. 패러데이, 맥스웰, 헤르츠의 저작은 현대 물리학의 성립, 새로운 개념의 창조라는 결과를 통해 현실에 새로운 모습을 부여했다.

이제 우리가 할 일은 그 모든 새로운 개념이 과학에 가져온 혁신을 살펴보고, 그 개념이 어떻게 명징성과 위력을 획득했는지를 확인하는 것이다. 이를 위해서 시간적인 순서에는 크게 신경 쓰지 않고 주요 논리의 성립 과정만을 추적해 보기로 하자.

이 새로운 개념들은 처음에는 전기 현상에서 유래했으나, 일단 처음에는 역학을 통해 도입하는 편이 손쉬울 것이다. 우리는 두 개의 입자가 서로를 끌어당기게 되며, 그 인력은 거리의 제곱에 비례해 감소한다는 사실을 알고 있다. 이 사실을 새로운 방식으로 표현해 본다면 다음과 같다.

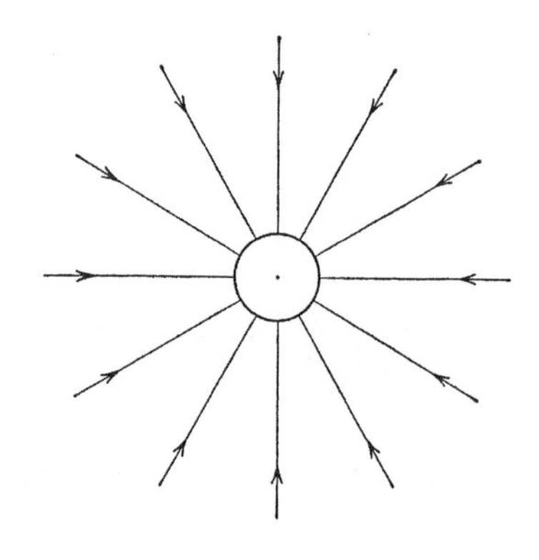

당장은 이런 시도가 어떤 장점을 가지는지 이해하기 힘들지만 일단 계속해 보기로 하자. 이 그림에서 작은 원은 인력을 가지는 물체, 이를테면 태양과 같은 것이다. 사실 우리의 그림은 평면이 아니라 공간 속에 존재한다고 상상해야 한다. 그럴 경우 작은 원은 공간 속의 구체, 이를테면 태양과 같은 게 될 것이다. 이런 상황에서 물체, 소위 말하는 시험 물체를 태양 근처로 가져가면, 두 물체의 중심점을 연결하는 선을 따라 인력이 작용하게 된다. 따라서 그림 속의 선은 여러 위치에 존재하는 시험 물체에 태양이 가하는 인력의 방향을 나타낸다. 각각의 선에 달린 화살표는 힘이 태양 방향으로 작용하며, 따라서 힘이 인력이라는 뜻이다. 이 선을 '중력장에서의 역선'이라고 부르도록 하자. 지금 당장은 그저 명칭일 뿐이니, 더 이상 강조할 이유는 없을 것이다. 이 그림에는 이후 중요한 역할을 할 성질이 하나 존재한다. 역선은 어떤 물질도 없는 공간 안에 존재한다. 일단은 모든 역선의 총합, 즉 역장이 가지는 의미는 해당 역장을 구성하는 구체 근처에 시험 물체를 가져왔을 경우 보이는 행동을 나타낼 뿐이라고 간주하자.

우리의 공간 모형에서 역선은 항상 구체와 수직으로 존재한다. 모든 선이 하나의 중심점에서 뻗어나가기 때문에, 구체 근처에서는 빽빽하고 멀어질수록 듬성듬성해지게 된다. 만약 구체와의 거리를 두 배나 세 배로 늘리면, 평면이 아닌 공간 모형에서는 역선의 밀도가 4분의 1이나 9분의 1이 될 것이다. 따라서 여기서 역선은 두 가지 역할을 동시에 수행한다. 한편으로는 구체-태양 근처에 다가온 물체에 작용하는 힘의 방향을 알려주며, 다른 한편으로는 선의 밀도를 통해 거리에 따른 힘의 강도의 변화를 알려주는 것이다. 역장의 그림을 제대로 해석하면 중력의 방향과 거리에 따른 상관관계를 확인할 수 있다. 일반 언어나 명확하고 경제적인 수학적 언어로 설명하는 것만큼이나, 우리는 이 그림에서 중력의 법칙을 훌륭하게 읽어낼 수 있다. 이를 역장 표현도라 부르는데, 분명 흥미롭고 명쾌한 표현 방식이기는 하지만, 이로 인해 실제로 의미 있는 진보가 가능하리라 생각할 이유는 존재하지 않는다. 중력의 경우에 있어서는 역장을 그리는 일이 쓸모가 있다는 점을 증명하기가 상당히 어렵다. 역선을 단순한 그림 이상으로 간주하고, 그 선을 따라 실제로 힘이 작용한다고 상상하는 일이 유용하리라 여기는 사람이 있을지도 모른다. 물론 가능한 일이지만, 그럴 경우 선을 따라 작용하는 힘의 속도가 무한히 크다고 가정할 필요성이 발생한다! 뉴턴의 법칙에 따르면, 두 물체 사이의 힘은 오직 거리에만 영향을 받는다. 도식 안에 시간이 들어갈 여지는 없다. 따라서 힘은 전혀 시간을 들이지 않고 한 물체에서 다른 물체로 전달되는 것이다! 그러나 무한한 속도의 운동이 상식적인 사람에게 아무런 의미도 없는 것과 마찬가지로, 우리의 그림에 단순한 모형 이상의 의미를 부여하는 일 또한 제대로 된 성과를 내지 못한다.

그러나 지금 우리가 살펴볼 문제는 중력뿐이 아니다. 우리가 중력의 역장을 먼저 살펴본 이유는, 같은 개념을 전기 이론에 도입하기 전에 좀 더 단순한 예시를 살펴보고자 한 것일 뿐이기 때문이다.

우선 역학적으로 해석하려다 심각한 문제를 불러일으켰던 실험으로 돌아가 보기로 하자. 전선을 원형으로 구부려 만든 회로에 전류가 흐르게 한다. 회로 가운데에는 자성을 띤 바늘을 놓는다. 전류가 흐르기 시작하면 새로운 힘이 등장하는데,

이 힘은 자극에 작용하며 전선과 자극을 잇는 모든 직선에 수직 방향으로 작용한다. 만약 이 힘을 일으키는 원인이 전하의 순환이라면, 이 힘은 롤랜드의 실험이 보여주었듯이 전하의 속도에 따라 달라진다. 이렇게 실험을 통해 증명된 사실은 모든 힘이 입자와 연결된 직선을 따라 작용해야 하며, 오직 거리에만 영향을 받는다는 철학적 관점과 어긋나는 것이었다.

자극에 작용하는 전류의 힘을 정확하게 표현하는 일은 중력을 표현하는 일에 비하면 꽤나 복잡하다. 그러나 중력의 경우와 마찬가지로 작용을 그림으로 표현하려 시도해 볼 수 있을 것이다. 여기서 질문은 다음과 같다. 전류는 근처에 놓은 자극에 어떤 방식으로 힘을 작용하는가? 힘을 언어로 표현하는 일은 꽤나 쉽지 않다. 수학 공식으로 표현해도 복잡하고 어색할 것이다. 이 경우에는 작용하는 힘에 대해 우리가 아는 모든 내용을 그림, 또는 역선을 사용한 3차원 모형으로 표현하는 쪽이 훨씬 편리하다. 하나의 자극은 다른 자극과 연결된 상태, 즉 쌍극자 상태로만 존재할 수 있다는 사실이 또 하나의 난점으로 작용한다. 그러나 이 문제는 전류가 작용하는 영역 안에 하나의 극만이 위치할 수 있는 충분히 긴 자석을 상정하면 해결할 수 있다. 반대쪽 자극이 너무 멀어서 끼치는 영향을 무시할 수 있다고 하는 것이다. 표현의 모호성을 피하기 위해, 여기서 전선 가까이 가져온 쪽의 자극이 양극이라고 해 보자.

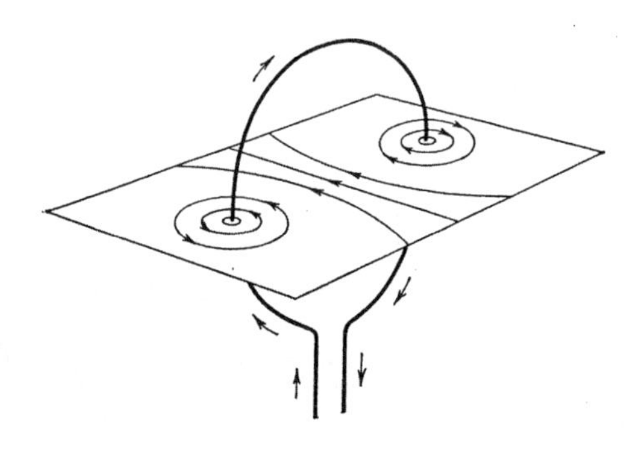

우선 전선 근처의 화살표가 전위가 높은 쪽에서 낮은 쪽으로 이동하는 전류의 방향을 나타낸다는 사실을 확인할 수 있다. 다른 모든 선은 이 전류에 의해 발생하는 역선이며, 특정 평면 위에 놓여 있다. 제대로 그린다면 자침의 양극에 대한 전류의 작용을 나타내는 힘의 벡터의 방향만이 아니라 그 길이 또한 나타낼 수 있어야 할 것이다. 우리는 힘이 벡터이며, 그 벡터를 특정하기 위해서는 방향뿐 아니라 길이까지 알아야 한다는 사실을 이미 알고 있다. 우리의 주된 관심사는 자극에 작용하는 힘의 방향이다. 따라서 우리의 질문은 이 그림을 통해 공간의 한 점에서 힘의 방향을 파악하려면 어떻게 해야 하는가가 될 것이다.

이런 모형에서 힘의 방향을 읽어내는 규칙은 이전 예시, 즉 역선이 직선이었던 경우만큼 단순하지 않다. 다음 그림은 그 과정을 단순하게 만들기 위해 단 하나의 역선만을 남겨놓은 상태다.

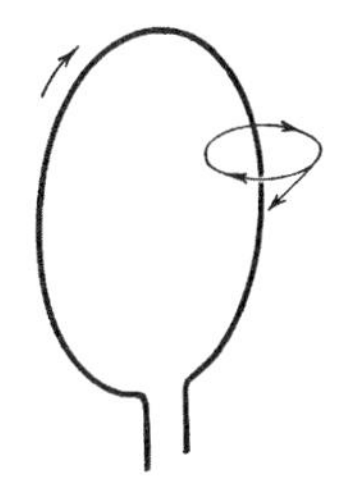

힘의 벡터는 예전의 규칙에 따라 역선의 접선 위에 위치한다. 힘의 벡터의 화살표와 역선의 화살표는 같은 방향을 가리킨다. 따라서 이 특정 지점에서 자극에 힘이 작용하는 방향 또한 그와 동일하다고 할 수 있을 것이다. 훌륭한 그림, 아니 훌륭한 모형은 특정 지점에서 힘의 벡터의 길이까지 알려줄 수 있어야 한다. 이 벡터는 역선이 빽빽할 경우, 즉 이 경우에는 전선 근처에서 길어지며, 역선이 성길 경우, 즉 전선에서 멀어지면 짧아지게 된다.

이런 방식을 통해서 역선 또는 역장은 공간 내의 특정 지점에서 자극에 작용하는 힘을 판별할 수 있게 해 준다. 잠시 동안은 이를 역장을 사용해야 할 필요성으로 간주하고 넘어가기로 하자. 역장이 무엇을 나타내는지를 알았으니, 이제 전류에 상응하는 역선의 성질을 더욱 자세히 살펴보기로 하자. 이 선들은 전선을 둘러싸는 원의 형태를 이루며, 전선과 수직으로 위치하는 평면 위에 놓여 있다. 그림에서 이러한 힘의 성질을 판별해 보면, 우리는 다시 한 번 힘이 전선과 자극을 연결하는 모든 선에 수직으로 작용한다는 사실을 확인할 수 있는데, 원의 접선은 언제나 그 반지름과 수직이 되기 때문이다. 역장을 그리면, 작용하는 힘에 대해 우리가 아는 모든 것을 표현할 수 있다. 전류와 전극 사이에 발생하는 역장이라는 개념을 끼워 넣는 것만으로도 작용하는 힘을 단순하게 표현할 수 있는 것이다.

모든 전류에는 자기장이 발생한다. 즉 전류가 흐르는 전선 주위로 자극을 가져가면 항상 힘이 작용한다. 이를 이용해 전류의 존재에 예민하게 반응하는 도구를 만들어 낼 수 있을 것이다. 전류의 역장 모형에서 자기력의 특성을 읽어 내는 방법을 배웠으니, 이제 전류가 흐르는 전선 주변의 역장을 그리기만 하면 특정 지점에서 자기력이 어떻게 작용하는지를 확인할 수 있을 것이다. 첫 번째 예시는 흔히 솔레노이드라고 부르는 것으로, 그림에 보이는 것처럼 전선을 코일 형태로 감은 것이다. 우리의 목적은 실험을 통해 솔레노이드에 흐르는 전류가 만들어 내는 자기장에 대해 최대한 많은 것을 배우고, 그 지식을 역장이라는 개념에 적용하는 것이다. 그림으로 이 실험의 결과를 나타내 보자. 여기서 작용하는 역선은 폐곡선을 그리며, 전류에 유도되는 자기장의 특성에 따라 솔레노이드 주변을 감싸게 된다.

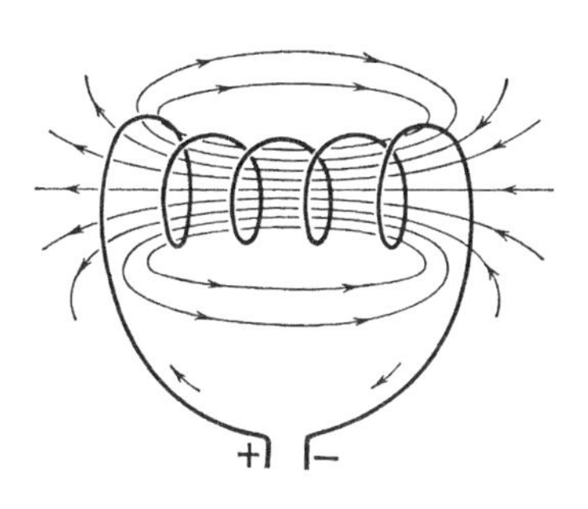


막대자석 주변의 역장 또한 전류에 의한 자기장과 마찬가지 방식으로 표현할 수 있다. 다른 그림으로 이를 표현해 보자. 여기서 역선은 양극에서 음극 방향으로 그려진다. 힘의 벡터는 항상 역선의 접선 방향으로 놓이며, 역선의 밀도가 높은 양극 쪽에서 제일 길어진다. 힘의 벡터는 자석의 양극에서 작용하는 힘을 나타낸다. 이 경우에 역장의 '근원'은 전류가 아니라 자석이 된다.

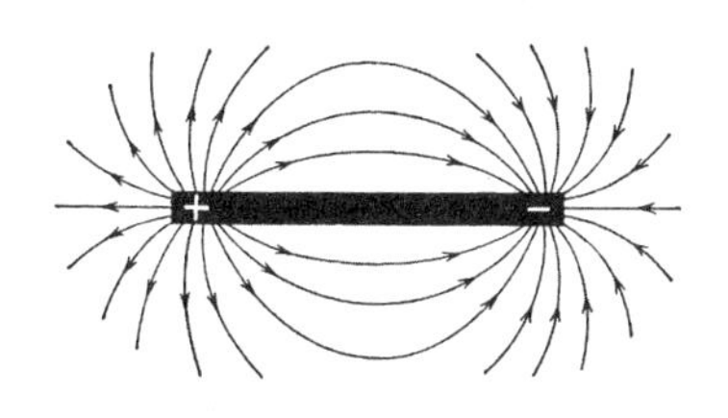


조금 전의 두 그림은 자세히 비교해 볼 필요가 있다. 첫 번째 그림은 솔레노이드 내부를 통과하는 자기장이다. 두 번째 그림은 막대자석 주변의 자기장이다. 여기서 솔레노이드와 막대자석을 무시하고 외부의 역장만을 살펴보기로 하자. 우리는 두 역장이 완벽하게 동일한 성질을 가진다는 점을 확인할 수 있다. 양쪽 모두 한쪽 끝에서 반대쪽 끝으로 역선이 연결되는 모습이 보인다.

역장이라는 표현 방식이 첫 결실을 거둔 셈이다! 역장이라는 개념을 적용하지 않았더라면, 솔레노이드를 흐르는 전류에서 발생하는 힘과 막대자석에서 발생하는 힘이 놀랍도록 유사하다는 사실을 깨닫는 일은 꽤나 어려웠을 것이다.

이제 역장이라는 개념에 조금 더 가혹한 시련을 가해 보도록 하자. 우리의 목적은 역장 개념이 단순히 유용한 표현 방식일 뿐인지, 아니면 그 이상의 의미를 가지는지를 살펴보는 것이다. 잠시 동안 역장이 힘의 근원으로부터 유래하는 모든 특성을 독특한 방식으로 나타내 준다고 가정해 보자. 이는 물론 추측일 뿐이다. 이 가정이 사실이라면, 솔레노이드와 막대자석이 동일한 역장을 가질 경우 그에 의한 모든 영향 또한 동일하다는 의미로 해석할 수 있을 것이다. 전류가 흐르는 두 개의 솔레노이드가 두 개의 막대자석처럼 위치에 따라 서로를 끌어당기거나 밀어낼 것이라는 의미이기도 할 것이다. 요약해 말하자면 전류가 흐르는 솔레노이드에 관련된 모든 작용이 그에 상응하는 막대자석과 일치한다는 뜻이다. 솔레노이드와 막대자석은 역장을 형성하며, 양쪽의 역장이 같은 성질을 가지기 때문이다. 그리고 실험의 결과 이 가정은 사실로 드러난다!

역장이라는 개념이 없이 이런 사실을 파악하려 했다면 얼마나 힘들었을지 상상해 보자. 전류가 흐르는 전선과 자극 사이에 작용하는 힘을 표현하는 일은 매우 복잡하다. 두 개의 솔레노이드의 경우, 두 가지 전류가 서로에 어떻게 작용하는지를 파악해야 할 것이다. 그러나 역장을 도입하기만 하면, 우리는 솔레노이드의 역장과 막대자석의 역장이 가지는 비슷한 성질을 즉각 알아볼 수 있다.

이 정도면 역장에 처음 생각한 것보다 훨씬 큰 의미를 부여할 수 있을 것이다. 현상을 설명할 때 역장의 성질을 언급하는 일은 필수적이 된다. 역장이 동일하다면 힘의 근원이 다르다는 점은 중요하지 않다. 역장이라는 개념의 중요성은 그로 인해 새로운 실험적 사실을 이끌어낼 수 있다는 점으로도 확인할 수 있다.

역장이라는 개념이 매우 도움이 된다는 사실은 분명히 증명되었다. 처음에는 작용하는 힘을 나타내기 위해 힘의 근원과 자침 사이에 설정한 임의의 개념이었으며, 전류의 모든 작용이 일어나는 선을 모아 놓은 일종의 도우미로 여길 뿐이었다. 그러나 이제 그 도우미는 번역자가 되어, 물리 법칙을 단순명쾌하고 쉽게 이해할 수 있도록 도와주는 역할도 수행하는 것이다.

역장이라는 서술 방식이 거둔 성공을 보면, 전류와 관련된 모든 행동, 이를테면 자석이나 전하 등을 다룰 때 항상 역장을 번역자로 사용하는 편이 좋아 보인다. 전류가 흐르면 항상 역장이 존재하게 되는 것으로 간주하는 것이다. 그 존재를 확인하기 위해 자극을 가져다 대지 않아도 존재한다. 이 새로운 실마리를 계속 따라가 보기로 하자.

중력장이나 전류 또는 자석의 역장과 비슷한 방식으로, 충전된 도체의 역장을 도입할 수 있을 것이다. 이번에도 가장 단순한 예를 사용해 보자. 양의 전하로 충전된 구체의 역장을 그리려면, 역장의 근원, 즉 충전된 구체의 근처에 양의 전하로 충전된 다른 작은 시험 물체를 가져왔을 때 어떤 종류의 힘이 작용하는지를 확인해야 한다. 시험 물체로 음의 전하로 충전된 물체를 사용하지 않는 이유는 단순히 편의를 위해서, 역선의 화살표를 그리는 방향을 나타내기 위해서다. 이 모형은 앞에서 살펴본 중력장과 동일한 형태인데, 이는 쿨롱의 법칙과 뉴턴의 법칙이 유사하기 때문이다.

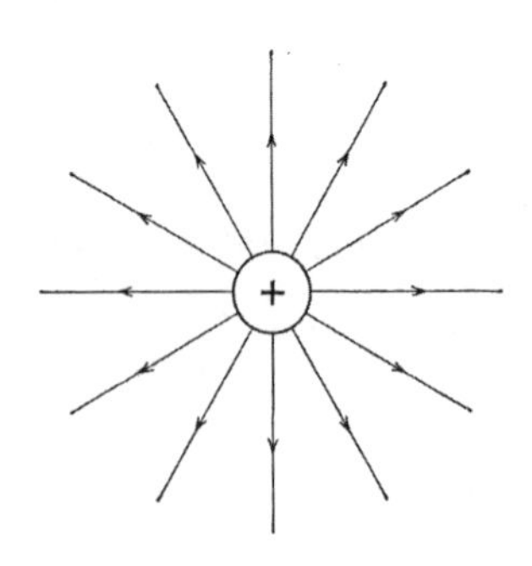

두 모형의 차이는 화살표가 반대 방향을 가리키고 있다는 것뿐이다. 사실 두 개의 양전하를 가지는 물체는 서로를 밀어내지만, 질량을 가지는 물체는 서로를 끌어당긴다. 그러나 음전하를 가지는 구체의 역장은 양전하를 가지는 시험 물체를 끌어당기기 때문에 중력장과 같은 형태가 될 것이다.

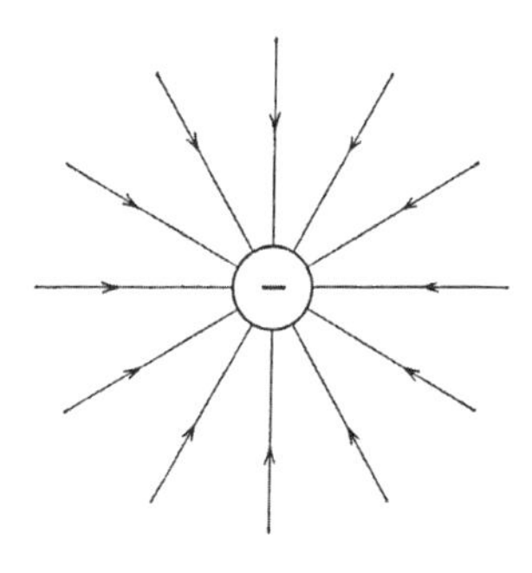


전류와 자극이 양쪽 다 정지 상태라면 그 사이에는 아무것도 작용하지 않으며, 인력도 척력도 발생하지 않는다. 같은 사실을 역장의 언어로 표현하면 다음과 같다. 정전기장은 정자기장에 영향을 끼치지 못하며, 반대의 경우도 마찬가지다. '정지 역장static field'이란 시간이 흘러도 변하지 않는 역장을 말한다. 외부의 힘이 가해지지 않으면, 자석과 전하는 영원토록 얌전히 자기 자리를 지키게 된다. 정전기장, 정자기장, 중력장은 모두 다른 성질을 가지며 서로 섞이지 않는다. 서로 영향을 주고받지 않으며 개별성을 유지하는 것이다.

그럼 전하를 가진 구체로 돌아가서, 지금까지 정지해 있던 구체에 외부의 힘이 작용해 운동을 시작한다고 가정해 보자. 전하를 가진 구체가 운동한다는 문장을 역장의 언어로 번역하면, 전하의 역장이 시간에 따라 변화한다는 말이 된다. 그러나 우리가 이미 롤랜드의 실험에서 확인한 대로, 전하를 가진 구체의 운동은 전류와 동일한 효과를 가진다. 게다가 모든 전류에는 그에 따르는 자기장이 발생한다. 따라서 우리의 논의는 다음과 같이 연쇄된다.

전하의 운동 → 전기장의 변화
↓
전류 → 자기장을 동반

따라서 우리는, 전하의 운동에 의해 발생한 전기장의 변화는 항상 자기장을 동반한다는 결론을 내릴 수 있다.

우리의 결론은 외르스테드의 실험에 근간을 두고 있지만, 그보다 훨씬 많은 함의를 지닌다. 여기에서 시간에 따라 변화하는 전기장이 자기장과 연관이 있다는 점을 짚고 넘어가는 일이 다음 논의에 필수적일 것이다.

전하가 정지해 있는 동안에는 정전기장만이 존재한다. 그러나 전하가 움직임을 시작하면 즉각 자기장이 모습을 드러낸다. 여기서 더 나아가 보자. 전하의 움직임으로 인해 생성된 자기장은 전하의 양이 더 많거나 더 빠르게 움직일 경우 강해질 것이다. 이 또한 롤랜드의 실험 결과와 일치하는 것이다. 다시 한 번 역장의 언어로 번역해 보자면, 전기장의 변화 속도가 빠를수록 동반하는 자기장 또한 강해진다고 할 수 있을 것이다.

우리는 여기서 이미 익숙한 사실을 과거의 역학적 세계관에 맞추어 만든 유체의 언어로부터 새로운 역장의 언어로 번역하려 시도해 보았다. 앞으로 우리의 새로운 언어가 얼마나 명확하고 유익하며 광범위한 영향을 줄 수 있는지를 확인할 수 있을 것이다.

## 역장 이론의 두 기둥

"전기장의 변화는 자기장을 동반한다." 여기서 '전기장'과 '자기장'을 서로 바꾸면, 이 문장은 다음과 같이 변한다. "자기장의 변화는 전기장을 동반한다." 이 명제가 참인지를 확인하기 위해서는 실험을 수행할 수밖에 없다. 그러나 문제를 수립하는 발상 자체는 역장의 언어를 사용해서 얻어낸 것이다.

약 백 년 전 패러데이Michael Faraday는 한 가지 실험을 통해 유도전류라는 위대한 발견을 가능하게 만들었다.

실험 자체는 매우 단순하다. 준비물은 솔레노이드나 기타 회로 하나, 막대자석 하나, 그리고 전류의 존재를 측정할 수 있는 온갖 장치 중 하나 정도면 된다. 우선 닫힌회로에 연결된 솔레노이드 근처에 막대자석을 정지 상태로 놓는다. 전원이 없으므로 전선에는 전류가 흐르지 않는다. 이 상태에서는 시간에 따라 변하지 않는 막대자석의 정자기장이 존재할 뿐이다. 그럼 이제 자석의 위치를 빠르게 바꾸어 보자. 자석을 솔레노이드 근처로 가져가거나 떨어트리는 등 원하는 대로 움직이면 된다. 그러면 바로 그 순간, 전류가 매우 짧은 시간 동안 나타났다가 사라져 버린다.

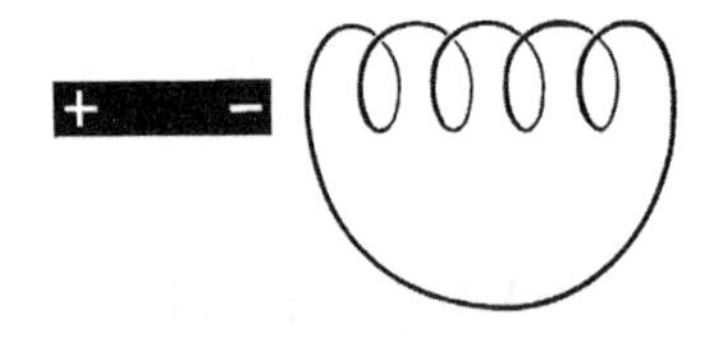


자석의 위치가 변할 때마다 전류가 발생하며, 충분히 정밀한 측정 장치가 있으면 항상 전류를 검출할 수 있다. 그러나 역장 이론의 관점에서 보면, 전류가 존재한다는 말은 전선을 따라 전기 유체의 흐름을 강제하는 전기장이 존재한다는 뜻이다. 이 전류와 그에 의한 전기장은 자석의 움직임이 멈추면 다시 사라져 버린다.

역장의 언어를 모르는 상태에서, 과거의 역학 개념의 언어만을 사용해서 이 실험의 결과를 정성적 또는 정량적으로 묘사하려 시도하는 경우를 상상해 보자. 그 경우 우리의 실험은 자력을 가진 쌍극자의 운동을 통해 새로운 힘이 만들어져서 전선 속의 전기 유체를 움직이는 것이라 해석할 수 있을 것이다. 그렇다면 다음 질문은 이 힘이 어떤 요소에 영향을 받느냐가 될 것이다. 이는 상당히 대답하기 어려운 질문이다. 질문에 답하기 위해서는 자석의 속도, 자석의 모양, 회로의 모양 등이 힘에 끼치는 영향을 조사해야 할 것이다. 게다가 과거의 언어로 해석한다면, 이 실험은 막대자석 대신 전류가 흐르는 다른 회로를 사용했을 경우에도 유도전류가 발생하는지 여부에는 전혀 단서를 제공하지 못한다.

역장의 언어를 사용하고, 힘의 작용이 역장에 의해 결정된다는 원칙을 신뢰하면 문제의 형태는 상당히 달라진다. 전류가 흐르는 솔레노이드를 막대자석 대신 사용해도 된다는 사실을 즉시 파악할 수 있다. 다음 그림에는 두 개의 솔레노이드가 존재한다. 하나는 전류가 흐르는 작은 솔레노이드고, 다른 하나는 교류전류를 검출할 수 있는 큰 솔레노이드다.

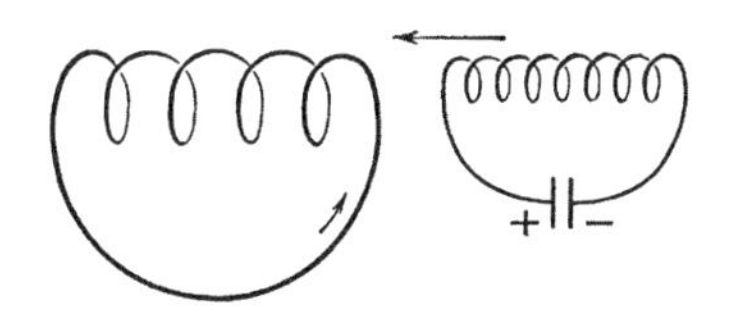


여기서 막대자석을 움직였던 것처럼 작은 솔레노이드를 움직이면 큰 솔레노이드에서 유도전류가 발생한다. 더 나아가서

작은 솔레노이드를 움직이는 대신 회로를 열고 닫는 행동을 통해 전류의 흐름을 조절해도, 즉 자기장이 나타났다 사라지게 만들어도 같은 결과가 나온다. 다시 한 번 역장 이론이 제기한 새로운 사실이 실험을 통해 검증된 것이다!

좀 더 단순한 예를 들어 보자. 전원이 연결되지 않은 전선으로 구성된 닫힌회로가 하나 있다. 이 근처 어딘가에 자기장이 존재한다. 이 자기장의 근원이 전류가 흐르는 다른 회로인지, 아니면 막대자석인지는 중요하지 않다. 다음 그림을 보면 닫힌회로와 자기력의 역선을 확인할 수 있다.

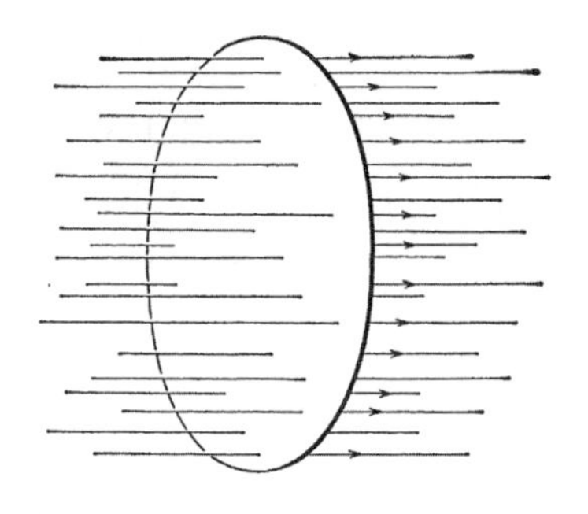

전자기 유도라는 현상은 역장의 언어를 사용하면 매우 간단하게 정성적 또는 정량적으로 나타낼 수 있다. 그림에 표시되어 있듯이, 일부 역선은 전선이 만드는 평면을 뚫고 넘어간다. 우리는 여기서 전선이 테두리 역할을 하는 평면을 뚫고 넘어가는 역선을 살펴볼 필요가 있다. 역장이 변하지 않는 한,

힘 자체가 아무리 강해도 전류는 발생하지 않는다. 그러나 전선으로 둘러싸인 평면을 뚫고 지나가는 역선의 수가 변하면, 그 즉시 전류가 흐르기 시작하는 것이다. 평면을 지나는 선의 개수에 생기는 변화는 그 이유를 불문하고 전류의 발생을 확정해 주는 것이다. 유도전류에 있어 정성적, 정량적 묘사를 모두 만족시켜 주는 주요한 개념은 바로 이 역선 수의 변화뿐이다. '역선 수의 변화'는 선의 밀도의 변화를 나타내며, 우리는 이 표현이 역장의 세기의 변화를 나타낸다는 사실을 이미 알고 있다.

지금까지의 추론 과정을 요점만 정리해 보자면 다음과 같다. 자기장의 변화 → 유도 전류 → 전하의 운동 → 전기장의 존재.

따라서, 자기장의 변화는 전기장을 동반한다고 할 수 있다.

이로서 전기장과 자기장 이론을 지탱해 주는 가장 중요한 근거 두 개를 발견한 셈이다. 첫 번째 근거는 전기장의 변화와 자기장 사이의 관계이다. 이는 외르스테드의 자침 이동 실험에서 파생되었으며, 전기장의 변화는 자기장을 동반한다는 결론에 도달했다.

두 번째 근거는 자기장의 변화가 유도전류와 연관된다는 사실이며, 이는 패러데이의 실험에서 유추한 결과이다. 양쪽 모두 정량적인 서술의 근거가 되어 준다.

이번에도 자기장의 변화에 따라 발생하는 전기장은 실제

로 존재하는 것처럼 보인다. 예전에는 시험용 자극이 없을 경우에도 전류에 의한 자기장이 존재한다고 상상해야 했다. 마찬가지 이유에서, 여기서는 유도전류의 존재를 시험하는 전선 없이도 전기장이 존재한다고 주장할 수 있을 것이다.

사실 우리의 두 가지 근거는 외르스테드의 실험에서 도출한 하나의 근거로 압축하는 것이 가능하다. 패러데이의 실험 결과는 외르스테드의 실험에 에너지 보존의 법칙을 적용하기만 하면 유추해 낼 수 있다. 우리가 두 개의 근거를 언급한 이유는 명확하고 효율적인 표현을 위해서일 뿐이었다.

역장 개념의 사용에 따른 결과물을 하나 더 언급하고 넘어가야겠다. 전류가 흐르는 회로가 있고, 그 전류의 근원, 이를테면 볼타 전지가 존재한다고 해 보자. 여기서 전선과 전원의 연결을 갑자기 끊어 버린다. 그러면 당연히 전류는 흐르지 않는다! 그러나 이 짧은 순간 동안 복잡한 일련의 과정이 일어나는데, 이 또한 역장 이론이 아니었더라면 예측하지 못했을 것이다. 전류를 끊기 전에는 전선 주변에 자기장이 존재한다. 전류를 끊는 순간 자기장의 존재는 사라진다. 따라서 전류를 끊으면 자기장이 사라진다고 말할 수 있을 것이다. 이에 따라 전선에 둘러싸인 평면을 뚫고 지나가는 역선의 개수는 극적으로 변하게 된다. 그러나 이런 빠른 변화는 어떤 식으로든 유도전류를 일으킬 수밖에 없다. 실제로 중요한 것은 자기장의 변화량이 클 경우 유도전류가 강해지느냐이다. 다시 한 번 역장

이론을 시험해 볼 수 있는 기회가 온 셈이다. 전류를 차단하면 순간적으로 강한 유도전류가 발생해야 한다. 실험 결과는 다시 한 번 이 예측을 뒷받침해준다. 전류를 차단해 본 사람이라면 누구나 불꽃이 튀는 모습을 확인할 수 있을 것이다. 이 불꽃은 자기장의 빠른 변화가 불러온 강한 전위차를 보여주는 것이다.

같은 과정을 다른 관점, 즉 에너지의 관점에서 볼 수도 있다. 자기장이 사라지며 불꽃이 발생한다. 불꽃은 에너지를 의미하며, 따라서 자기장 또한 에너지일 것이다. 역장 개념을 유지하고 그 언어를 일관적으로 사용하려면, 우리는 자기장을 에너지의 보관소로 생각해야 한다. 그럴 경우에만 전자기 관련 현상을 에너지 보존 법칙에 맞추어 설명할 수 있기 때문이다.

역장은 표현을 위한 유용한 모형으로 시작했지만, 점차 현실의 존재가 되어 가고 있다. 역장이라는 개념은 옛 사실을 이해하고 새로운 사실을 도출하는 일을 도와주었다. 역장에 에너지를 도입하면 역장이라는 개념의 중요성은 갈수록 증가하며, 결국 역학적 세계관에 필수적인 물질이라는 개념은 차츰 그 중요성이 퇴색하게 된다.

## 실재하는 역장

역장의 법칙에 대한 정량적이고 수학적인 서술은 우리가 맥스웰 방정식이라 부르는 수식으로 요약된다. 지금까지 살펴본 사실들이 맥스웰 방정식의 근간이 된 것은 사실이지만, 그 방정식 안에 담긴 내용은 우리가 예상할 수 있던 것보다 훨씬 풍요로웠다. 그 단순한 형태 안에는 세심한 연구를 통해서만 발견할 수 있는 깊이가 숨어 있다.

맥스웰James Clerk Maxwell이 자신의 방정식을 정리한 일은 뉴턴의 시대 이후 물리학의 역사에서 가장 중요한 사건이라 할 수 있을 것이다. 그 내용의 풍요로움 때문만이 아니라, 이 방정식이 새로운 부류의 법칙의 패턴을 보여주기 때문이기도 하다.

맥스웰 방정식의 특징은 다른 모든 현대 물리의 방정식 안에서도 찾아볼 수 있으며, 그 특성은 단 한 문장으로 정리할 수 있다. 맥스웰 방정식은 역장의 '구조'를 표현하는 법칙이다.

맥스웰 방정식이 형태 및 성질에 있어 고전역학의 방정식과 다른 이유는 무엇일까? 방정식이 역장의 구조를 표현한다는 말은 대체 무슨 뜻일까? 외르스테드와 패러데이의 실험 결과로부터 물리학의 발전에 중요한 역할을 수행한 새로운 형식의 법칙을 어떻게 뽑아낼 수 있던 것일까?

우리는 외르스테드의 실험을 통해 전기장의 변화 주변에서 자기장이 어떤 식으로 형성되는지를 확인했다. 그리고 패러데이의 실험을 통해 자기장이 변하는 주변에서 어떤 식으로 전기장이 형성되는지를 확인했다. 맥스웰의 이론의 특수한 성질을 가늠하기 위해, 우선 지금은 그중 하나의 실험, 여기서는 패러데이의 실험에만 주의를 기울여 보기로 하자. 자기장이 변화할 때 유도되는 전류를 표시한 그림을 다시 가져와 보기로 하겠다.

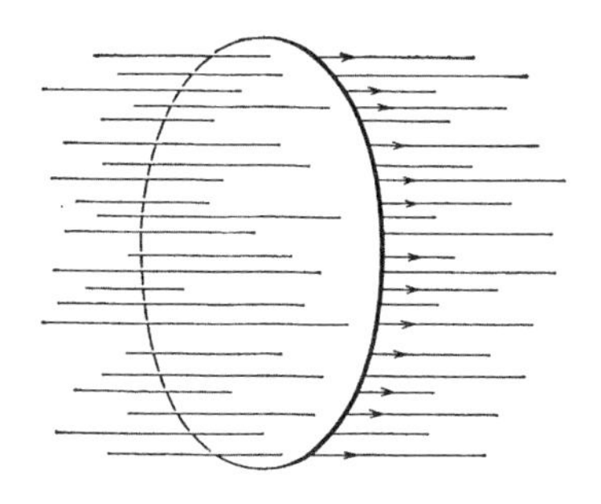

이미 우리는 전선 테두리 안쪽 면을 지나는 역선의 숫자가 변화하면 유도전류가 발생한다는 사실을 알고 있다. 그렇다면 자기장이 변하거나 회로의 형태가 변하거나 움직일 경우에는 전류가 발생할 것이다. 면을 통과하는 자력선의 숫자가 변화하기만 하면, 그 변화의 원인과는 관계없이 유도전류가 발생한다. 변화를 가져올 수 있는 수많은 가능성을 살펴보고 그 영향을 고려한다면, 결국 이 현상을 설명하는 이론은 매우 복잡해질 것이다. 하지만 문제를 단순화시킬 수 있지 않을까? 여기서 회로의 형태, 회로의 길이, 전선으로 둘러싸인 면과 연관이 있는 모든 요소를 제거하려 시도해 보기로 하자. 이전 그림에서 회로가 점차 작아져서, 결국 공간 위의 한 점만을 포함하는 매우 작은 회로가 되어 버렸다고 상상하는 것이다. 이렇게 되면 형태나 크기 등의 문제는 아무 상관이 없어진다. 폐곡선을 하나의 점으로 한정하는 과정에서 크기와 형태는 자동적으로 우리의 관심에서 멀어져 버렸으며, 공간 위의 임의의 지점에서 임의의 순간에 벌어지는 전자기장의 변화를 설명해 주는 법칙을 얻게 되었다.

이런 가정은 맥스웰 방정식에 도달하기 위한 주요한 과정 중 하나이다. 이번에도 패러데이의 실험에서 회로를 한 점으로 모은 다음 반복하여 실험하는, 이상적인 가상 실험에서 도움을 받은 것이다.

사실 방금 실험은 한 단계가 아니라 반 단계의 진보라고 생각해야 할 것이다. 지금까지 우리의 관심사는 패러데이의 실험에 맞춰져 있었다. 그러나 외르스테드의 실험에서 나온 역장 이론의 다른 기둥 또한 마찬가지 방식으로 주의를 기울여 고려해야 한다. 이 실험에서 자력선은 전류 주변을 휘감는다. 원형의 자력선을 하나의 점으로 응축하면, 나머지 반 단계의 진보가 이루어지며 공간 위의 임의의 지점에서 임의의 순간에 벌어지는 전기장과 자기장의 변화 사이의 연관 관계라는 온전한 법칙이 드러나게 된다.

그러나 아직 한 가지 중요한 단계가 남아 있다. 패러데이의 실험에서 전기장의 존재를 확인하려면 전선이 필요하다. 마찬가지로 외르스테드의 실험에서는 자극 또는 자침이 있어야 자기장의 존재를 확인할 수 있다. 그러나 맥스웰의 새로운 이론적 착상은 이런 실험적 사실을 초월하는 것이다. 맥스웰의 이론에서, 전기장과 자기장, 또는 전자기장은 실제로 존재하기 때문이다. 전기장은 확인하기 위한 전선이 있는지와 관계없이 자기장의 변화에 의해 실제로 발생한다. 자기장은 확인하기 위한 자극이 있는지와 관계없이 전기장의 변화에 의해 실제로 발생한다.

이 두 핵심적인 단계를 밟아야만 맥스웰 방정식에 도달할 수 있다. 첫 단계는 외르스테드와 롤랜드의 실험에서 전류와 전기 역장의 변화 주변에 발생하는 원형의 자력선을 한 점으로 압축하고, 패러데이의 실험에서 자기 역장의 변화로 발생하는 원형의 전기 역선을 한 점으로 압축하는 것이었다. 두 번째 단계는 역장을 실제 존재하는 것으로 간주하고, 일단 발생한 전자기장은 맥스웰의 법칙에 따라 존재하고, 작용하고, 변화한다고 여기는 것이었다.

맥스웰의 방정식은 전자기장의 구조를 묘사해 준다. 이 법칙은 모든 공간에서 적용되며, 역학의 법칙처럼 물질이나 변화가 존재하는 점에서만 적용되는 것이 아니다.

역학의 경우를 기억하기 바란다. 특정 순간에 입자의 위치와 속도를 알고, 어떤 힘이 작용하는지를 알면, 입자가 앞으로 취할 진로를 완벽하게 예측할 수 있다. 맥스웰의 이론에서는, 특정 순간의 역장을 알기만 하면 이 이론의 방정식을 통해 역장 전체가 공간과 시간축 안에서 어떤 식으로 변화할지를 유추할 수 있다. 맥스웰의 방정식을 이용하면 역장의 이력을 추적할 수 있다. 역학의 방정식을 사용하면 물질 입자의 이력을 추적할 수 있는 것처럼 말이다.

그러나 역학 법칙과 맥스웰의 법칙 사이에는 한 가지 근본적인 차이점이 존재한다. 뉴턴의 중력 법칙과 맥스웰의 역장 법칙을 비교하면 이 두 가지 방정식의 의미의 차이점이 명확해질 것이다.

뉴턴의 법칙의 도움을 받으면, 우리는 태양과 지구 사이에 작용하는 힘에서 지구의 운동을 유추할 수 있다. 이 법칙은 지구의 운동과 멀리 떨어져 있는 태양의 힘 사이를 연결해 주는 것이다. 지구와 태양은 멀리 떨어져 있음에도 불구하고 힘의 작용에 있어서는 서로 영향을 끼치게 된다.

맥스웰의 법칙에서 주역은 물질이 아니다. 이 이론의 수학 방정식은 전자기장과 관련된 법칙을 표현할 뿐, 뉴턴의 법칙처럼 두 개의 완전히 다른 사건을 연결하는 역할은 수행하지 못한다. 이곳의 사건과 저곳의 사건을 연결해 주지는 못하는 것이다. 지금 이곳의 역장은 조금 전 바로 근처에서 생성된 다른 역장의 영향을 받을 뿐이다. 맥스웰 방정식은 지금 이곳에서 무슨 일이 벌어지는지를 알고 있어도 조금 떨어진 곳, 아주 가까운 미래에 일어날 사건밖에 알려줄 수 없다. 특정 역장에 대한 지식 또한 한 단계씩, 아주 조금씩밖에 확인할 수 없다. 한참 후에 일어날 일은 이런 매우 작은 단계를 모아들여 합하는 식으로밖에 유추할 수 없다. 반면 뉴턴의 법칙에서는 서로 멀리 떨어진 사건을 연결하는 큰 단계밖에는 밟을 수 없다. 맥스웰의 이론으로부터 외르스테드와 패러데이의 실험을 도출해 내는 것도 가능하지만, 이는 맥스웰 방정식을 따르는 매우 작은 단계들을 종합해 내야만 가능한 일이다.

맥스웰 방정식을 수학적으로 세밀하게 연구하면 새롭고 예측하지 못한 결론이 하나 도출되고, 이론 전체가 훨씬 높은 수준에서의 검증을 받을 필요성이 생긴다. 이제 이 이론의 결론은 정량적 성질을 가지며, 일련의 논리적 검증 과정을 거쳐야만 도출될 수 있기 때문이다.

다시 한 번 이상적인 실험을 가정해 보기로 하자. 전하를 띤 작은 구체 하나가 외부의 힘에 의해 빠르고 일정한 속도로 진자처럼 왕복 운동을 한다. 지금까지 역장의 변화에 대해 파악한 내용을 바탕으로, 이 상황에서 발생하는 모든 사건을 역장의 언어로 서술하려면 어떻게 해야 할까?

전하의 왕복 운동은 전기장의 변화를 일으키고, 이는 언제나 자기장의 변화를 수반한다. 닫힌회로를 이루는 전선을 근처에 가져다 놓으면, 자기장의 변화가 회로 내에서 전류를 일으키게 된다. 이 모든 현상은 지금까지 살펴본 내용을 다시 서술했을 뿐이지만, 맥스웰 방정식을 연구하면 전하의 왕복운동이라는 문제에 대해 훨씬 깊은 이해가 가능하다. 맥스웰 방정식에 수학적 추론을 적용하면, 우리는 왕복운동을 하는 전하 주변의 역장의 성질, 힘의 근원과의 거리에 따른 구조, 그리고 시간에 따른 변화까지도 모두 파악할 수 있다. 이런 추론의 결과물이 바로 전자기파이다. 왕복운동을 하는 전하가 발산하는 에너지는 공간 속을 일정한 속도로 이동한다. 그러나 모든 파동 운동의 특성은 상태로서의 운동, 즉 에너지의 전파다.

우리는 앞에서 이미 여러 종류의 파동을 다루었다. 고동치는 구체에서 발생해서 매질의 밀도 변화에 의해 전파되는 종파가 있었다. 젤리 형태의 매질에서 전파되는 횡파가 있었다. 이 경우에는 구체의 회전 운동이 젤리의 형태 변화를 일으켜 매질 속으로 파동을 전파하게 된다. 전자기파의 경우에는 어떤 변화가 전파되는 것일까? 오직 전자기장의 변화뿐이다! 전기장에 변화가 일어나면 자기장이 생겨나고, 자기장에 변화가 일어나면 전기장이 생겨나고, 전기장에… 이런 식으로 계속된다. 역장은 에너지를 뜻하기 때문에, 이런 모든 변화가 일정한 속도로 공간 전체에 퍼져나가면 파동이 발생하게 된다. 전자기의 역선은 이 이론에서 유추할 수 있는 대로 전파 방향과 수직으로 작용하기 때문에, 이로 인해 발생하는 파동은 횡파가 된다. 외르스테드와 패러데이의 실험을 통해 형성한 역장이라는 개념 자체는 그대로 보존되지만, 이제 그 안에 좀 더 깊은 의미가 존재함을 알게 된 것이다.

전자기파는 진공 속에서 전파된다. 이 또한 맥스웰의 이론의 결과물이다. 왕복운동을 하는 전하가 갑자기 정지하면, 그로 인한 역장은 정전기장이 된다. 그러나 왕복으로 인해 발생한 파동은 연속적으로 퍼져 나간다. 이런 파동은 독립적으로 존재하며, 다른 물체와 마찬가지로 그 변화의 이력을 추적하는 것이 가능하다.

따라서 특정 속도로 공간에 전파되며 시간에 따라 변화하는 전자기파라는 개념은 맥스웰의 법칙을 따른다고 생각할 수 있는데, 맥스웰의 법칙은 임의의 공간에서 임의의 순간에 전자기장의 구조를 묘사하는 것이기 때문이다.

매우 중요한 질문이 하나 남아 있다. 전자기파가 진공 속에서 전파되는 속도는 어떻게 확인할 수 있을까? 실제 파동의 전파와는 아무런 관련도 없는 몇 가지 단순한 실험 결과의 도움을 받으면, 맥스웰 이론은 이 질문에 대해서도 명쾌한 해답을 제공해 줄 수 있다. 전자기파가 빛의 속도로 전파된다는 사실을 이론적으로 발견한 일은 과학의 역사를 통틀어 가장 위대한 업적이라 할 수 있을 것이다.

그리고 이론을 통한 예측은 실험을 통해 입증되었다. 50년 전쯤, 헤르츠Heinrich Rudolf Hertz가 최초로 전자기파가 존재하며 그 속도는 광속과 동일하다는 사실을 확인한 것이다. 오늘날은 수백만의 사람들이 전자기파를 송수신하고 있다. 그들이 이용하는 도구는 헤르츠가 사용한 것보다 훨씬 복잡하며, 겨우 몇 야드가 아니라 수천 마일 떨어진 곳에서도 파동을 검출할 수 있다.

## 역장과 에테르

전자기파는 횡파이며, 진공 속에서 빛과 동일한 속도로 전파된다. 빛과 전자기파의 속도가 동일하다는 사실은 광학 현상과 전자기 현상 사이에 밀접한 관계가 있다는 사실을 암시한다.

우리는 빛의 입자 이론과 파동 이론을 놓고 고민하다 결국 파동 이론의 손을 들어 주었다. 이 결론에 가장 큰 영향을 준 것은 빛의 굴절 현상이었다. 그러나 광파가 전자기파의 일종이라는 가정을 한다고 해도, 광학적 사실을 설명할 때에는 아무런 문제도 일어나지 않는다. 오히려 그로 인해 새로운 결론 몇 가지를 추가하는 것이 가능하다. 만약 앞의 명제가 사실이라면, 이 이론을 기반으로 한 유추를 통해 빛과 전자기 현상의 연관 관계를 추가로 확인할 수 있을 것이다. 실제로 그런 결론을 도출하고 실험을 통해 확인할 수 있다면, 빛의 전자기파 이론을 지지해 주는 중요한 근거를 손에 넣을 수 있을 것이다.

이런 놀라운 결과를 얻은 것은 역장 이론 덕분이다. 서로 별 관계가 없어 보이는 두 가지 과학 분야가 하나의 이론 안으로 모이게 된 것이다. 맥스웰의 방정식은 유도전류뿐 아니라 빛의 굴절 현상도 설명할 수 있다. 만약 우리의 궁극적인 목적이 단 하나의 이론만으로 지금까지 벌어진 현상과 앞으로 벌어질 현상을 모두 설명하는 것이라면, 광학과 전자기학을 한데 묶어준 맥스웰의 이론이야말로 매우 훌륭한 진보라 할 수 있다. 물리학의 관점에서 볼 때, 일반적인 전자기파와 광파의 차이점은 그 파장뿐이다. 인간의 눈으로 확인할 수 있는 광파의 파장은 매우 짧으며, 라디오 수신기로 확인해야 하는 일반적인 전자기파의 파장은 매우 길다.

과거의 역학적 세계관은 자연계의 모든 사건을 물질 입자 사이에 상호작용하는 힘으로 환원하려 시도했다. 이런 역학적 세계관을 기반으로 전기 유체라는 순진한 이론이 태어났다. 19세기 초반까지만 해도 물리학자들에게 역장이라는 개념은 존재하지도 않았다. 물리학자에게 실제로 존재하는 개념은 물질과 물질의 변화뿐이었다. 두 종류의 전하의 행동을 전하와 직접적인 연관을 가지는 개념만을 이용해 설명하려 한 이유가 바로 그것이었다.

역장이라는 개념은 처음에는 역학적 관점에서 현상을 이해하기 위한 도구일 뿐이었다. 역장이라는 새로운 언어에서는 전하의 작용을 이해하기 위해 전하 자체가 아니라 전하 사이에 펼쳐지는 역장을 이용한다. 새로운 개념은 천천히 인정을 받기 시작하여, 마침내 역장이 물질보다 중요한 개념이 되는 상황에 이른다. 물리학에서 중요한 사건이 벌어졌다는 사실이 분명해진다. 새로운 현실이 창조되고, 역학적 세계관이 발을 붙일 수 없는 새로운 개념이 등장한 것이다. 역장 이론은 천천히 힘들여 물리학의 선도적 위치까지 올라섰으며, 아직까지 기초적인 물리 개념 가운데 하나로 남아 있다. 현대 물리학자에게 전자기장이란 자신이 앉아 있는 의자만큼이나 명확하게 실재하는 존재이다.

그러나 새로운 역장 이론이 낡은 전기 유체 이론으로부터 과학을 해방시켰다거나, 새로운 이론이 낡은 이론의 업적을 파괴했다고 말하는 것 또한 부당한 일일 것이다. 새로운 이론은 옛 이론의 한계만이 아니라 장점 또한 보여주며, 낡은 개념을 좀 더 높은 수준에서 다시 획득하도록 해 준다. 이는 전기 유체와 역장의 이론만이 아니라 모든 물리 이론의 발전 과정에서, 새 이론이 아무리 혁명적으로 보여도 항상 일어나는 현상이다. 우리의 경우를 예로 들자면, 맥스웰의 이론에서도 전하라는 개념은 전기장의 근원이라는 역할만을 수행하지만 그래도 여전히 존재한다. 쿨롱의 법칙 또한 여전히 유효하며, 맥스웰 방정식이 적용되는 여러 경우 중 하나로서 도출해 낼 수 있다. 과거의 이론도 유효성을 가지는 범주 내에서는 여전히 적용 가능한 것이다. 그러나 새로운 이론 또한 그 유효성이 알려진 모든 사실과 일치해야 하기 때문에, 새로운 이론을 적용할 경우에도 같은 결과를 얻어낼 수 있다.

비유를 해 보자면, 새 이론의 정립은 낡은 외양간을 부수고 그 자리에 고층건물을 올리는 일과는 다르다. 그보다는 산을 올라가서 점차 새롭고 넓은 풍경이 눈에 들어옴에 따라, 시작점과 주변의 풍요로운 환경 사이의 연결 관계를 발견하는 쪽에 가깝다. 하지만 우리의 시작점은 항상 제자리에 존재하며, 여전히 시야에 들어가 있다. 갈수록 더 작아 보이고, 위로 올라가며 장애물을 정복할수록 좀 더 넓은 풍경 속의 한 점으로 졸아들어 가지만 말이다.

맥스웰의 이론이 모두 정립되기까지는 상당히 오랜 시간이 걸렸다. 역장은 처음에는 에테르의 도움을 받아 역학적인 관점에서 해석해야 하는 하나의 개념에 지나지 않았다. 그런 일을 수행할 수 없음이 명백해질 때쯤에는, 역장 이론의 중요성이 너무도 명확해져서 역학의 교리를 수정해야 할 상황에 이르고 말았다. 반면 에테르의 역학적 모형을 수립하는 문제는 갈수록 중요성이 사라지게 되었고, 최초의 강제적이고 인위적인 가정을 고려해 볼 때 그 결과 또한 갈수록 매력을 잃어버렸다.

이제 남은 유일한 해결책은 공간 자체가 전자기파를 전달해 주는 성질을 가지고 있다고 가정하고, 그 명제의 의미에 대한 세세한 숙고를 잠시 중단하는 것으로 보인다. 에테르라는 단어는 여전히 사용할 수 있지만, 단순히 공간의 특정한 물리적 성질을 나타내는 말이 될 것이다. 에테르라는 단어는 과학의 발전 속에서 여러 번 그 뜻이 바뀌었다. 지금 이 순간 에테르는 입자로 이루어진 매질이라는 의미를 잃어버렸다. 그러나 에테르의 이야기는 아직 끝나지 않았으며, 상대성이론을 살펴볼 때 계속될 것이다.

## 역학적 지지대

이 단계에 이르러 우리의 원점, 즉 갈릴레오의 관성의 법칙으로 되돌아가 볼 필요가 있다. 다시 한 번 관성의 법칙을 인용해 보자.

> 모든 물체는 힘을 가해 상태가 변하지 않는 한 정지 상태, 또는 등속 직선 운동 상태를 유지한다.

일단 관성의 법칙을 이해하고 나면 더 깊이 파고들고 싶은 마음이 들게 마련이다. 관성의 법칙은 이미 자세히 살펴본 바 있지만, 이야기 소재로서는 아직 전혀 고갈되지 않았다.

관성의 법칙을 실험을 통해 증명하거나 부정할 수 있으리라 믿는 진지한 과학자가 한 명 있다고 가정해 보자. 그는 여러 개의 작은 구체를 수평인 탁자를 따라 굴리면서, 최대한 마찰을 제거하려 한다. 그는 탁자와 구체가 매끈해질수록 운동의 성질이 균일해짐을 깨닫게 된다. 관성의 원리를 제창하려는 순간, 누군가 과학자에게 장난을 건다. 우리의 물리학자는 창문이 없는 방에서, 외부 세계와 통신할 수단이 없는 상태로 작업을 한다. 장난꾼은 연구를 하는 방 전체가 방을 통과하는 중심축을 기준으로 회전하는 장치를 만든다. 회전이 시작되면 물리학자는 예상치 못한 새로운 경험을 하게 된다. 지금까지 일정한 움직임을 보이던 구체들이 최대한 중심에서 벗어나 방의 벽 쪽으로 움직이려는 경향을 보이는 것이다. 물리학자 자신도 벽으로 몸을 밀어붙이는 묘한 힘을 느끼게 된다. 그가 느끼는 감각은 기차나 자동차가 빠른 속도로 커브를 돌 때, 또는 회전목마를 타고 돌 때 느끼는 것과 동일하다. 그가 얻어낸 모든 결론은 휴지조각이 되어 버린다.

우리의 물리학자는 관성의 법칙과 함께 모든 역학적 세계관을 포기해야 한다. 그의 시작점은 관성의 법칙이었다. 만약 이 법칙이 변하면 지금까지 쌓아 올린 모든 결론도 바뀌어야 한다. 회전하는 방 안에서 평생을 보내며 실험을 수행하는 관찰자가 있다면, 그는 우리와는 다른 역학 법칙을 정립하게 될 것이다. 반면 그가 물리 원칙에 대해 깊은 지식과 명확한 신념을 가지고 방에 들어갔다면, 그는 역학의 개념이 무너지는 것처럼 보이는 상황을 방이 회전하고 있다는 가정을 통해 설명하려 할 것이다. 역학 실험을 한다면 방이 어떤 식으로 회전하는지 알아낼 수도 있을 것이다.

회전하는 방 안의 관찰자에 왜 이렇게까지 신경을 써야 하는 것일까? 이유는 단순하다. 지구상에 사는 우리도 어느 정도는 같은 상황에 처해 있다고 할 수 있기 때문이다. 코페르니쿠스의 시대 이래로, 우리는 지구가 자전축을 중심으로 자전하며 태양을 중심으로 공전한다는 사실을 알고 있다. 이렇게 모두가 인정하는 단순한 사실조차 과학의 발전을 비껴가지 못했다. 그러나 일단 지금은 이 질문을 젖혀 두고 코페르니쿠스의 관점을 그대로 받아들여 보자. 만약 회전 중인 관찰자가 역학의 법칙을 확정할 수 없다면, 지구 위에 사는 우리들 또한 그런 일은 할 수 없을 것이다. 그러나 지구의 회전은 비교적 느린 편이며, 따라서 그 효과 또한 그 정도로 명확하지 않다. 그렇다고 해도 역학의 법칙에서 살짝 벗어나는 실험 결과가 여럿 존재하며, 그 실험에서 일정한 결과가 나온다는 사실은 지구가 회전한다는 증거가 될 수 있을 것이다.

불행하게도 우리는 태양과 지구 사이 공간으로 나갈 수 없기 때문에, 관성의 법칙의 유효성을 명확하게 실험하거나 회전하는 지구의 모습을 직접 관찰할 수는 없다. 이런 실험은 오직 상상으로만 가능하다. 우리의 모든 실험은 우리가 살아갈 수 있는 유일한 공간인 지구 위에서 수행해야 한다. 같은 사실을 좀 더 과학적인 방식으로 서술하자면, '지구가 우리의 좌표계가 된다'.

이 말이 무슨 뜻인지 정확하게 알아보기 위해 단순한 예를 하나 들어 보자. 우리는 탑 꼭대기에서 던진 돌이 특정 시간에 존재하는 위치를 예측하고, 관찰을 통해 예측을 확인할 수 있다. 탑 옆에 측정용 막대를 하나 세워 놓으면 낙하하는 물체가 특정 시간에 어느 지점에 위치할지 확인할 수 있을 것이다. 여기서 탑과 측정용 막대는 고무 등 실험 도중 변할 수 있는 물질로 만들어서는 곤란하다. 사실 이 실험에서 필요한 물건은 지구에 단단하게 고정되어 있는 변하지 않는 측정자와 정확한 시계뿐이다. 이 두 가지 도구만 있으면 탑의 구조뿐 아니라 탑의 존재 자체도 무시할 수 있다. 기타 가정은 모두 사소한 것이며, 보통 실험을 서술할 때 특정하지도 않는다. 하지만 이를 분석해 보면 우리의 명제 안에 얼마나 많은 가정이 숨어 있는지를 확인할 수 있다. 우리의 경우에는 단단한 막대와 이상적인 시계를 가정했으며, 이 두 가지가 없다면 낙하하는 물체에 대한 갈릴레오의 법칙을 확인할 수가 없다. 단순하지만 기초적인 물리학의 도구, 즉 막대와 시계가 있으면, 우리는 이 역학의 법칙을 일정 정도의 정확성을 가지고 확인할 수 있다. 세심하게 실험을 수행한다면 그 결과와 법칙 사이에는 지구의 회전으로 인한 차이가 존재할 것이다. 다른 말로 하자면, 여기서 작용하는 역학 법칙은 좌표계에 단단히 연결되어 있는 상태에서 수행하는 한 완벽하게 유효하다고는 할 수 없는 것이다.

모든 역학적 실험은 어떤 종류든 특정 시간에 특정 물체의 위치를 측정해야 하기 마련이다. 위 실험에서는 낙하하는 물체의 위치를 측정해야 했다. 그러나 위치를 측정하기 위해서는 다른 비교할 물체가 필요하게 마련이며, 위 실험에서는 탑과 측정용 막대가 그 역할을 수행했다. 말하자면 일종의 기준틀, 역학적 지지대가 있어야 물체의 위치를 확정할 수 있는 것이다. 도시에서 물체와 인간의 위치를 묘사하려면 동서와 남북의 거리 이름을 기준틀로 인용해야 한다. 지금까지 우리가 역학을 다루며 기준틀을 언급하지 않은 이유는 우리가 지구 위에 살고 있으며, 지구와 단단하게 연결되어 있는 기준틀을 확인하는 일이 대부분 별로 어렵지 않기 때문이다. 우리가 모든 관찰에서 사용하는 불변하는 물체로 구성된 이 기준틀을 우리는 '좌표계'라 부른다.

그렇다면 우리가 지금까지 살펴본 모든 물리적 명제에는 뭔가 부족한 부분이 있던 셈이다. 우리가 지금까지 수행한 모든 관찰이 특정 좌표계 안에서 이루어진 것이라는 사실을 고려하지 않았다. 이 좌표계의 성질을 그대로 설명하는 대신, 단순히 그 존재 자체를 무시해 온 것이다. 예를 들어, '물체가 등속운동을 하면…'이라는 표현은 사실 '물체가 특정 좌표계에 대해 등속운동을 하면…'이라고 썼어야 할 것이다. 회전하는 방 안에서의 경험 덕분에, 우리는 역학 시험의 결과가 특정 좌표계에 영향을 받을 수 있다는 사실을 알게 된 것이다.

만약 두 좌표계가 서로에 대해 회전하고 있다면, 각각의 좌표계 안에서는 동일한 역학 법칙이 적용되지 않는다. 만약 한쪽 좌표계 안에서 수영장의 수면이 수평을 이룬다면, 다른 계에서 수영장의 수면은 커피를 스푼으로 젓는 사람에게 익숙한 곡면이 될 것이다.

역학의 실마리를 따라가는 도중 중요한 요소 하나를 빼먹은 셈이다. 우리는 지금까지 역학의 법칙이 어떤 좌표계에서 유효한지를 언급하지 않았다. 기준틀을 모르기 때문에 지금까지 살펴본 고전역학 전체가 허공에 뜬 상태가 된 것이다. 하지만 이 문제는 일단 방치하기로 하자. 모든 좌표계가 지구와 연결되어 있다는 살짝 잘못된 가정을 적용해서 고전역학의 법칙을 다시 유효하게 만드는 것이 우선이다. 이는 좌표계를 고정하고 우리의 명제를 명확하게 정립하기 위해 필요한 과정이다. 지구가 좌표계로서 적합하다는 우리의 가정이 전부 옳은 것은 아니지만 당장은 받아들여야 할 것이다.

따라서 우리는 역학 법칙이 유효한 좌표계가 하나 존재한다는 가정을 한 셈이다. 그러나 그런 좌표계가 과연 하나뿐일까? 우리가 지구에 대해 움직이고 있는 기차, 배, 비행기 등의 좌표계 위에 있다고 해 보자. 이 새로운 좌표계에 대해서도 역학의 법칙이 유효할까? 우리는 커브를 도는 기차, 폭풍우 속에서 출렁이는 배, 공중 선회를 하는 비행기 등의 경우를 고려하면 항상 유효하지는 않을 것이라는 사실을 이미 알고 있다. 좀 더 단순한 예에서 시작해 보기로 하자. 우리의 '좋은', 즉 역학 법칙이 유효한 좌표계에 대해 등속운동을 하는 다른 좌표계를 가정해 보자. 예를 들자면 직선을 따라 일정한 속도로 부드럽게 움직이는 기차나 배가 될 것이다. 일상의 경험을 통해, 우리는 두 좌표계 모두 '좋은' 좌표계라는 사실을 알고 있다. 즉 등속직선 운동을 하는 기차나 배에서 물리 실험을 할 경우, 지표에서 하는 것과 동일한 결과가 나올 것이라는 뜻이다. 그러나 기차가 갑자기 멈추거나 가속을 할 경우, 또는 바다가 거칠 경우에는 이상한 현상이 일어난다. 기차라면 짐칸에서 여행가방이 떨어져 내릴 것이며, 배라면 탁자와 의자가 사방으로 날아다니고 승객들은 멀미를 하게 될 것이다. 물리적 관점에서 생각하면 이는 그런 상황의 좌표계에는 역학의 법칙이 적용할 수 없으며, 따라서 '나쁜' 좌표계라는 의미일 뿐이다.

이 결과를 표현하면 소위 말하는 '갈릴레오의 상대성 원리'가 된다. 즉, '만약 역학 법칙이 하나의 좌표계 안에서 유효하다면, 그 좌표계와 상대적으로 등속직선 운동을 하는 다른 좌표계 안에서도 유효하다'.

만약 두 개의 좌표계가 서로에 대해 등속이 아닌 운동을 하고 있으면, 두 좌표계 안에서 동일한 역학 법칙이 적용할 수는 없다. '좋은' 좌표계, 즉 역학의 법칙이 유효한 좌표계를 우리는 관성계라고 부른다. 관성계가 실제로 존재하는지 여부는 아직 명확하게 밝혀지지 않았다. 하지만 만약 그런 계가 하나라도 존재한다면 전체 숫자는 무한히 많을 것이다. 그 최초의 관성계에 대해 등속운동을 하는 모든 좌표계를 관성계라 할 수 있을 것이기 때문이다.

특정 지점에서 출발하여 서로에 대해 알려진 속도로 등속운동을 하는 두 개의 좌표계를 가정해 보자. 명확한 예시를 원하는 사람이라면 지구에 대해 등속으로 움직이는 배나 기차를 상상하면 될 것이다. 역학의 법칙은 지구에서나 등속운동을 하는 기차 또는 배 안에서나 똑같이 정확하게 적용될 것이다. 그러나 두 좌표계를 관찰하는 사람들이 각자 다른 좌표계 안에서 자신이 관찰한 바를 논의하기 시작하면, 즉 두 사람이 각자 자신의 관점에서 상대방의 관찰 결과를 해석하려 시도한다면 문제가 발생한다. 다시 단순한 예를 들어 보자. 두 개의 좌표계, 즉 지구와 등속운동을 하는 기차에서 입자 하나의 동일한 운동을 관찰한다. 두 좌표계는 모두 관성계이다. 두 좌표계가 특정 순간에 가지는 속도와 위치를 알고 있다면, 하나의 좌표계에서 관찰한 결과만 가지고 다른 쪽의 관찰 결과를 예측할 수 있을까? 사건을 서술하기 위해서는 한쪽 좌표계에서 다른 쪽 좌표계로 옮겨 가는 방법을 아는 것이 가장 중요하다. 양쪽 좌표계는 동등한 위치에 있으며, 양쪽 모두 자연계의 사건을 서술하기에 적합하기 때문이다. 따라서 한쪽 좌표계의 관찰자가 획득한 결과만 있으면 반대쪽 좌표계의 관찰자의 결과 또한 알 수 있을 것이다.

이제 배나 기차는 배제하고 좀 더 추상적으로 생각해 보기로 하자. 문제를 단순하게 만들기 위해, 여기서 발생하는 모든 운동을 직선운동으로 가정할 것이다. 그리고 눈금이 달린 단단한 막대와 좋은 시계를 준비한다. 단단한 막대는 갈릴레오의 실험에서 탑과 마찬가지로 직선운동에서 좌표계의 역할을 해 준다. 문제를 단순하게 만들고자 한다면, 직선운동의 좌표계는 단단한 막대로, 공간 운동의 좌표계는 십자형으로 배열한 지지대로 생각하고, 탑이나 벽이나 거리 등의 개념은 사용하지 않는 편이 좋다. 우리의 두 개의 좌표계를 가장 단순한 경우, 즉 두 개의 단단한 막대라고 생각해 보자. 두 막대를 겹쳐 그린 다음 각자를 위치에 따라 '위쪽' 좌표계와 '아래쪽' 좌표계라 부른다. 그리고 두 좌표계가 서로에 대해 특정 속도로 움직인다고, 즉 서로 스쳐 지나간다고 가정한다. 두 막대의 길이는 무한하며, 시작은 존재하지만 끝은 없다고 가정하는 편이 안전할 것이다. 양쪽 모두 시간은 동일하게 흐르므로 시계는 하나면 충분하다. 관찰을 시작할 때 두 막대의 시작점은 동일하다. 이 순간 특정 지점은 양쪽 좌표계에서 동일하게 표시된다. 각 지점은 막대 위 눈금의 각 점과 일치하며, 따라서 해당 지점의 위치를 숫자로 특정할 수 있다. 그러나 막대가 서로에 대해 등속운동을 하다면 일정 시간, 이를테면 1초가 흐른

후의 위치는 서로 달라진다. 위쪽 막대의 한 지점을 생각해 보자. 위쪽 좌표계에서 특정 지점을 가리키는 숫자는 시간이 흘러도 변하지 않는다. 그러나 아래쪽 막대에서 해당 숫자가 가리키는 지점은 달라질 것이다.

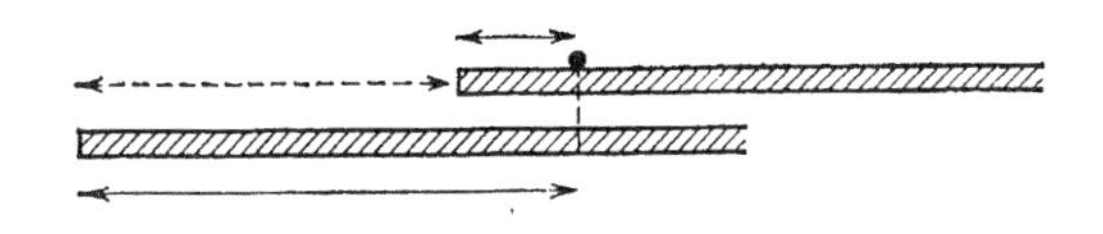

여기서 '특정 지점에 대응하는 숫자' 대신 '점의 좌표'라는 표현을 사용해 보자. 그러면 우리의 그림을 다음과 같이 묘사할 수 있는데, 표현 자체는 복잡하게 들리지만 살펴보면 매우 명확하며 단순한 내용이다. 아래쪽 좌표계에서 특정 점의 좌표는, 위쪽 좌표계의 특정 점의 좌표에 아래쪽 좌표계에 대한 위쪽 좌표계의 시작점의 상대적 좌표를 더한 것과 동일하다. 중요한 점은 반대쪽의 위치만 알고 있다면 한쪽 좌표계에서 특정 입자의 위치를 언제든 계산할 수 있다는 것이다. 그를 위해서는 모든 순간에서 두 좌표계의 상대적 위치를 알고 있어야 한다. 사실 이미 알고 있는 내용이라 아주 단순하고 이렇게 자세하게 논의할 필요가 없다고 생각할지도 모르지만, 잠시 후에는 그것이 유용하다는 것을 알게 될 것이다.

점의 위치를 확정하는 일과 사건이 벌어지는 순간을 확정하는 일에 어떤 차이가 있는지를 짚어 보고 넘어가는 편이 나을지도 모르겠다. 모든 관찰자는 자신의 좌표계를 형성하는 막대를 가지고 있지만, 시간의 경우에는 모든 사람이 하나의 시계를 공유한다. 모든 좌표계 안의 모든 관찰자에 있어, 시간은 같은 방식으로 흘러가는 '절대적인' 존재다.

그럼 이제 다른 예시를 들어 보자. 한 남자가 시속 3마일의 속도로 커다란 배의 갑판 위에서 산보를 하고 있다. 여기서 그의 속도는 배에 대한 것, 즉 다른 말로 하면 배에 고정되어 있는 좌표계에 대한 것이다. 만약 배의 속도가 해변에 대해 시속 30마일이며, 배와 남자가 같은 방향으로 등속운동을 하고 있다면, 해변에 있는 관찰자에 대해 남자의 속도는 시속 33마일, 배에 대해서는 3마일이 될 것이다.

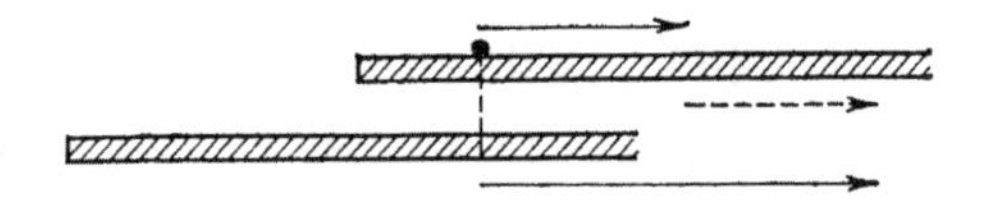

이 사실을 조금 더 관념적으로 표현해 보자면, 좀 더 낮은 수준의 좌표계에 대한 움직이는 물체의 속도는, 높은 수준의 좌표계에 대한 속도에서 양쪽 좌표계에 대한 상대 속도를 방향에 따라 더하거나 뺀 값과 같다는 것이다. 따라서 우리는 두 좌표계 사이의 상대 속도만 알면 물체의 위치뿐 아니라 속도까지도 양쪽 좌표계로 변환할 수 있다. 이런 위치 또는 좌표와 속도는 매우 단순한 변환 법칙에 따라 여러 좌표계에서 한데 묶을 수 있는 성질의 한 예이다.

그러나 양쪽 좌표계에서 같은 값을 가지기 때문에 변환 법칙이 필요하지 않은 성질도 존재한다. 위쪽 막대에 두 개의 고정점을 지정하고 그 사이의 거리를 측정해 보자. 이 거리는 두 점의 좌표상의 차이를 나타낸다. 서로 다른 좌표계에서 이 두 점의 상대적 위치를 알기 위해서는 변환 법칙을 사용해야 한다.

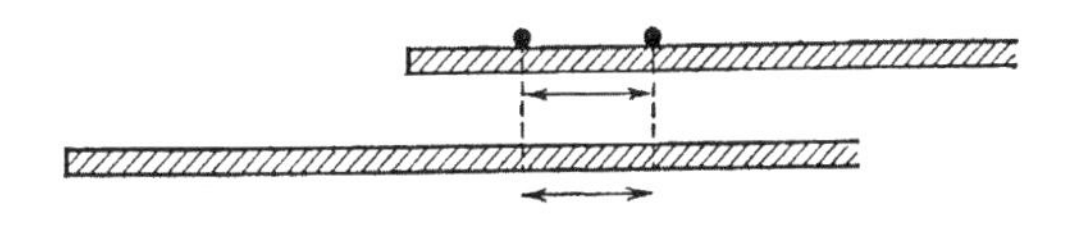

그러나 그림에서 볼 수 있듯이, 두 점 사이의 거리를 측정할 때는 좌표계의 차이가 양쪽 점에 모두 적용되기 때문에 상쇄되어 사라진다. 양쪽 좌표계의 시작점에서의 거리를 각각 더하고 빼게 되기 때문이다. 따라서 두 점 사이의 거리는 어느 쪽의 좌표계를 선택하든 변하지 않는다고 할 수 있다.

좌표계에 영향을 받지 않는 또 다른 성질의 예는 역학에서 이미 익숙해진 개념인 속도의 변화량이다. 이번에도 직선을 따라 움직이는 물질 지점을 서로 다른 두 좌표계에서 관찰한다고 해 보자. 각각의 좌표계에서 관찰하는 속도의 변화량이란 결국 속도의 차이를 의미하며, 양쪽 좌표계가 서로에 대해 등속운동을 하고 있기 때문에 거리를 측정할 때 좌표계로 인한 차이는 상쇄되어 사라진다. 따라서 속도의 변화 역시 좌표계에 따라 변하지 않으나, 이는 오직 양쪽 좌표계의 상대적 운동이 등속운동일 때만 성립한다. 만약 양쪽 좌표의 상대 속도가 변한다면 그 또한 속도의 변화에 더해질 것이기 때문에, 양쪽에서 관찰하는 속도의 변화량은 달라질 것이다.

그럼 마지막 예로 넘어가 보자! 거리에만 영향을 받는 힘이 상호작용하는 물질 지점 두 개를 가정해 보자. 직선운동을 한다면 이 두 점 사이의 거리는 변하지 않으며, 따라서 상호작용하는 힘 또한 변하지 않는다. 따라서 힘과 속도의 변화의 관계를 설명해 주는 뉴턴의 법칙은 양쪽 좌표계 모두에서 유효할 것이다. 우리는 다시 한 번 일상에서 확인 가능한 결론에 이르게 된다. 만약 한쪽 좌표계에서 역학 법칙이 유효하다면, 그 좌표계에 대해 등속으로 운동하는 다른 모든 좌표계에서도 같은 법칙이 유효할 것이다. 물론 우리의 예시는 좌표계를 단단한 막대로 표현하는 매우 단순한 것이기는 했다. 그러나 우리의 결론은 보편적으로 유효하며, 다음과 같이 요약할 수 있다.

1. 우리는 관성계를 발견하는 방법을 모른다. 그러나 관성계가 단 하나라도 존재한다면, 그에 대해 등속운동을 하는 모든 좌표계가 관성계가 될 것이며, 따라서 그 수가 무한할 것임을 추측할 수 있다.
2. 특정 사건에 대응하는 시간은 모든 좌표계에서 동일하

다. 그러나 좌표와 속도는 서로 다르며, 변환 법칙에 따라 다르게 표현해야 한다.

3. 좌표와 속도는 좌표계를 이동하면 변하게 되지만, 힘과 속도의 변화량, 그리고 그로 인한 역학의 법칙은 변환 법칙에 관계없이 불변하게 된다.

여기서 우리가 발견한 좌표와 속도의 변환 법칙은 앞으로 고전역학의 변환 법칙, 줄여서 '고전 변환'이라 부를 것이다.

## 에테르와 운동

갈릴레오의 상대성 원리는 역학 현상에서는 유효하다. 동일한 역학 법칙이 서로 등속으로 움직이는 모든 관성계에 적용된다. 이 원리가 역학이 아닌 현상에서도, 특히 그 중요성이 입증된 역장 개념에도 적용될까? 이 질문을 둘러싼 모든 문제를 응축해 보면, 우리는 즉시 상대성이론의 출발점으로 되돌아가게 된다.

우리는 진공, 즉 에테르 속의 광속이 초속 186,000마일이며 빛이 에테르 속에서 전파되는 전자기파라는 사실을 알고 있다. 전자기장은 에너지를 운반하며, 그 에너지는 일단 근원을 떠난 다음에는 독자적인 존재를 유지한다. 이미 역학적 구조를 가정하는 데 여러 장애물이 존재한다는 점을 살펴보았지만, 여기서 우리는 일단 에테르가 전자기파를 운반하는 매질이며, 따라서 광파 또한 에테르를 통해 전파된다는 믿음을 유지할 것이다.

우리는 외부와 완벽하게 고립되어 공기가 들어오지도 나가지도 못하는 방 안에 앉아 있다. 만약 우리가 꼼짝 않고 앉아서 이야기만 한다면, 물리학적 관점에서 볼 때 우리는 음파를 생성하는 셈이며, 이 음파는 원점에서 공기를 통해 음속으로 확산된다. 여기서 우리의 입과 귀 사이에 공기 또는 다른 물질로 구성된 매질이 존재하지 않으면 우리는 소리를 인지할 수 없다. 실험에 따르면 바람이 없으면, 즉 특정 좌표계 안에서 공기가 운동을 하지 않는다면, 공기 중에서 음속은 모든 방향으로 동일하다.

그럼 우리가 있는 밀폐된 방이 공간 안에서 등속운동을 한다고 해 보자. 밖에 있는 사람은 움직이는 방(원한다면 기차로 해도 좋다)의 유리벽을 통해 안에서 벌어지는 모든 사건을 관찰할 수 있다. 방 내부의 관찰자는 측정을 통해 자신의 환경과 연결된 좌표계 속에서의 음속을, 즉 움직이는 방에 대한 소리의 상대속도를 측정할 수 있다. 여기서 지금까지 수없이 논의된 문제, 즉 이미 알고 있는 좌표계 내의 속도를 측정하는 문제가 등장한다.

그리고 그 결과에 따라, 방 안의 관찰자는 자신의 관점에서는 음속이 모든 방향으로 동일하다고 주장할 것이다.

그러나 방 밖의 관찰자는 다른 주장을 한다. 움직이는 방 안에서 퍼져 나가는 소리의 속도는 자신의 좌표계에서 보기에는 모든 방향으로 동일하지 않다는 것이다. 방이 움직이는 방향으로는 일반적인 음속보다 더 빠르며, 반대 방향으로는 더 느리다는 것이다.

고전 변환의 법칙에서 끌어낸 이런 결론은 실험으로 확인할 수 있다. 방은 물질의 매질, 즉 음파가 전파되는 매질인 공기를 실은 채로 움직이고, 따라서 음속은 방 안팎의 관찰자에게 서로 다른 값을 가질 수밖에 없다.

소리를 매질을 통해 전파되는 파동의 한 형태로 간주함으로써, 그 외에도 다양한 결론을 끌어낼 수 있다. 다른 사람의 말을 듣지 않는 방법 중 하나는 (물론 가장 단순하다고는 할 수 없지만) 말하는 사람 주변의 공기에 대해 음속보다 빠른 상대속도로 도망치는 것이다. 그 사람이 발산한 음파는 결코 우리 귀에 닿지 못할 것이다. 반면 다시 들을 수 없는 매우 중요한 단어를 놓쳤다면, 음속보다 더 빠르게 음파 너머로 넘어가서 그 단어를 들으면 된다. 양쪽 예시 모두 초속 400야드 정도의 속도로 달려야 한다는 점을 제외하면 비논리적인 점은 전혀 없으며, 기술의 진보에 따라 충분히 그 정도의 속도를 낼 수 있으리라 상상할 수 있다. 사실 총에서 발사한 탄환은 음속보다 빠르게 움직이기 때문에, 총에 맞아 즉사한 사람은 절대 그 소리를 듣지 못할 것이다.

이런 모든 예시는 순수한 역학적 성질이며, 이를 통해 우리는 중요한 질문을 몇 가지 만들어 낼 수 있다. 방금 전까지 음파에 대해 말한 내용을 광파에도 적용할 수 있을까? 갈릴레오의 상대성 원리와 고전 변환의 법칙을 역학에 적용하는 것과 같은 방식으로, 광학과 전자기 현상에도 적용할 수 있을까? 이는 그 의미를 자세히 고찰하지 않고 '예'나 '아니오'로 곧바로 답하기에는 너무 위험한 질문이다.

외부의 관찰자에 대해 등속운동을 하는 방 안의 음파의 경우에는, 결론을 내기 위해 다음 과정을 밟는 것이 필수적이다.

- 움직이는 방 안에는 음파가 전파될 수 있는 공기라는 매질이 존재한다.
- 두 좌표계에서 관찰한 상호 속도는 각자 등속운동이었으며, 고전 변환 법칙에 따라 서로 연결되어 있다.

빛에 대해 이와 동일한 질문을 던지려면 방식을 약간 바꾸어야 한다. 방 안의 관찰자는 이제 말을 하는 것이 아니라 빛의 신호, 즉 광파를 모든 방향으로 발산한다. 여기서 신호를 발하는 광원이 영구히 방 안에 고정되어 있다는 추가 가정을 덧붙이기로 하자. 음파가 공기 속을 나아가듯이, 광파는 에테르 속을 나아간다.

방 안의 에테르도 공기처럼 방과 함께 움직일까? 에테르의 역학적 성질을 모르는 상황에서는 답하기 매우 힘든 질문이다. 만약 방이 밀폐되어 있다면, 공기는 자연스레 방과 함께 움직일 수밖에 없다. 에테르를 이런 방식으로 생각할 이유는 조금도 존재하지 않는다. 모든 물체가 에테르에 잠겨 있으며, 모든 곳을 뚫고 들어갈 수 있기 때문이다. 문을 닫아도 에테르를 막을 수는 없다. 이제 '움직이는 방'이란 광원이 단단히 연결되어 있는 움직이는 좌표계일 뿐이다. 물론 광원이 있는 방의 에테르가 음원이 있는 방의 공기와 마찬가지로 방과 함께 움직일 것이라 상상하는 일 자체는 그리 어렵지 않다. 그러나 반대의 경우도 마찬가지로 별로 어렵지 않게 상상할 수 있다. 광원을 품은 채 에테르 속을 움직이는 방이 완벽하게 잔잔한 바다 위를 떠가는 배와 같다고 상상하면 된다. 전자의 경우라면 음파를 이용한 비유도 가능하며, 꽤나 유사한 결론을 이끌어낼 수 있다. 후자의 경우에는 광원을 가진 채 이동하는 방은 에테르를 담은 채 움직이지 않는다. 음파를 이용한 비유는 불가능하며, 음파와 광파의 경우 서로 다른 결론이 나오게 된다. 이 두 가지 가능성에는 각각 한계가 있다. 에테르의 일부만이 광원과 함께 이동한다는 좀 더 복잡한 가능성도 존재할 것이다. 그러나 실험을 통해 단순한 가능성들 중 어느 쪽이 현실에 더 가까운가를 확인하지 않고서, 좀 더 복잡한 가능성부터 논의할 필요는 없을 것이다.

일단은 첫 번째 가정으로부터 시작해 보자. 이 경우, 에테르는 고정된 광원이 있는 방과 함께 움직인다. 음파에 사용한 단순한 변환 원리가 여기에도 적용된다고 생각한다면, 우리의 결론을 광파에도 적용해 볼 수 있다. 특정 상황에서 속도를 더

하거나 빼는 단순한 역학 변환 법칙을 굳이 의심할 필요는 없다. 따라서 지금 이 순간, 우리는 에테르가 방과 함께 움직이며 그 성질은 고전 변환을 따른다는 두 가지 가정을 하고 있는 것이다.

여기서 방 안에 단단하게 붙어 있는 광원을 켜면, 광속은 유명한 실험값인 초속 186,000마일을 보인다. 그러나 외부의 관찰자는 방의 움직임 또한 인지할 것이며, 에테르가 방과 함께 움직이기 때문에, 외부 좌표계의 시점에서는 방향에 따라 빛의 속도가 달라진다는 결론을 내릴 것이다. 방이 움직이는 방향으로 전파되는 빛은 일반적인 광속보다 빨라질 것이며, 반대 방향으로 전파되는 빛은 느려질 것이다. 우리의 결론은 에테르, 광원, 방이 함께 움직이고 역학 법칙이 유효하다면, 빛의 속도는 광원의 속도에 따라 달라진다는 것이다. 움직이는 광원에서 출발하여 우리 눈에 도달하는 빛은, 광원이 우리 쪽으로 다가오고 있다면 빨라지며 우리에게서 멀어지고 있다면 느려질 것이다.

만약 우리가 광속보다 빨라진다면 빛의 신호로부터 도망칠 수도 있을 것이다. 과거에 보낸 광파를 따라잡을 수 있으면 과거의 장면을 구경할 수도 있을 것이다. 발산한 것과 반대의 순서로 따라잡을 것이므로, 지구에서 벌어진 일련의 사건이 해피엔딩부터 시작해서 필름을 거꾸로 돌리는 것처럼 보일 것이다. 이런 모든 결론은 움직이는 좌표계가 에테르와 함께 움직이며 역학 변환의 법칙이 유효하다는 가정에 의한 것이다. 만약 이 가정이 사실이라면, 광파와 음파의 비유는 서로 완벽하게 대응된다고 할 수 있을 것이다.

그러나 이 결론이 참이라는 증거는 존재하지 않는다. 결과는 오히려 정반대인데, 이 결론을 증명하고자 행한 관측은 모두 예상과 어긋나는 결과만을 얻은 것이다. 빛의 속도가 어마어마하기 때문에 기술적인 문제가 존재하며, 따라서 실험은 모두 간접적인 방식으로 수행된 것이기는 하지만, 다음의 명제가 사실이라는 것에는 의심의 여지가 조금도 없다. '빛의 속도는 광원의 이동 여부나 이동 방식과 관계없이, 모든 좌표계에서 일정하다'.

이 중요한 결론에 도달하기 위해 구상한 수많은 실험을 하나하나 자세히 살펴보지는 않을 것이다. 그러나 매우 단순한 논의를 하나 인용하면, 광속이 광원의 속도와 연관이 없다는 사실을 증명까지는 할 수 없지만, 설득력을 더해 주고 이해를 도와주는 정도까지는 가능할 것이다.

우리 항성계에서는 지구와 다른 행성들이 태양 주변을 돈다. 우리는 유사한 다른 항성계의 존재를 알지 못한다. 그러나 우주에는 수많은 쌍성계가 존재하며, 여기서는 두 개의 항성이 중력 중심이라는 공간 위의 점을 중심으로 회전한다. 이런 쌍성계의 운동을 관측하면 뉴턴의 중력의 법칙을 확인할 수 있다. 그럼 이제 빛의 속도가 광원인 물체의 속도와 연관이 있다고 가정해 보자. 그렇다면 항성이 발하는 광선은 그 순간의 속도에 따라 더 빠르거나 느리게 움직일 것이다. 이 경우 전체적인 움직임을 알아볼 수 없어서 멀리 떨어진 쌍성의 경우 우리 항성계에서 적용되는 것과 동일한 중력의 법칙이 유효한지를 확인하기 힘들어질 것이다.

아주 간단한 착상에 바탕을 둔 다른 실험을 가정해 보자. 매우 빠른 속도로 회전하는 바퀴를 하나 상상하자. 우리의 가정에 따르면, 에테르는 운동하는 물체와 함께 움직이며 그 안에서 공간을 차지한다. 따라서 바퀴 근처를 지나가는 광파는 바퀴가 멈춰 있을 때와 회전할 때 각기 다른 속도를 가질 것이다. 에테르가 멈춰 있을 때의 빛의 속도는 에테르가 바퀴에 딸려갈 때의 빛의 속도와 달라야 한다. 고요한 날과 강풍이 부는 날의 음파의 속도가 다르듯이 말이다. 그러나 그런 차이는 관찰되지 않는다! 이 주제를 어떤 관점에서 접근해도, 아무리 훌륭한 실험을 설계해도, 언제나 에테르가 운동에 따라 함께 움직인다는 가정과 상치되는 결과만 나온다. 여기서 우리의 고찰 결과를 좀 더 상세하고 기술적인 용어로 정리하면 다음과 같다.

> 빛의 속도는 광원의 속도에 따라 달라지지 않는다.
> 움직이는 물체가 주변의 에테르와 함께 운동한다고 가정해서는 안 된다.

따라서 우리는 소리와 빛을 비교하는 것을 포기하고 두 번째 가능성으로 눈길을 돌려야 한다. 모든 물질이 에테르를 뚫고 움직일 수 있으며, 에테르는 운동에 전혀 영향을 받지 않는다는 가정이다. 이는 즉 거대한 에테르의 바다를 상정하고, 모든 좌표계가 그 안에서 정지해 있거나 그에 대해 운동하고 있다고 가정하는 것이다. 일단은 이 가정이 실험을 통해 검증될 수 있는가라는 질문은 잠시 접어놓기로 하자. 그보다는 이 새로운 가정에 좀 더 익숙해지고, 그를 통해 어떤 결론을 얻을 수 있는지를 살펴보는 편이 나을 것이다.

에테르의 바다에 대해 하나의 좌표계가 정지 상태로 존재한다고 해 보자. 역학에서는 서로에 대해 등속운동을 하는 수많은 좌표계 중 하나만을 특정하는 것은 불가능하다. 그런 좌표계들은 모두 동일하게 역학 법칙을 적용할 수 있거나 없어야 한다. 만약 두 개의 좌표계가 서로에 대해 등속운동을 하고 있다면, 역학에서는 정지 또는 운동 중인 쪽을 구분하는 일이 불가능하다. 우리가 관측할 수 있는 것은 상대적인 등속운동뿐이며, 갈릴레오의 상대성 원리가 적용되는 상황에서는 절대적인 등속운동을 상정할 수 없기 때문이다. 상대적인 등속운동만이 아니라 절대적인 등속운동이 존재한다는 명제가 어떤 의미를 가지는가? 단순하게 말하자면 다른 모든 좌표계와 다른 방식으로 자연법칙이 적용되는 좌표계가 하나 존재한다는 뜻이다. 그리고 그 좌표계는 표준 좌표계로서의 위치를 독점하며, 그 좌표계 안에서 적용되는 법칙을 통해 자신의 좌표계가 정지 상태인지, 아니면 운동 중인지를 판별할 수 있다는 뜻이다. 이는 갈릴레오의 관성의 법칙 때문에 절대적인 등속 운동이란 개념이 의미를 잃어버린 고전역학과는 상당히 다른 상황이다.

에테르를 통하는 운동을 가정한다면, 역장 현상의 측면에서는 어떤 결론을 내릴 수 있을까? 이 말은 곧 에테르의 바다에 대해 정지 상태를 유지하는, 기타 좌표계와는 다른 유일한 좌표계가 존재한다는 뜻이 된다. 이 좌표계에서 일부 자연법칙이 다르게 적용된다는 사실은 명백한데, 그렇지 않다면 '에테르를 통하는 운동'이라는 표현이 의미를 잃을 것이기 때문이다. 만약 갈릴레오의 상대성 원리가 유효하다면 에테르를 통하는 운동이라는 표현은 성립할 수가 없다. 이 두 가지 개념은 양립 불가능하다. 그러나 만약 에테르 안에 고정되어 있는 하나의 특수한 좌표계가 존재한다면, '절대적 운동' 또는 '절대적 정지'라는 표현은 명확한 의미를 가지게 된다.

다른 방도가 없다. 우리는 운동하는 계가 에테르를 가진 상태로 운동한다고 가정함으로써 갈릴레오의 상대성 원리를 구제하려 해 보았지만, 결국 가정과 모순되는 실험 결과가 나왔다. 유일한 탈출구는 갈릴레오의 상대성 원리를 포기하고 모든 물체가 잔잔한 에테르 바다 속을 이동한다는 가정을 시도해 보는 것이다.

다음 단계는 갈릴레오의 상대성 원리와 모순되고 에테르를 통한 운동을 뒷받침해 주는 결과를 가져다 실험으로 확인해 보는 것이다. 이런 실험은 상상하기에는 어렵지 않으나 실제 수행은 매우 어렵다. 여기서 우리는 개념만을 다루고 있으니, 일단은 기술적 문제에 대해서는 고려하지 않기로 하자.

우리는 다시 한 번 안팎에 관찰자가 한 명씩 존재하는 움직이는 방의 문제로 돌아온다. 방 밖의 관찰자는 에테르의 바다, 즉 기준 좌표계를 뜻한다. 이 좌표계에서는 빛의 속도가 항상 일정한 기준 속도를 유지하게 된다. 잔잔한 에테르 바다 속에서 정지해 있거나 이동하는 모든 광원은 동일한 속도로 빛을 전파하게 된다. 방 안의 관찰자는 방과 함께 에테르 속을 이동한다. 방 가운데의 광원이 깜빡이고 있고, 방의 벽이 모두 투명해서 안팎의 관찰자 모두가 빛의 속도를 측정할 수 있다고 가정해 보자. 이 상황에서 양쪽 관찰자에게 어떤 관찰 결과를 얻게 될지를 묻는다면, 그 대답은 이런 식이 될 것이다.

**외부의 관찰자:** 내가 속한 좌표계는 에테르의 바다 안에서 특정되어 있다. 내 좌표계 안에서 광속은 항상 기준값을 가진다. 나는 광원이나 기타 물체가 이동하는지를 신경 쓸 필요가 없다. 내가 속해 있는 에테르의 바다는 그들과 함께 움직이지 않기 때문이다. 내 좌표계는 다른 모든 좌표계에서 확인할 수 있으며, 이 좌표계 내에서 광속은 광선

의 방향이나 광원의 운동 상태와는 관계없이 기준값을 가지게 된다.

**내부의 관찰자:** 내 방은 에테르의 바다 속을 움직이고 있다. 한쪽 벽은 빛에서 멀어져 가고, 다른 쪽 벽은 빛으로 다가간다. 만약 내 방이 에테르의 바다에 대해 광속으로 움직이고 있다면, 방 중앙에서 발산된 빛은 멀어져 가는 쪽 벽에는 영원히 도달하지 못할 것이다. 만약 방이 광속보다 느린 속도로 움직이고 있다면, 방 중앙에서 발산된 빛은 양쪽 벽에 같은 순간에 도달하지 못할 것이다. 즉, 광파 쪽으로 움직이는 벽에 광파 반대쪽 쪽으로 움직이는 벽보다 먼저 도달할 것이다. 따라서 광원이 내 좌표계와 단단하게 연결되어 있다고 해도, 빛은 모든 방향으로 동일한 속도로 전파되지 않을 것이다. 에테르의 바다에 대해 빛에서 먼 쪽으로 움직이는 방향에서는 더 느리게 관찰될 것이며, 빛에서 가까운 쪽으로 움직이는 방향에서는 더 빠르게 관찰되어 좀 더 일찍 만나게 될 것이다.

따라서 에테르의 바다가 지정한 단 하나의 좌표계에서만 광속이 모든 방향에서 동일할 것이다. 에테르의 바다에 대해 운동하고 있는 다른 모든 좌표계에서는 우리가 측정하는 방향에 따라 달라질 수밖에 없다.

방금 확인한 매우 중요한 실험 덕분에, 우리는 에테르 바다를 통한 운동이라는 이론을 검증해 볼 수 있다. 사실 자연은 꽤나 빠르게 움직이는 계를 우리에게 제공해 준다. 바로 1년을 주기로 태양 주위를 공전하는 지구라는 좌표계다. 만약 우리의 가정이 옳다면, 지구의 운동 방향과 같은 쪽으로 움직이는 빛의 속도는 반대쪽으로 움직이는 빛의 속도보다 빨라야 한다. 이 정도의 차이는 적절한 실험 도구만 있으면 계산 가능하다. 이론에서 예측 가능한 극소한 시간 차이를 측정하기 위해서는 매우 정밀한 실험 방식을 고안해야 했다. 이를 실행에 옮긴 것이 그 유명한 마이클슨-몰리 실험이다. 그리고 그 결과는 모든 물질이 잠겨 있는 잔잔한 에테르 바다라는 이론의 '사망 선고'였다. 광속이 방향에 영향을 받는다는 증거는 조금도 찾아볼 수 없었다. 광속뿐이 아니라 다른 모든 역장 현상에서도, 에테르의 바다 이론이 옳다면 찾아볼 수 있어야 하는, 운동하는 좌표계의 방향에 영향을 받는 다른 어떤 요소도 찾아볼 수 없었다. 다른 모든 실험에서도 마이클슨-몰리 실험과 마찬가지로 부정적인 결과만 도출되었고, 지구의 운동 방향에 영향을 받는 요소를 단 하나도 찾아낼 수 없었다.

상황은 점점 심각해져만 간다. 우리는 두 가지 가설을 시도해 보았다. 첫 번째는 에테르가 운동하는 물체를 따라 움직인다는 것이었다. 빛의 속도가 광원의 속도에 따라 달라지지 않는다는 실험 결과가 이 가설을 부인했다. 두 번째는 하나의 절대 좌표계가 존재하고 운동하는 물체는 에테르와 함께 움직이는 것이 아니라 잔잔한 에테르의 바다 속에서 움직인다는 것이었다. 이 가설이 옳다면 갈릴레오의 상대성 원리는 유효하지 않으며, 광속은 모든 좌표계에서 동일할 수 없다. 그러나 실험 결과는 이 가설에도 부합하지 않았다.

진실이 두 가지 극단적인 가정 사이 어딘가에 있을 것이라 여기는 좀 더 인위적인 이론, 즉 에테르의 일부만이 운동하는 물체를 따라 움직일 것이라는 가설도 여럿 시험해 보았다. 그러나 모두 실패해 버렸다! 에테르를 운동하게 만들어도, 에테르 속을 운동하게 만들어도, 두 가지를 동시에 사용해도, 운동하는 좌표계 속의 전자기 현상을 설명하려는 시도는 모두 실패로 돌아갈 뿐이었다.

여기서 과학의 역사에서 가장 극단적인 상황이 발생했다. 에테르와 관련된 모든 가정이 막다른 골목에 도달한 것이다! 실험의 결과는 언제나 부정적이었다. 물리의 발전 과정을 돌이켜 보면, 우리는 에테르가 태어나자마자 물질이라는 가족의 천덕꾸러기가 되어 버렸음을 알 수 있다. 가장 먼저 에테르가 단순한 역학적 구조를 가지는 물질이라는 이론이 불가능하다고 밝혀진 후 폐기되었다. 그리고 이는 결국 역학적 세계관의 붕괴라는 결과를 불러왔다. 다음으로는 에테르의 바다에 연결된 하나의 절대적 좌표계가 존재하며, 그에 따라 상대적이 아닌 절대적인 운동이 존재할 것이라는 희망을 폐기해야 했다. 이는 파동을 운반한다는 역할 외에 에테르의 존재를 입증하고 정당화할 수 있는 유일한 방책이었다. 에테르를 실존하는 물질로 만들려는 다른 모든 시도는 수포로 돌아갔다. 실험으로는 에테르의 역학적 구조도, 절대 운동도 확인할 수 없었다. 에테르의 성질에서 남은 것이라고는 애초에 에테르를 고안한 이유, 즉 전자기파를 전파하는 매질이라는 것뿐이다. 에테르의 성질을 발견하려는 여러 시도는 온갖 장애물과 모순점과 부딪히게 되었다. 이런 고약한 실험 결과가 줄줄이 이어진 다음이니, 이제 에테르를 완전히 잊어버리고 그 이름조차 다시 언급하지 말아야 할 때가 왔는지도 모르겠다. 그냥 이렇게 표현을 바꾸어 보자. 우리 우주의 공간에는 파동을 전파하는 성질이 있다고. 이런 표현을 사용하면 우리가 피하기로 결정한 단어를 사용하지 않아도 될 것이다.

물론 사전에서 단어 하나를 빼 버린다고 해서 문제가 해결되는 것은 아니다. 우리의 문제는 그런 식으로 풀어내기에는 너무 본질적인 것이기 때문이다!

그럼 이제 '에…르' 문제에 구애받지 않고도 충분히 확인할 수 있는 사실들을 여기 나열해 보도록 하자.

1. 진공에서 빛의 속도는 항상 고정된 표준값을 가지며, 이는 광원이나 관찰자의 운동에 영향을 받지 않는다.
2. 만약 두 개의 좌표계가 서로에 대해 등속운동을 하고 있다면, 모든 자연법칙은 동일하게 적용되며 절대적인 등

속운동을 하는 쪽을 판별할 방법은 존재하지 않는다.

이 두 가지 명제를 확인해 줄 수 있는 실험은 상당히 많으며, 모순되는 실험 결과는 하나도 존재하지 않는다. 첫 번째 명제는 광속이 불변임을 알려주며, 두 번째 명제는 역학을 위해 만든 갈릴레오의 상대성 원리를 일반화를 통해 자연계의 모든 현상으로 확장해 주는 것이다.

역학에서 우리는 다음 사실을 확인했다. 만약 물질 위의 특정 지점의 속도가 하나의 좌표계에 대해 특정 값을 가진다면, 그 좌표계에 대해 등속운동을 하는 다른 좌표계에서는 그 속도가 다른 값을 가질 것이다. 그리고 이 차이는 단순한 변환 원리를 통해 유추할 수 있다. 이는 우리가 직관적으로 확인할 수 있으며 (배와 해안에 대해 상대적으로 움직이는 사람과 같은 방식으로) 여기서 잘못될 수 있는 부분은 아무것도 없다! 그러나 이런 변환 법칙은 광속이 항상 일정하다는 특성과 서로 모순된다. 다른 말로 하자면 이 현상을 다음과 같은 세 번째 명제로 표현할 수 있다.

3. 위치와 속도는 고전 변환 법칙에 의해 하나의 관성계에서 다른 관성계로 변환될 수 있다.

여기서 모순점은 명확하다. 앞의 세 가지 명제를 동시에 적용하는 일은 불가능한 것이다.

고전 변환은 너무 단순명확해서 손댈 엄두조차 나지 않는다. 우리는 이미 1번과 2번 명제를 바꾸려 시도해 보았지만 실험 결과는 그것을 뒷받침해 주지 못했다. '에…르'의 운동과 연관된 모든 이론은 1번과 2번 명제를 바꿀 것을 요구했으나, 이 시도는 실패를 맞이했다. 우리는 다시 한 번 우리 앞을 가로막는 장애물의 심각성을 깨닫게 된다. 새로운 실마리가 필요한 것이다. 그를 위해서는 1번과 2번을 기본적인 가정으로 받아들이고, 괴상하게 들리는 이야기지만 3번을 포기해야 한다. 새로운 실마리는 가장 기본적이고 원초적인 개념 중 하나를 분석하는 것에서 시작된다. 우리는 이제 이 분석이 어떻게 낡은 세계관을 완전히 바꾸어 모든 문제를 해결해 주는지를 확인하게 될 것이다.

## 시간, 거리, 상대성

우리의 새로운 가정은 다음과 같다.

1. 진공에서 광속은 서로에 대해 등속으로 운동하는 모든 좌표계에서 동일하다.
2. 서로에 대해 등속으로 움직이는 모든 좌표계에서 모든 자연현상은 동일하게 나타난다.

상대성이론은 이런 두 가지 가정에서 출발한다. 이제부터는 가정과 배치된다는 사실을 알고 있는 고전 변환은 사용하지 않을 것이다.

과학에서 항상 그렇듯이, 일단 우리 머릿속에 뿌리 깊게 박혀 있으며 종종 비판 없이 사용되는 편견을 제거하는 것이 중요하다. 1번과 2번 가정을 변화시키려는 시도가 실험 결과와 배치된다는 것을 확인했으므로, 이제 그 유효성을 확고하게 받아들이고 약점일 가능성이 있는 부분, 즉 서로 다른 좌표계 사이에서 위치와 속도를 변환하는 방법을 공격해 들어갈 용기가 필요할 것이다. 우리의 목적은 1번과 2번 가정에서 결론을 끌어내고, 이들 가정이 어떤 점에서 고전 변환과 모순되는지를 확인하고, 획득한 결과가 물리학에서 어떤 의미를 가지는지를 알아내는 것이다.

안팎에 관찰자가 존재하며 움직이는 방을 다시 사용해 보기로 하자. 이번에도 방 중앙에서 광원이 빛의 신호를 보내고 있다. 한 번 더 안팎의 사람들에게 무엇을 보게 되리라 기대하는지 물어보기로 하자. 이번 경우에는 새로운 두 가지 가정만 적용하고, 빛이 전파되는 매질과 관련된 내용은 전부 잊어버리기로 한다. 그들의 답은 다음과 같다.

**내부의 관찰자:** 방 중앙에서 출발해 사방으로 움직이는 빛의 신호는 네 벽에 동시에 도달한다. 모든 벽은 광원으로부

터 동일한 거리에 있으며, 광속은 모든 방향에서 동일하기 때문이다.

**외부의 관찰자:** 내가 속한 좌표계에서도 광속은 방 안의 관찰자가 측정하는 것과 완벽하게 동일하다. 내 좌표계에서 광원이 움직이는지는 중요하지 않은데, 운동은 광속에 영향을 끼칠 수 없기 때문이다. 내가 보는 것은 모든 방향에서 동일하게 기본 속도로 움직이는 빛의 신호다. 한쪽 벽은 빛으로부터 도망치려 하며 다른 쪽 벽은 빛에 접근하려 한다. 따라서 멀어지는 벽은 접근하는 벽보다 조금 더 늦게 빛의 신호와 만날 것이다. 방의 운동 속도가 광속에 비해 작다면 이 차이는 매우 미미하겠지만, 그렇다고 하더라도 운동 방향에 직각으로 존재하는 두 개의 벽에 동시에 부딪치게 될 리는 없다.

두 관찰자의 예측을 비교해 보면, 우리는 충분한 근거를 가지고 있다고 여겼던 고전 물리학의 개념 중 하나와 완벽하게 상치되는 놀라운 결과를 얻게 된다. 두 가지 사건, 즉 양쪽의 벽에 광선이 도달하는 각각의 사건이, 내부의 관찰자가 보기에는 동시에 일어나지만 외부의 관찰자가 보기에는 동시에 일어나지 않는 것이다. 고전 물리학에서 우리는 모든 좌표계에서 단 하나의 시계, 단 하나의 시간의 흐름을 사용했다. 시간과 그로 인한 '동시에' '먼저' '나중에' 등의 표현은 좌표계와는 독립적으로 절대적인 의미를 지니고 있었다. 한 좌표계에서 동시에 벌어지는 두 가지 사건은 다른 모든 좌표계에서도 동시에 일어나는 것으로 간주했다.

1번과 2번 가정, 즉 상대성이론은 우리가 그런 관점을 포기하도록 만든다. 우리는 하나의 좌표계에서 동시에 일어나는 것으로 보이는 두 가지 사건이, 다른 좌표계에서는 서로 다른 순간에 일어난다는 사실을 확인했다. 이제 우리의 목표는 이 실험 결과, 그리고 그에서 도출된 다음의 명제를 이해하는 것이다. '하나의 좌표계에서 동시에 발생한 두 가지 사건은, 다른 좌표계에서는 동시에 발생하지 않을 수도 있다.'

'하나의 좌표계에서 동시에 발생하는 두 가지 사건'이란 무슨 뜻일까? 누구나 직관적으로 이 표현의 뜻을 이해할 수 있을 것처럼 보인다. 그러나 직관이 얼마나 위험한 것인지 잘 알고 있는 상황이니, 이번에는 조심하기로 단단히 결심하고 명확한 정의를 내려 보도록 하자. 먼저 다음의 단순한 질문에 대한 답을 찾아보자.

시계란 무엇인가?

시간의 흐름이라는 원초적이며 주관적인 감각은 우리가 사건을 전후 순서대로 배열하도록 해 준다. 그러나 두 사건의 시간 간격이 10초라는 사실을 확인하기 위해서는 시계라는 도구가 필요하다. 시계를 사용하면 시간은 객관적인 개념이 된다. 원하는 만큼 일정한 간격을 가지고 되풀이되는 자연현상이라면 뭐든 시계의 역할을 할 수 있다. 한 현상의 시작부터 종료까지의 시간 간격을 하나의 단위 시간으로 지정하면, 해당 물리적 현상의 반복을 통해 임의적인 시간 간격을 측정하는 것이 가능하다. 단순한 모래시계부터 가장 섬세한 기구에 이르기까지, 모든 시계는 이런 원리에 기반을 두고 있다. 모래시계에서 단위 시간은 모래가 위쪽 공간에서 아래쪽 공간으로 모두 흘러내리는 데 걸리는 시간이다. 모래시계를 뒤집으면 동일한 물리 현상을 반복해서 일으킬 수 있다.

'두 지점에 동일한 시각을 가리키는 완벽한 시계가 하나씩 놓여 있다.' 이런 명제는 눈으로 확인하기만 하면 사실임을 알아낼 수 있다. 그러나 이 문장이 실제로 무슨 의미를 가지는가? 서로 떨어진 시계가 완벽하게 동일한 시간을 가리킨다는 사실을 어떻게 알 수 있을까? 한 가지 방법은 원격 영상을 사용하는 것이다. 여기서 원격 영상 자체는 논의를 위해 사용하는 도구일 뿐, 필수적인 것은 아니라는 사실을 유념해 주기 바란다. 시계 하나의 근처에 서서, 원격 영상으로 다른 쪽 시계를 확인한다고 해 보자. 이런 상황이라면 동일한 순간에 동일한 시각을 표시하는지 여부를 확인할 수 있을 것이다. 그러나 이는 충분한 증거가 되지 못한다. 원격 영상은 전자기파를 통해 전달되며, 따라서 광속으로 이동한다. 원격 영상으로는 아주 조금 전의 과거에서 보낸 시계의 시각을 확인하게 되지만, 내 옆의 실제 시계는 바로 그 순간의 시각을 가리킨다. 사실이 문제는 쉽사리 해결할 수 있다. 두 시계와 거리가 동일한 가운데 지점에 서서, 양쪽 시계를 모두 원격 영상으로 확인하면 된다. 신호가 동시에 발송되었다면 동일한 순간에 내게 도달할 것이기 때문이다. 두 개의 훌륭한 시계를 정중앙 지점에서 관찰할 때 항상 같은 시각을 보인다면, 두 개의 특정한 지점에서 벌어지는 사건의 시간을 기록할 준비가 되었다고 할 수 있을 것이다.

역학에서 우리는 하나의 시계만을 사용한다. 그러나 이는 별로 실용적인 방식이 아닌데, 모든 측정을 그 시계 근처에서만 해야 하기 때문이다. 거리를 두고, 이를테면 원격 영상을 사용해서 시계를 확인할 때는, 우리는 항상 지금 관찰하는 사건이 실은 조금 전에 발생한 것임을 염두에 두어야 한다. 태양에서 받는 빛이 실은 태양을 8분 전에 떠난 빛인 것처럼 말이다. 시간을 읽을 때에는 언제나 시계와 관찰자 사이의 거리에 따른 보정이 필요한 것이다.

따라서 시계가 하나만 있어서는 불편할 것이다. 이제 두 개 이상의 시계가 어떻게 같은 시각을 표시하고 동일하게 작동하게 할지를 알아냈으니, 특정 좌표계에서 원하는 만큼 많은 시계를 사용할 수 있다. 그 모든 시계가 자기 주변에서 사건이 벌어지는 정확한 시각을 측정할 수 있도록 도와줄 것이다. 모든 시계는 좌표계에 대해 정지 상태에 있다. 이 시계들은 모두 '완벽한' 시계이며 '동기화'가 되어 있다. 즉 특정 순간에 같은 시각을 표시한다는 뜻이다.

시계를 준비하는 데 있어 딱히 충격적이거나 묘한 부분은 없을 것이다. 하나의 시계 대신 동기화를 끝낸 수많은 시계를 사용할 뿐이고, 따라서 특정 좌표계 내에서 서로 떨어진 두 지점에서 벌어지는 사건이 동시에 일어났는지를 확인할 수 있다. 그 부근에 있는 동기화를 마친 시계가 사건이 벌어진 순간에 같은 시각을 가리키는지만 확인하면 된다. 이제 서로 다른 위치에서 벌어지는 사건들의 순서를 명확하게 측정하는 것이 가능하다. 우리의 좌표계에 대해 정지해 있는, 서로 동기화를 마친 시계들을 사용하면 되는 것이다.

이는 고전 물리학의 이론과 조금도 어긋나지 않으며, 아직까지는 고전 변환과 모순되는 점도 발견되지 않았다.

동시에 일어나는 사건을 정의하기 위해서는, 신호의 도움을 받아 시계를 동기화시켜야 한다. 이 신호가 광속으로 이동하도록 하는 것이 우리의 가정에 필수적인데, 광속은 상대성이론에서 매우 중요한 역할을 수행하기 때문이다.

서로에 대해 등속운동을 하는 두 개의 좌표계라는 중요한 문제를 다루기 위해서, 이번에는 제각기 시계가 달려 있는 두 개의 막대를 상상해 보도록 하자. 서로에 대해 등속운동을 하는 좌표계에 존재하는 관찰자 두 명이 각자 막대 하나와 단단히 고정되어 있는 여러 개의 시계를 가지고 있다고 생각하면 된다.

고전역학에서 거리와 속도를 측정할 때, 우리는 모든 좌표계에서 하나의 시계만을 사용했다. 그러나 이제 각각의 좌표계마다 수많은 시계가 존재한다. 이런 차이는 사실 별로 중요하지 않다. 하나의 시계만으로도 충분하겠지만, 모든 시계가 동기화가 되어 있고 제대로 작동하기만 한다면 아무리 많은 시계를 사용한다 해도 불만을 제기할 사람은 없을 것이다.

그럼 이제 고전 변환이 상대성이론과 모순을 보이는 중요한 지점에 접근해 보도록 하자. 위에서 설정한 두 무리의 시계들이 서로에 대해 등속운동을 한다면 무슨 일이 벌어지는가? 고전 물리학자라면 이렇게 대답할 것이다. 아무 일도 일어나지 않는다. 모든 시계는 같은 박자로 움직이고 있으며, 운동하는 시계로도 정지해 있을 때와 마찬가지로 시간을 측정할 수 있다. 고전 물리학에 따르면, 하나의 좌표계에서 동시에 발생하는 두 가지 사건은 다른 모든 좌표계에서도 동시에 발생하게 된다.

그러나 가능한 답변은 이것 외에도 존재한다. 움직이는 시계가 멈추어 있는 시계와 다른 박자를 가지는 경우를 상상할 수 있다. 일단 시계가 실제로 운동에 따라 박자를 바꾸는지의 여부는 제쳐 놓고, 그런 가능성만을 고찰해 보기로 하자. 운동하는 시계의 박자가 바뀐다는 말은 무슨 뜻인가? 문제를 단순하게 파악하기 위해, 위쪽 좌표계에는 시계가 하나만 있으며, 아래쪽 좌표계에는 여러 개가 있다고 가정해 보자. 모든 시계는 동일한 구조를 가지고 있으며, 아래쪽 시계들은 전부 동기화가 끝나서 특정 순간에 같은 시각을 표시한다. 그러면 서로에 대해 운동하는 두 개의 좌표계에서 연속되는 세 위치를 그림으로 그려 보자.

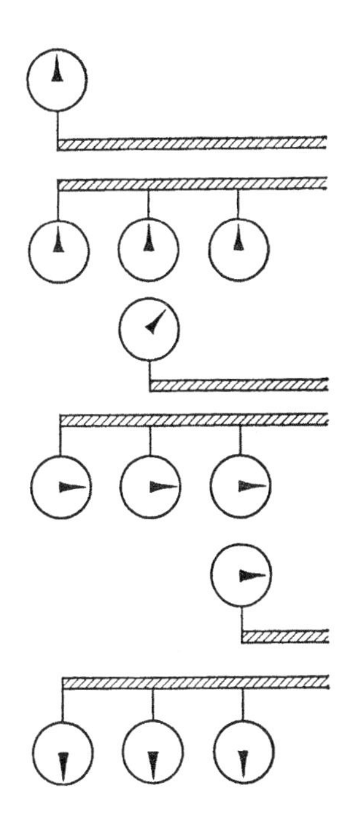

첫 번째 그림에서 위쪽과 아래쪽 시계의 시계침은 같은 시각을 가리키는데, 이는 그저 우리가 편의상 그렇게 배열했기 때문이다. 모든 시계는 같은 시각을 가리킨다. 두 번째 그림에서 우리는 일정 시간이 흐른 후 두 좌표계의 상대적 위치를 확인할 수 있다. 아래쪽 좌표계의 모든 시계는 같은 시각을 표시하지만, 위쪽 좌표계의 시계는 박자가 어긋나 있다. 이 시계가 아래쪽 좌표계에 대해 운동하고 있기 때문에, 박자가 변하고 다른 시각을 가리키게 되는 것이다. 세 번째 그림에서는 시간의 흐름에 따라 시계침의 위치가 변한 모습을 확인할 수 있다.

아래쪽 좌표계에 대해 정지해 있는 관찰자는 움직이는 시계의 박자가 변하는 모습을 관찰하게 될 것이다. 물론 위쪽 좌표계에 대해 정지해 있는 관찰자가 자신의 좌표계에 대해 운동하는 시계를 살펴볼 경우에도 마찬가지 현상을 관찰할 수 있을 것이다. 이 경우에는 위쪽 좌표계에 많은 시계가, 아래쪽 좌표계에 하나의 시계가 있다고 가정해야 할 것이다. 서로에 대해 운동하는 좌표계 안에서는 자연법칙이 동일하게 적용되기 때문이다.

고전역학에서는 움직이는 시계의 박자가 변하지 않는다는 암묵적인 가정이 존재한다. 너무도 당연한 일이라 딱히 언급할 가치조차 없어 보인다. 그러나 세상에는 그 정도로 당연한 일은 존재하지 않는다. 물리학에서 현상을 정말로 주의 깊게 살펴보기 위해서는 당연하게 받아들이는 가정조차 세밀하게 분석하는 작업이 필요하다.

단순히 고전역학과 다르다는 이유로 가정을 불합리하다고 치부할 수는 없다. 이런 변화가 일어나는 법칙이 모든 관성계에서 동일하다면, 움직이는 시계가 박자를 바꾸는 상황을 상상할 수 있을 것이다.

다른 예를 하나 들어 보자. 야드 자 하나를 준비한다. 이는 특정 좌표계 안에서 정지 상태로 있을 때 1야드 길이를 가지는 막대를 가정한다는 뜻이다. 이제 야드 자가 등속운동을 시작해서 좌표계를 나타내는 막대 위를 미끄러져 지나간다. 이 경우에도 야드 자의 길이가 여전히 1야드라고 할 수 있을까? 이 질문에 답하기 전에, 우리는 우선 길이를 측정하는 방법을 확인해야 한다. 야드 자가 멈춰 있는 동안에는, 자의 끄트머리는 좌표계에 있는 1야드 눈금과 일치한다. 여기서 우리는 정지 상태의 야드 자의 길이는 1야드라는 결론을 얻을 수 있다. 그러면 운동하는 야드 자의 길이는 어떻게 측정해야 할까? 다음과 같은 방식을 이용하면 가능하다. 특정 순간에 두 명의 관찰자가, 한 명은 야드 자의 시작 지점에서, 다른 한 명은 야드 자가 끝나는 지점에서 동시에 사진을 찍는다. 사진을 동시에 찍었기 때문에, 움직이는 야드 자의 양쪽 끝과 일치하는 지점을 확인하고 좌표계 막대의 눈금을 확인하면 되는 것이다. 이렇게 하면 우리는 길이를 측정할 수 있다. 즉, 지정된 좌표계 안에서 동시에 발생하는 사건을 관찰하기 위해서는, 서로 다른 지점에 두 명의 관찰자가 필요한 것이다. 이렇게 측정한 결과가 멈추어 있는 야드 자의 길이와 동일하리라 믿을 이유는 전혀 없다. 사진을 동시에 촬영했으며, 동시란 좌표계에 따라 달라지는 상대적인 개념이기 때문에, 측정 결과가 서로에 대해 움직이는 서로 다른 좌표계에서 다르게 나오는 일도 충분히 가능할 것이다.

따라서 움직이는 시계의 박자가 변할 뿐 아니라, 움직이는 막대의 길이도 변화한다고 상상하는 일은 충분히 가능하다. 모든 관성계 안에서 변화의 법칙이 동시에 적용되기만 하면 된다.

지금까지 우리는 전혀 입증되지 않은, 오로지 가능성일 뿐인 새로운 현상을 다루었다.

다음 사실을 기억해 두길 바란다. 모든 관성계 안에서 광속은 동일하다. 고전 변환 법칙과 이 이론은 양립할 수 없다. 어딘가에서 연결 고리를 끊어야 한다. 우리가 살펴본 바로 이 지점에서 할 수는 없을까? 움직이는 시계에서 박자가 변하고 움직이는 막대의 길이가 변화할 수 있다는 가능성을 사용해서, 광속이 일정하다는 사실을 설명할 수는 없을까? 물론 가능한 일이다! 처음으로 상대성이론과 고전 물리학이 극적으로 달라지는 상황이 등장한다. 우리의 논의는 거꾸로 표현할 수도 있다. 만약 광속이 모든 좌표계에서 동일하다면, 움직이는 막대의 길이는 바뀌어야 하고, 움직이는 시계의 박자는 달라져야 하고, 이런 모든 현상을 주관하는 법칙을 명확하게 표현해야 할 필요가 생기는 것이다.

이 모든 논의에서 수수께끼이거나 불합리한 지점은 전혀

존재하지 않는다. 고전 물리학에서는 항상 움직이는 시계와 정지해 있는 시계가 동일한 박자를 가지며, 움직이는 막대와 정지해 있는 막대가 동일한 길이를 가진다고 가정해 왔다. 만약 광속이 모든 좌표계에서 동일하고 상대성이론이 유효하다면, 우리는 이 오래된 가정을 희생해야만 하는 것이다. 뿌리 깊은 편견을 제거하는 일은 쉽지 않지만, 이제 다른 방법이 없다. 상대성이론의 관점에서 보면 과거의 개념은 임의적인 것으로 보인다. 몇 페이지 앞에서 우리가 한 것처럼, 모든 좌표계에서 모든 관찰자에게 시간이 동일하게 흐른다고 가정할 이유가 있을까? 길이가 변하지 않는다고 믿을 이유가 있을까? 시간은 시계로 측정하고 공간 속의 좌표는 막대로 측정하지만, 그 측정 결과는 시계나 막대가 운동하면서 보이는 성질에 따라 달라지는 것이다. 이들이 우리가 원하는 대로 행동할 것이라 믿을 이유는 조금도 없다. 관찰을 통하면, 전자기장이라는 현상을 통해서 간접적으로, 우리는 운동하는 시계의 박자가 변하며 움직이는 막대의 길이가 변한다는 사실, 즉 역학 현상의 근간으로 불변이라 여겼던 요소가 변화한다는 사실을 확인할 수 있다. 우리는 모든 좌표계에서의 상대적 시간이라는 개념을 받아들여야만 한다. 눈앞의 문제를 해결하는 가장 훌륭한 방법이기 때문이다. 과학이 발전하고 상대성이론이 정립되어 감에 따라 이 새로운 관점은 단순한 필요악 이상의 지위를 얻었는데, 이 이론을 적용할 경우의 이점이 막대했기 때문이다.

지금까지 우리는 상대성이론의 기본적 가정이 어떤 식으로 성립되었는지를 설명하고, 이 이론이 시간과 공간을 새로운 방식으로 다룸으로써 고전 변환 법칙을 어떤 식으로 바꾸었는지를 알아보려 했다. 우리의 목적은 새로운 물리적, 철학적 세계관의 근간을 확보하는 것이다. 착상 자체는 단순하다. 그러나 여기서 설명한 내용을 이론으로 확립하기 위해서는 정성적인 결론뿐 아니라 정량적인 실험 결과도 필요하다. 다시 한 번 주요 개념만을 설명하고, 일부 나머지 개념은 증거를 빼고 인용만 하는 예전 방식으로 돌아가 보기로 하자.

고전 변환의 개념을 신봉하는 과거의 물리학자와 상대성이론을 알고 있는 현대 물리학자의 관점의 차이를 명확하게 보여주기 위해, 여기서 양쪽을 각각 O와 M이라 칭하고 대화를 가정해 보기로 하겠다.

O: 나는 역학에서 갈릴레오의 상대성 원리를 믿는다네. 그건 내가 서로에 대해 등속운동을 하는 두 개의 좌표계에서 동일한 역학의 법칙이 적용된다는 것을, 다른 말로 하자면 고전 변환을 따르자면 역학 법칙이 불변한다는 사실을 알고 있기 때문이지.

M: 하지만 상대성 원리는 모든 외부 세계에 적용될 수 있어야 하지 않겠나. 서로에 대해 등속운동을 하는 좌표계

안에서는, 역학의 법칙뿐 아니라 자연계의 모든 법칙이 동일하게 적용되어야 하는 거라네.

O: 하지만 서로에 대해 등속운동을 하는 좌표계 안에서 어떻게 모든 자연법칙이 동일하게 적용될 수 있다는 말인가? 역장의 법칙, 즉 맥스웰 방정식은 고전 변환에 따라 불변으로 적용되지 않는다네. 광속을 예로 들면 그 사실을 명확하게 파악할 수 있지. 고전 변환의 법칙에 따르면, 서로에 대해 운동하는 두 좌표계 안에서 광속은 동일할 수가 없지 않은가.

M; 그건 단순히 고전적인 변환을 더 이상 적용할 수 없으며, 두 좌표계 사이의 관계를 새롭게 정의해야 할 필요성을 의미할 뿐이라네. 이제 예전의 변환 법칙에서처럼 좌표와 속도를 연결해서는 곤란해. 새로운 법칙으로 대체한 다음, 그로부터 상대성이론의 기본적인 가정을 유추해 내야 한다네. 이 새로운 변환 법칙의 수학적 표현 방식에 대해서는 신경 쓰지 말고, 지금은 그저 고전 변환과 다르다고 하는 정도로 만족하게나. 일단 그걸 로렌츠 변환이라 부르겠네. 맥스웰 방정식, 즉 역장의 법칙은 로렌츠 변환에 따르면 불변이라고 증명할 수 있다네. 고전 변환을 따르면 역학 법칙이 불변이듯이 말이야. 고전 물리학에서 상황이 어땠는지를 떠올려 보게. 좌표를 위한 변환 법칙과 속도를 위한 변환 법칙은 존재했지만,

서로에 대해 등속운동을 하는 두 좌표계 위에서 역학 법칙 자체는 완벽하게 동일하지 않았나. 공간을 위한 변환 법칙은 있었지만, 모든 좌표계에서 동일하게 작용하는 시간에는 변환 법칙을 적용하지 않았지. 하지만 상대성 이론으로 들어가면 상황이 달라진다네. 공간, 시간, 속도에 대해서 서로 다른 변환 법칙이 필요하지. 하지만 이번에도 서로에 대해 등속운동을 하는 좌표계 안에서는 모든 자연법칙이 동일하게 적용된다네. 자연의 법칙은 예전과 같이 고전 변환에 의해 불변인 것이 아니라, 새로운 변환 법칙, 즉 소위 말하는 로렌츠 변환에 의해 불변이 되는 것이라네. 모든 관성계에서 동일한 법칙이 유효하고, 한 좌표계에서 다른 좌표계로 옮겨갈 때는 로렌츠 변환에 의해 바꾸면 되는 거지.

O: 자네의 말은 일단 받아들이겠네만, 고전 변환과 로렌츠 변환의 차이점에 대해 흥미가 생기는데.

M: 이런 식으로 하는 게 자네의 질문에 대한 가장 효율적인 답변이 될 것 같군. 고전 변환의 주요한 특징을 몇 가지 말해 주면, 내가 그 특징이 로렌츠 변환에서도 유지되는지, 만약 그렇지 않다면 어떤 식으로 바뀌는지를 일러 주겠네.

O: 내가 속한 좌표계에서 특정 시간에 특정 지점에서 뭔가 사건이 일어난다면, 내 좌표계에 대해 등속운동을 하는

다른 좌표계에 있는 관찰자는 사건이 일어나는 위치에 다른 숫자를 부여하지만, 그 사건은 당연하게도 같은 순간에 벌어질 걸세. 우리는 모든 좌표계에서 동일한 시계를 사용하고 시계가 움직이든 않든 시간은 변하지 않으니까. 자네의 경우에도 이 사실은 동일한가?

M: 아니, 그렇지 않지. 모든 좌표계는 자신만의 정지 상태인 시계를 가지고 있어야 한다네. 운동에 의해 시계의 박자가 변하게 되니까. 서로 다른 좌표계에 있는 두 명의 관찰자는 위치를 다르게 인식하는 것뿐 아니라, 사건이 벌어지는 순간에도 서로 다른 수치를 부여하게 된다네.

O: 그 말은 시간이 더 이상 불변이 아니라는 뜻이로군. 고전 변환에서는 모든 좌표계에서 동일한 시간을 사용했지. 로렌츠 변환에서는 시간이 변하며, 그렇게 되는 이유는 모르지만 고전 변환에서의 좌표처럼 행동한다는 뜻 아닌가. 그렇다면 거리는 어떤가? 고전역학에서는 단단한 막대는 정지 상태든 운동 상태든 동일한 길이를 유지하지 않았나. 아직도 이 사실이 유효한가?

M: 아니, 그렇지 않다네. 사실 로렌츠 변환을 따르면 움직이는 막대는 운동 방향으로 수축하며, 속도가 빨라질수록 수축 정도도 증가하다네.

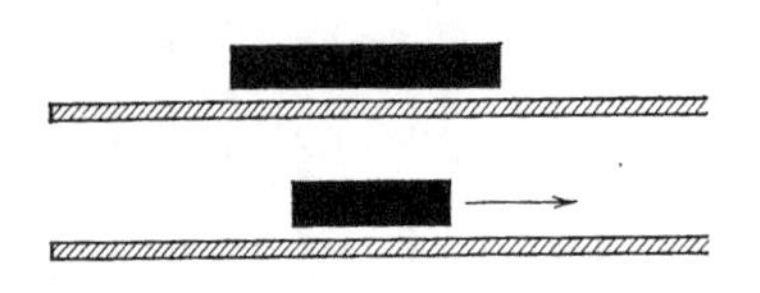

막대가 빠르게 움직일수록 점점 더 짧아지는 것처럼 보이는 거지. 하지만 이런 현상은 오직 운동 방향으로만 일어난다네. 내 그림을 보면 움직이는 막대의 길이가 절반으로 줄어든 모습이 보일 텐데, 이는 속도가 대략 광속의 90퍼센트에 근접했을 때 일어나는 현상이라네.

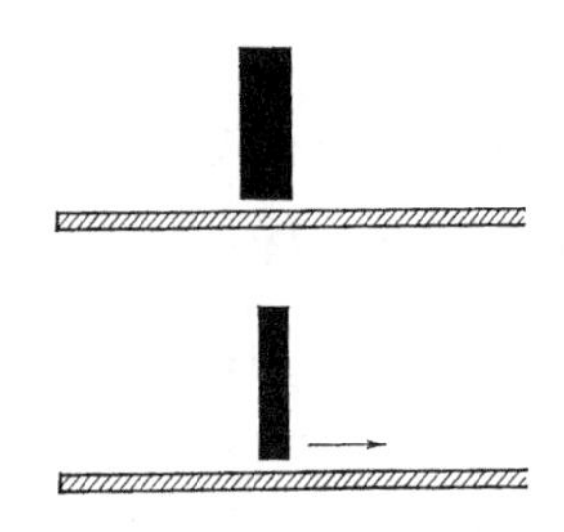

그러나 이 그림에서 볼 수 있듯이, 운동의 수직 방향으로는 전혀 수축이 일어나지 않지.

O: 그렇다면 움직이는 시계의 박자와 움직이는 막대의 길이가 속도에 따라 달라진다는 말이 아닌가. 이런 현상이 대체 어떻게 일어날 수 있는 건가?

M: 속도가 증가할수록 변화는 더욱 명백해지지. 로렌츠 변

환을 따르면, 속도가 광속에 도달하면 막대는 완전히 수축해서 존재가 사라지게 된다네. 마찬가지로 움직이는 시계의 박자도 그에 대해 움직이는 막대의 시계에 비해 점차 느려져서, 시계가 광속으로 움직이게 된다면 완전히 정지하지. 물론 시계가 '완벽한' 시계일 경우의 이야기네만.

O: 그건 이제까지 경험한 모든 사실과 상반되는 결과인 것 같은데. 움직인다고 해서 자동차의 길이가 짧아지는 일은 없으며, 운전사가 길가의 시계와 자기 손목시계를 비교해 봐도 꽤 잘 맞는다는 사실을 발견하게 되지 않는가. 이는 자네의 명제와는 부합하지 않는 결과지.

M: 물론 그건 사실일세. 그러나 그런 역학적인 속도는 모두 광속과 비교하면 매우 작은 값이 아닌가. 따라서 그런 현상에 상대성을 적용한다는 건 말도 안 되는 일이지. 모든 자동차 운전기사는 속도를 만 배로 늘린다고 해도 안심하고 고전역학을 적용할 수 있을 걸세. 경험과 고전변환은 오직 광속에 근접하는 속도에서만 서로 모순된다네. 매우 큰 속도에서만 로렌츠 변환의 유효성을 시험해 볼 수 있는 거지.

O: 그렇다고 해도 한 가지 문제가 남아 있네. 역학에 따르면 나는 광속 이상의 속도를 가지는 물체도 상상할 수 있다네. 움직이는 배의 좌표계에 대해서 광속으로 운동

하는 물체는 해변의 좌표계에 대해서 광속으로 움직이는 물체보다 더 빠르게 움직인다고 할 수 있지 않은가. 광속으로 움직일 때 존재가 사라질 정도로 수축하는 막대에는 무슨 일이 일어나는 건가? 속도가 광속을 넘어서면 길이가 음수가 될 텐데, 그런 막대는 상상하기 힘들지 않겠나.

M: 그렇게 비꼬는 말을 할 필요는 없지 않나! 상대성이론의 관점에서 보면, 물질로 이루어진 물체는 광속을 넘어서는 속도를 가질 수 없다네. 광속이 모든 물체가 가질 수 있는 속도의 상한선이 되는 셈이지. 만약 물체의 속도가 배에 대해서 광속인 경우라면, 해변에 대해서도 동일하게 광속으로 운동할 거라네. 속도를 더하고 빼는 단순한 역학적 변환 방식은 더 이상 유효하지 않아. 아니, 좀 더 자세하게 말한다면, 매우 작은 속도에서는 근사치를 가질 수 있지만 광속에 가까워지면 전혀 유효하지 않다고 해야겠지. 광속을 나타내는 값은 로렌츠 변환 공식에서 반복적으로 등장하고, 고전역학에서 무한한 속도가 그랬듯이 상한선으로서 작용한다네. 이 보편적이고 새로운 이론은 고전 변환이나 고전역학과 상충하는 것이 아니야. 오히려 거꾸로, 과거의 개념이야말로 속도가 작을 경우에만 적용하는 특수 사례라고 할 수 있겠지. 새로운 이론의 관점에서 보면 고전역학이 유효한 지점과 한계

가 존재하는 지점이 명백해진다네. 상대성이론을 자동차나 선박이나 기차의 운동에 도입하는 일은, 구구단 표만 있으면 충분한 계산에 전자계산기를 들이대는 것만큼이나 말도 안 되는 짓이라네.

## 상대성과 역학

상대성이론은 현실적인 필요성, 즉 과거의 이론이 탈출구가 없는 심각하고 깊은 모순에 빠진 상황을 타개하기 위해 탄생했다. 새로운 이론의 강점은 소수의 설득력 있는 가정만을 이용하여 이런 모든 문제를 일관성 있고 간단하게 해결해 준다는 데 있다.

이 이론은 역장 문제로부터 발생하기는 했지만, 결국 모든 물리 법칙을 끌어안을 수 있어야 한다. 여기서 한 가지 문제가 발생한다. 역장 법칙과 역학 법칙은 상당히 다른 부류에 속한다. 전자기장의 방정식은 로렌츠 변환에 의해 불변이며 역학 법칙은 고전 변환에 의해 불변이다. 그러나 상대성이론은 자연의 모든 법칙이 고전 변환이 아닌 로렌츠 변환에 의해 불변이어야 한다고 주장한다. 고전 변환은 그저 두 좌표계의 상대속도가 매우 작을 경우에만 적용될 수 있는 특수한 상황의 로렌츠 변환일 뿐이다. 만약 이 주장이 사실이라면, 고전역학은 로렌츠 변환에 의해 불변이 확인될 수 있도록 바뀌어야 한다.

이 말을 다른 표현으로 옮겨보자면, 속도가 광속에 근접하면 고전역학은 더 이상 유효하지 않다. 로렌츠 변환은 좌표계 사이에서 변환이 가능한 유일한 방식인 것이다.

고전역학이 상대성이론과도, 고전역학으로 설명하고 관찰로 획득한 풍요로운 자료들과도 모순되지 않도록 바꾸는 일은 그리 어렵지 않았다. 과거의 역학을 속도가 작을 때만 유효한, 새로운 역학의 극단적인 사례로 간주하면 되는 것이다.

상대성이론에 의해 고전역학에 도입된 변화의 실례를 찾아보는 일도 흥미로울 것이다. 어쩌면 이를 통해 실험으로 타당성을 확인할 수 있는 결론을 얻을 수 있을지도 모른다.

운동 방향으로 외부의 힘을 받으며 직선 운동을 하는 특정한 질량을 가지는 물체 하나를 가정해 보자. 여기서 힘은 모두 알다시피 속도의 변화에 비례한다. 다른 식으로 말하자면, 특정 물체가 1초 안에 초속 100피트에서 101피트로 속도를 바꾸든, 아니면 초속 100마일에서 100마일 1피트로 속도를 바꾸든 아무 상관없다는 뜻이다. 특정 물체에 단위 시간당 동일한 속도 변화를 일으키기 위해 필요한 힘은 항상 동일하다.

상대성이론의 관점에서도 이 명제를 진실이라 할 수 있을까? 그럴 리가 없다! 이 법칙은 오직 작은 속도에서만 성립하는 것이다. 상대성이론을 적용해 광속에 근접하는 큰 속도에서의 운동을 살펴보면 어떤 결과가 나올까? 만약 속도가 충분히 크다면, 속도를 그 이상으로 증가시키기 위해서는 극도로 강한 힘이 필요하다. 동일한 초속 1피트의 가속을 원한다고 해도, 초속 100피트인 물체와 광속에 근접한 물체의 경우에는 아주 큰 차이가 존재한다. 속도가 광속에 가까울수록 가속이 더 힘들어지는 것이다. 그리고 속도가 광속에 도달하면 더 이상 가속할 수 없게 된다. 여기서 상대성이론이 가져온 변화는 그리 놀라운 것이 아니다. 광속은 모든 속도의 상한선이기 때문이다. 아무리 강하더라도 힘은 유한한 값이기 때문에, 광속이라는 상한선 이상의 속도를 끌어낼 수 없다. 힘과 속도의 변화를 연결하는 과거의 역학 법칙의 자리에, 좀 더 복잡한 새로운 법칙이 등장한 것이다. 우리의 새로운 관점에서 보면, 고전역학이 단순한 이유는 그저 모든 관찰을 광속보다 훨씬 작은 속도에서 수행하기 때문인 것이다.

정지해 있는 물체는 일정한 질량, 즉 정지 질량을 가진다. 우리는 역학을 통해 모든 물체가 운동에 저항한다는 사실을 알고 있다. 질량이 크면 저항도 커지고, 질량이 작으면 저항도 작아지는 것이다. 그러나 상대성이론을 적용하면 그 이상을 말할 수 있다. 질량이 커질 때만 변화에 대한 저항이 커지는 것이 아니라, 속도가 커질 때도 저항이 커진다는 것이다. 광속에 근접하는 속도를 가진 물체는 외부의 힘에 대해 매우 강한 저항을 보일 것이다. 고전역학에서 특정 물체의 저항은 오직 질량에만 영향을 받으며 따라서 변할 수 없는 성질이었다. 상대성이론에서 저항은 정지 질량과 속도 양쪽 모두의 영향을 받는다. 속도가 광속에 근접하면 저항은 무한대로 커지게 된다.

방금 언급한 결과를 이용하면 이 이론을 실험으로 확인하는 것이 가능하다. 광속에 근접하는 투사체가 이 이론에 따라 외부의 힘의 작용에 대한 저항을 보이는가? 이 시점에서 상대성이론의 명제는 정량적 문제로 집약되므로, 광속에 근접하는 투사체만 현실로 옮길 수 있다면 실험을 통해 이 이론을 확인하거나 부인하는 일이 가능해진다.

물론 자연계에는 광속에 근접하는 속도를 가지는 투사체가 존재한다. 방사성 물질, 예를 들어 라듐과 같은 물질의 원자는 엄청난 속도로 투사체를 발사하는 축전지와 같은 역할을 한다. 더 자세히 들어가는 대신 현대 물리학과 화학의 매우 중요한 관점 중 하나를 인용해 보기로 하자. 우주의 모든 물질은 몇 가지 종류의 기본적인 입자로 구성되어 있다. 이는 마치 도시에 다양한 크기와 건축 양식을 가지는 여러 건물이 있지만, 오두막에서 마천루에 이르는 모든 건물들이 몇 가지 종류의 벽돌로만 만들어져 있는 것과 같은 상황이다. 가장 가벼운 수소에서 가장 무거운 우라늄에 이르기까지, 우리 물질계에 알려진 모든 원소는 사실 같은 종류의 기본 입자로 구성되어 있다. 가장 무거운 원소, 즉 가장 복잡한 구조의 건물은 안정된 상태가 아니라 쉽사리 붕괴되는데, 우리는 이런 원소를 방사성 원소라 부른다. 일부 벽돌, 즉 방사성 원소를 구성하는 기본 입자는 이 과정에서 광속에 근접하는 매우 큰 속도로 떨어져 나오게 된다. 한 가지 원소, 이를테면 라듐은 현재 우리의 관점에 의하면 매우 복잡한 구조를 가지고 있음이 여러 실험을 통해 확인되었으며, 방사성 붕괴는 원자가 좀 더 단순한 입자로 구성되어 있다는 사실을 밝혀낸 여러 현상 가운데 하나였다.

매우 창의적이고 복잡한 실험을 통해, 우리는 입자가 어떤 식으로 외부의 힘의 작용에 저항하는지를 확인할 수 있다. 이 실험들에서는 상대성이론이 예측한 대로 입자의 저항이 속도에 영향을 받는 모습을 확인할 수 있다. 저항이 속도에 연관되어 있다는 사실을 확인할 수 있는 다른 여러 실험에서도, 이론과 실험 결과가 완벽하게 일치한다는 게 드러난다. 우리는 다시 한 번 과학에서 창조적 작업이 어떤 필수적인 역할을 수행하는지를 확인할 수 있었다. 이론으로 사실을 예측한 다음, 실험을 통해 그를 입증하는 것이다.

이 결과는 다른 중요한 일반화로 이어지게 된다. 정지해 있는 물체는 질량에너지는 가지지만 운동에너지는 가지고 있지 않다. 운동하는 물체는 질량에너지와 운동에너지 양쪽 모두를 가지며, 또한 정지해 있는 물체보다 강하게 속도의 변화에 저항한다. 마치 움직이는 물체의 운동에너지가 저항을 증가시키는 것처럼 보이는 현상이다. 만약 두 물체가 동일한 정지질량을 가진다면, 좀 더 큰 운동에너지를 가지는 쪽이 외부의 힘의 작용에 좀 더 강하게 저항하게 되는 것이다.

공이 가득 든 상자 하나를 상상해 보자. 공뿐 아니라 상자 또한 우리의 좌표계에 대해 정지 상태로 있다. 이를 움직여 속도를 증가시키려면 힘의 작용이 필요하다. 그러나 공들이 기체의 분자처럼 상자 안에서 모든 방향으로, 광속에 근접할 만큼 빠르게 움직이고 있을 경우에도, 동일한 힘으로 같은 양의 속도를 증가시킬 수 있을까? 이제 공들의 운동에너지가 증가해서 상자의 저항이 강해졌기 때문에 좀 더 큰 힘이 필요할 것이다. 에너지, 적어도 운동에너지는 측정할 수 있는 질량과 동일한 방식으로 운동에 저항한다. 모든 에너지에서 이 명제가 참일 수 있을까?

상대성이론은 그 기본적 가정으로부터 이 질문에 대한 명확하고 설득력 있는, 그리고 정량적인 해답을 도출해 낸다. 모든 에너지는 운동의 변화에 저항한다. 모든 에너지는 물질과 같은 식으로 행동한다. 쇳조각은 차가울 때보다 붉게 달구어졌을 때 질량이 더 크다. 우주를 떠돌거나 태양에서 발산된 방사선은 에너지를 가지고 있으며, 따라서 질량도 존재한다. 태양과 방사선 복사를 하는 모든 항성들은 그를 통해 질량을 잃는다. 상당히 보편적인 성질을 가지는 이 결론은 상대성이론의 주요한 업적이며, 시험해 본 모든 사실과 일치한다.

고전 물리학은 물질과 에너지라는 두 가지 요소를 도입했다. 전자는 질량이 있지만 후자는 질량이 없다. 고전 물리학에서 우리는 두 가지 보존 법칙을 가지고 있었다. 하나는 질량, 다른 하나는 에너지다. 우리는 이미 현대 물리학이 두 가지 요소와 두 가지 보존법칙이라는 관념을 유지하는지를 물어보았고, 답은 '아니오'였다. 상대성이론에 따르면, 물질과 에너지 사이에는 기본적인 차이가 존재하지 않는다. 에너지에는 질량이 있으며, 질량은 에너지를 의미한다. 두 가지 보존 법칙 대신, 우리는 이제 질량-에너지 보존 법칙 하나만을 가지고 있다. 이 새로운 관점은 매우 성공적이었으며, 이후 물리학의 발전에 풍요로운 결과를 가져다주었다.

에너지에 질량이 있고 질량이 에너지를 뜻한다는 사실이 그토록 오랫동안 알려지지 않은 이유는 무엇일까? 뜨거운 쇳조각이 차가운 쇳조각보다 더 무겁지 않은가? 이 질문에 대한 답은 지금은 '예'지만, 럼퍼드의 실험을 언급할 때는 '아니오'였다. 서로 다른 답변 사이에 놓인 책장의 두께만으로는 이런 모순을 모두 설명하기 힘들다.

지금 우리가 마주하는 어려움은 예전에 만난 것과 동일한 부류이다. 상대성이론으로 예측한 질량의 변화는 측정하기 힘들 정도로 작으며, 최고로 정밀한 저울을 사용해도 직접 측정으로는 판별할 수가 없다. 에너지에 질량이 존재한다는 증거는 명확하지만 간접적인 여러 수단을 사용해 모아들여야 한다.

이렇게 직접적인 증거가 부족한 이유는 물질과 에너지 사이의 교환율이 매우 작기 때문이다. 질량에 비하면, 에너지는 가치는 높지만 평가 절하를 거친 주화와 마찬가지다. 한 가지 예시를 들면 이 점이 명백해질 것이다. 3만 톤의 물을 증기로 바꾸기 위해 필요한 열량은 1그램 정도밖에 되지 않는다! 그토록 오랫동안 에너지에 무게가 없다고 간주해 온 이유는 에너지의 무게가 워낙 작기 때문이었다.

과거의 에너지-물질 개념은 상대성이론의 두 번째 희생자다. 첫 번째 희생자는 물론 광파를 전파해 주는 매질이었다.

상대성이론의 영향은 애초에 상대성이론을 필요하게 만든 문제보다 훨씬 먼 곳까지 뻗어나갔다. 역장 이론의 장애물과 모순점을 해소해 주었고, 좀 더 보편적인 역학 법칙을 수립했다. 두 가지 보존 법칙을 새로운 법칙 하나로 갈아치웠으며, 절대적 시간이라는 고전적인 개념을 바꾸어 놓았다. 상대성이론의 유효성은 물리학의 한 가지 분야에만 적용되는 것이 아니라, 자연계의 모든 현상에 적용될 수 있는 보편적인 체계를 제공해 주었다.

## 시공간 연속체

"프랑스 대혁명은 1789년 7월 14일 파리에서 시작되었다." 이 문장에는 사건이 벌어진 시간과 공간이 명시되어 있다. '파리'라는 명사가 무엇을 가리키는지 모르는 사람이 이 문장을 듣게 된다면, 우리는 다음과 같은 식으로 설명을 해 줄 수 있을 것이다. "파리란 우리 지구상에서 동경 2도, 북위 49도에 위치하는 도시다." 여기서 경도와 위도라는 두 가지 수치는 공간을 특정해 주는 역할을 한다. 그리고 '1789년 7월 14일'은 그 사건이 벌어진 시간을 말해 준다. 물리학에서는 역사학 이상으로 사건이 벌어진 장소와 시간을 정확하게 아는 것이 중요하다. 이런 자료야말로 정량적인 서술의 근간이 되기 때문이다.

문제를 단순하게 만들기 위해, 우리는 예전에는 직선상의 운동만 염두에 두었다. 시작점은 있지만 종착점은 없는 단단한 막대가 우리의 좌표계가 되었다. 이런 제한은 계속 유지해 보기로 하자. 막대 안의 서로 다른 지점들을 선택한다. 이 점들의 위치는 하나의 수, 즉 해당 점의 좌표로만 표시할 수 있다. 이를테면 7.586피트라는 좌표를 가지는 지점은 막대의 시작점으로부터 7.586피트 거리에 있는 것이다. 반대로 특정 수와 단위를 준다면, 나는 항상 그 숫자에 대응하는 막대 위의 지점을 찾아낼 수 있다. 여기서 우리는 막대 위의 모든 지점이 모든 수에 대응하며, 모든 수가 모든 지점에 대응한다고 말할 수 있다. 수학자들은 이 사실을 다음과 같은 문장으로 표현한다. 막대 위의 모든 점은 1차원 연속체 위에 존재한다. 막대 위의 모든 점 옆에는 임의적인 다른 한 점이 존재한다. 우리는 막대 위에 존재하는 떨어진 두 점을 잇는 선을 원하는 만큼 계속 줄여 나갈 수 있다. 여기서 서로 떨어진 점을 연결하는 거리를 임의적으로 줄여 갈 수 있다는 사실은 연속체의 주요한 특징이 된다.

이제 다른 예를 들어 보자. 여기 평면이 하나 있다. 좀 더 명확한 예시를 원한다면 직사각형 탁자의 표면이라 해도 좋다. 탁자 위의 한 점의 위치를 나타내려면 앞에서처럼 하나의 수로는 부족하며, 두 개의 수가 필요하다. 두 수는 서로 수직을 이루는 탁자의 두 모서리에서의 거리를 나타낸다.

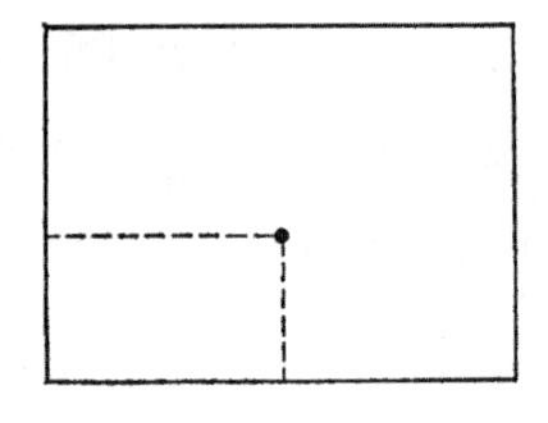

평면 위의 모든 점에 대응하기 위해서는 하나의 수가 아닌 두 개의 수가 필요하다. 그리고 각 점은 모든 수의 쌍에 대응한다. 다른 말로 하자면, 평면은 2차원 연속체인 것이다. 두 개의 서로 떨어진 점을 연결하는 곡선은 우리가 원하는 만큼 작은 부분으로 나눌 수 있다. 따라서 한 쌍의 수로 표현할 수 있는 서로 떨어진 두 점을 연결하는 선을 임의적으로 무한하게 잘게 나눌 수 있다는 사실은 2차원 연속체의 특징이 된다.

예를 하나 더 들어 보자. 당신의 방을 하나의 좌표계로 간주한다고 상상해 보자. 이는 곧 방 안의 모든 지점을 움직이지 않는 벽에 대한 거리로 표현하고 싶다는 뜻이 된다. 램프가 정지해 있다면, 그 램프의 꼭짓점을 표현하기 위해서는 세 개의 숫자가 필요하다. 두 개는 서로 직각을 이루며 서 있는 벽과의 거리를 나타내기 위해서, 나머지 한 개는 천장 또는 바닥과의 거리를 나타내기 위해서이다.

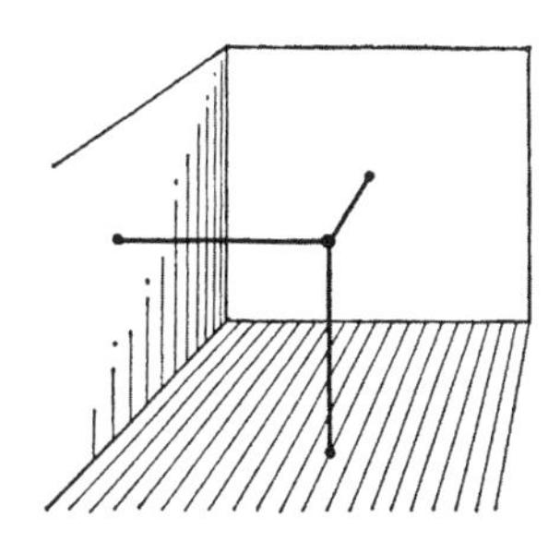

세 개의 특정한 숫자가 공간 속의 모든 지점에 대응한다. 또한 공간 속의 특정한 지점은 모든 세 개의 숫자에 대응한다. 이를 표현하자면 다음과 같다. 우리의 공간은 3차원 연속체인 것이다. 공간 속의 모든 점 바로 근처에는 다른 점이 존재한다. 이번에도 세 개의 숫자로 표현 가능한 서로 다른 두 점을 잇는 선을 계속 작게 잘라나가는 일이 가능하며, 이는 3차원 연속체의 특징이 된다.

그러나 이런 내용만으로는 물리학이라고 할 수 없다. 물리학으로 돌아오기 위해서는 이 안에서 물질 입자의 운동을 고려해야 한다. 자연계의 사건을 관찰하고 예측하기 위해서는 물리적 사건이 벌어지는 장소뿐 아니라 시간까지도 고려해야 한다. 다시 한 번 매우 간단한 예를 들어 보자.

작은 돌 하나를 입자로 간주하고 탑에서 떨어트려 본다. 탑의 높이가 256피트라고 해 보자. 갈릴레오의 시대 이래로, 우리는 낙하하는 돌멩이가 임의의 시간에 가지는 좌표를 추적할 수 있다. 여기 0, 1, 2, 3, 4초가 지났을 때 돌멩이의 위치를 나타내는 '시간표'가 있다.

| 시간 (초) | 지상에서의 높이 |
|---|---|
| 0 | 256 |
| 1 | 240 |
| 2 | 192 |
| 3 | 112 |
| 4 | 0 |

우리의 '시간표'에는 다섯 개의 사건이 기록되어 있으며, 각자 두 개의 숫자, 즉 시간과 공간의 좌표로 묘사된다. 첫 번째 사건은 지상에서 256피트 높이에서 0초에 돌을 떨어뜨리는 것이다. 두 번째 사건은 돌멩이가 우리의 단단한 막대(탑)를 기준으로 지상에서 240피트 위치에 도달하는 것으로, 이는 1초라는 시간이 흐른 후 일어난다. 마지막 사건은 돌멩이가 지

상에 도달하는 것이다.

우리는 '시간표'를 통해 얻은 지식을 다른 식으로 표현할 수도 있다. '시간표' 위의 다섯 쌍의 숫자를 지표 위의 다섯 개의 점이라고 생각하는 것이다. 우선 단위를 확정하도록 하자. 단위 하나는 1피트에 대응하며, 다른 단위 하나는 1초에 대응한다. 예를 들자면 다음과 같다.

그러면 이제 두 개의 선을 서로에 대해 직각으로 그리고, 수평선을 시간축, 수직선을 공간축이라고 불러 보기로 하자. 그러면 앞의 '시간표'가 시공간 평면에서 다섯 개의 점으로 표현된다는 사실을 알 수 있다.

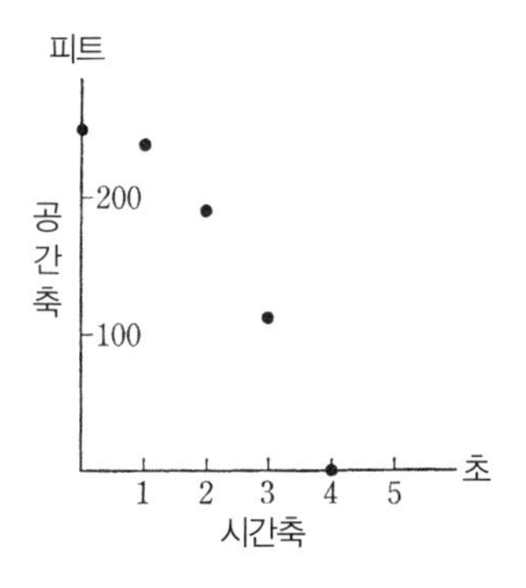


공간축에서 점까지의 거리는 우리의 '시간표' 첫 줄에 기록

한 시간 좌표를 나타내며, 시간축에서 점까지의 거리는 점의 공간 좌표를 나타낸다.

완벽하게 동일한 사건을 두 가지 다른 방식, 즉 '시간표'와 평면 속의 점으로 표현할 수 있으며, 양쪽을 쉽사리 변환하는 것이 가능하다. 두 가지 표현은 사실상 동등하므로 어느 쪽을 선택할지는 그저 취향의 문제일 뿐이다.

이제 한 걸음 더 나아가 보도록 하자. 이번에는 매 초가 아니라 100분의 1초, 1000분의 1초 단위로 표시하는 더 나은 '시간표'를 상상해 본다. 그러면 우리의 시공간 평면에는 아주 많은 점이 찍힐 것이다. 마지막으로 모든 순간, 또는 수학자들의 표현을 따라 '시간에 대한 함수로서 공간 좌표를 그린다면', 우리의 점들은 서로 연결되어 연속적인 선을 이룬다. 따라서 다음 그림은 예전처럼 부분적인 묘사가 아니라, 운동에 대한 완벽한 지식이 되는 것이다.

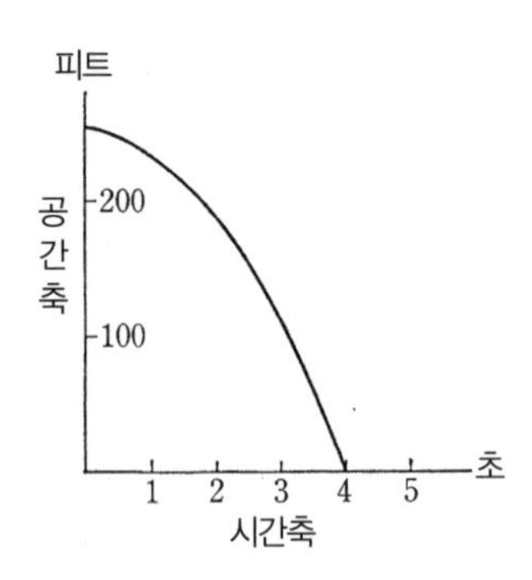

움직이지 않는 직선 막대(탑)를 따라 움직이는 1차원 운동은 여기 2차원 시공간 연속체 상에서 곡선으로 표현된다. 우리의 시공간 연속체 위의 모든 점은 한 쌍의 수에 대응하며, 그중 하나는 시간을 표현하고, 다른 하나는 공간의 좌표를 표현한다. 거꾸로 말하자면, 우리의 시공간 평면 위의 한 점은 사건을 특정하는 모든 수의 쌍에 대응한다. 나란히 있는 두 개의 점은 미세하게 다른 순간, 미세하게 다른 장소에서 일어난 서로 다른 두 개의 사건, 두 개의 행동을 나타낸다.

우리의 표현 방식에 대해 다음과 같은 식으로 항의할 수도 있을 것이다. 시간 단위를 분절해서 표현하고 기계적으로 공간과 한데 묶어서, 두 개의 서로 다른 1차원 연속체로 2차원 연속체를 만드는 일에 대체 무슨 특별한 의미가 있냐고. 그러나 그렇게 말하면 결국 모든 그래프에 대해 반박하는 꼴이 된다. 이를테면 지난여름 뉴욕 시의 기온 변화를 나타내거나, 지난 몇 년 동안 생계비를 나타내는 그래프 등에도 말이다. 이런 모든 그래프는 완벽하게 동일한 방식으로 작성한 것이다. 기온 그래프의 경우, 기온 변화라는 1차원 연속체를 시간 변화라는 다른 1차원 연속체와 합쳐서 기온-시간이라는 2차원 연속체를 만들어 낸 것으로 보면 된다.

이제 256피트 높이의 탑에서 입자 하나를 떨어뜨린 경우로 돌아가 보기로 하자. 우리가 운동을 표현한 그래프는 유용하게 사용할 수 있는데, 임의의 순간에 입자의 위치를 확인할 수 있기 때문이다. 입자가 어떻게 운동하는지를 알았으니, 이제 다시 한 번 그 운동을 표현해 보기로 하자. 여기에는 두 가지 방법이 존재한다.

1차원 공간에서 시간에 따라 위치를 바꾸는 입자의 그림을 기억할 것이다. 이런 식으로, 운동을 1차원 공간 연속체에서 일어나는 일련의 사건으로 묘사할 수 있다. 이렇게 할 경우에는 시간과 공간을 한데 섞지 않으며, '동적'인 그림을 이용해 시간에 따른 위치의 '변화'를 표현하게 된다.

하지만 같은 운동을 다른 방식으로 묘사하는 것도 가능하다. 2차원 시공간 연속체로 운동을 묘사하면, 운동을 '정적'인 그림으로 나타낼 수 있다. 이제 운동은 2차원 시공간 연속체 안에서 하나의 '상태'로서 표현되며, 더 이상 1차원 공간 연속체 안의 '변화'가 아니다.

이런 두 가지 표현 방법은 완벽하게 동등하며, 어느 쪽을 선택할지는 단순히 취향과 편의성의 문제일 뿐이다.

운동의 두 가지 표현 방법이 상대성이론과 무슨 관계가 있는지는 아직 설명하지 않았다. 두 가지 모두 적절하게 사용될 수 있으나, 고전 물리학에서는 운동을 공간 내에서의 현상으로 생각할 뿐 시공간 안의 존재로 해석하지 않기 때문에 변화를 나타내는 동적인 그림 쪽을 선호한다. 그러나 상대성이론은 이런 관점에 변화를 가져왔다. 상대성이론은 정적인 그림 쪽을 선호하며, 운동을 시공간 연속체 안에 존재하는 현상으로 가정하는 편이 훨씬 편리하며 현실을 좀 더 객관적으로 묘사하는 것이라는 사실을 알아냈다. 아직 우리가 답해야 하는 질문이 한 가지 남아 있다. 고전 물리학의 관점에서는 동등한 두 그림이, 상대성이론의 관점에서 보았을 때는 동등하지 않다는 것인가?

이 질문에 대한 답을 얻으려면 다시 한 번 서로에 대해 등속운동을 하는 두 개의 좌표계를 상상해 보아야 한다.

고전 물리학에 따르면, 서로에 대해 등속운동을 하는 두 개의 좌표계에 위치하는 관찰자는 같은 사건에 대해 다른 공간 좌표를 부여할지라도, 시간 좌표는 항상 같은 값을 매긴다. 이전의 예시에서 우리 좌표계에서 입자가 지표와 충돌하는 순간은 '4'라는 시간 좌표와 '0'이라는 공간 좌표로 표현된다. 고전역학에 따르면, 해당 좌표계와 등속운동을 하는 관찰자는 여전히 4초 후에 돌멩이가 지표와 충돌하는 모습을 보게 된다. 그러나 이 관찰자는 자신의 좌표계에 따라 거리를 측정하게 되고, 대부분의 경우 충돌 사건에 대해 다른 공간 좌표를 매길 것이다. 시간 좌표는 그를 비롯해 서로에 대해 등속운동을 하는 다른 모든 관찰자들이 동일한 값을 가질 테지만 말이다. 고전 물리학은 모든 관찰자에게 '절대적인' 시간을 상정한다. 모든 좌표계에서 2차원 연속체는 두 개의 독립적인 1차원 연속체, 즉 시간과 공간으로 나뉠 수 있다. 여기서 시간은 '절대적'인 성질을 가지기 때문에, '정적'인 그림에서 '동적'인 그림으로 옮겨 가는 행위는 고전역학에서 객관적인 성격을 지니게 된다.

그러나 우리는 이미 고전 변환을 물리학 전반에 보편적으로 사용하면 곤란하다는 사실에 동의한 바 있다. 작은 속도에서는 여전히 실용적인 측면에서 사용할 수 있지만, 물리학의 근본적인 문제를 탐구할 때는 사용할 수 없는 것이다.

상대성이론에 따르면, 돌멩이가 지표와 충돌하는 순간의 시간은 모든 관찰자들에게 동일하지 않다. 두 좌표계에서 시간 좌표와 공간 좌표는 서로 다를 것이며, 시간 좌표의 변화는 상대 속도가 광속에 가깝다면 제법 명확하게 탐지할 수 있을 것이다. 2차원 연속체는 고전 물리학에서처럼 두 개의 1차원 연속체로 나눌 수 없다. 다른 좌표계의 시공간 좌표를 측정할 때 시간과 공간을 따로 생각해서는 안 된다. 2차원 연속체를 두 개의 1차원 연속체로 나누는 일은, 상대성이론의 관점에서 보면 객관적 의미가 없는 임의적인 과정으로만 보일 뿐이다.

방금 논의한 내용은 그리 어렵지 않게 직선이 아닌 운동의 경우에도 일반화시켜 적용할 수 있다. 물론 자연계의 사건을 서술하려면 두 개가 아니라 네 개의 수가 필요하다. 물체와 그 운동을 통해 살펴보는 우리의 물리적 공간은 3차원이며, 위치를 특정하려면 세 개의 수가 필요하다. 사건이 벌어지는 순간이 네 번째의 수가 된다. 모든 사건에는 그에 대응하는 네 개의 수가 존재하며, 네 개의 수만 있으면 모든 사건을 특정할 수 있다. 따라서 사건의 세계는 4차원 연속체를 이룬다. 여기에는 수수께끼인 점은 조금도 없으며, 방금 전의 문장은 고전 물리학과 상대성이론 양쪽에 똑같이 유효하다. 그러나 서로에 대해 움직이는 두 개의 좌표계를 고려하면 차이점이 명확하게 드러난다. 방이 움직이고 있으며, 방 안팎의 관찰자는 동일한 사건의 시공간 좌표를 관측하려 한다. 고전 물리학자는 여기서도 4차원 연속체를 3차원 공간 연속체와 1차원 시간 연속체로 나누려 한다. 과거의 물리학자는 시간을 절대적으로 놓고 오직 공간의 변환에만 신경을 쓴다. 그는 4차원 세계의 연속체를 공간과 시간으로 나누는 일이 자연스럽고 편리하다고 여긴다. 그러나 상대성이론의 관점에서 보면, 좌표계를 넘나들 때는 공간뿐 아니라 시간도 변화하며, 로렌츠 변환은 우리가 살아가는 4차원 사건 세계의 4차원 시공간 연속체의 변환이 보이는 성질을 고려한다.

사건의 세계는 시간에 따라 변화하는 그림을 3차원 공간의 배경에 던져 넣음으로써 동적으로 서술할 수 있다. 그러나 이는 또한 정적인 그림을 4차원 시공간 연속체 안에 던져 넣는 식으로도 묘사가 가능하다. 고전 물리학의 관점에서 보면, 동적인 그림과 정적인 그림은 서로 동등하다. 그러나 상대성이론의 관점에서 보면, 정적인 그림 쪽이 좀 더 편리하고 객관적이다.

물론 상대성이론에서도 원한다면 여전히 동적인 그림을 사용할 수 있다. 그러나 우리는 시간이 더 이상 '절대적'이지 않기 때문에 시간과 공간을 분할하는 일에 객관적인 의미가 없다는 사실을 기억해야만 한다. 이후로도 '정적'인 언어 대신 '동적'인 언어를 사용할 경우가 생기겠지만, 그럴 때도 이 제약은 잊지 않도록 하자.

## 일반 상대성

아직 명확하게 해결해야 하는 논점이 하나 남아 있다. 가장 기본적인 문제 하나가 풀리지 않은 상태이기 때문이다. 관성계는 실제로 존재하는가? 우리는 몇 가지 자연법칙이 로렌츠 변환에 따라 불변성을 가진다는 사실과, 서로에 대해 등속운동을 하는 모든 관성계에서 유효하다는 사실을 알고 있다. 법칙은 존재하지만 그 법칙을 인용할 얼개는 아직 정확하게 알지 못하는 것이다.

이 난제를 좀 더 명확히 인식하기 위해, 고전 물리학자와 인터뷰 자리를 마련하고 몇 가지 단순한 질문을 던져 보기로 하자.

"관성계란 무엇입니까?"

"역학 법칙이 유효한 좌표계가 바로 관성계요. 그런 좌표계 안에서는 외부의 힘이 작용하지 않는 물체는 항상 등속운동을 해요. 바로 그 성질로 관성계를 다른 좌표계와 구분할 수 있는 거요."

"하지만 물체에 외부의 힘이 작용하지 않는다는 말이 대체 무슨 뜻입니까?"

"그 물체가 관성계 안에서 등속운동을 한다는 뜻이오."

여기서 질문을 한 번 더 반복할 수도 있을 것이다. "그럼 관성계는 무엇입니까?" 하지만 위와 다른 답변을 얻을 가능성이 전혀 없는 상황이니, 문제를 바꿈으로써 명확한 정보를 얻으려 시도해 보기로 하자.

"지구와 단단하게 연결되어 있는 좌표계를 관성계라 할 수 있습니까?"

"아니오. 지구는 회전하기 때문에 역학의 법칙이 완벽하게 유효하다고 할 수 없기 때문이오. 태양과 단단하게 연결되어 있는 좌표계는 여러 경우에 좌표계로 간주할 수 있겠지만, 태양 또한 회전하기 때문에 그와 연결된 좌표계도 온전한 관성계라고 하기는 힘들 거요."

"그렇다면 당신의 관성계는 정확히 무슨 의미이며, 그 운동하는 상태를 어떻게 판별해야 하는 겁니까?"

"관성계란 현실로 옮길 방법을 알 수 없는 편리한 가상의 존재일 뿐이오. 모든 물질로부터 떨어져서 모든 외부의 간섭으로부터 해방될 수 있다면, 내가 속한 좌표계가 관성계가 될 거요."

"하지만 모든 외부의 간섭으로부터 해방된 좌표계라는 것이 대체 무슨 뜻입니까?"

"그게 바로 관성계요."

다시 최초의 질문으로 돌아온 모양이다!

인터뷰를 통해 우리는 고전 물리학의 심각한 난점을 깨닫게 되었다. 법칙은 알고 있지만 그 법칙을 적용할 얼개를 알지 못하는 상황이니, 물리학이라는 건물은 사상누각이나 다름없는 것이다.

같은 문제를 다른 관점에서 접근할 수도 있다. 우주 전체에 우리의 좌표계를 구성하는 단 하나의 물체만이 존재한다고 해 보자. 이 물체가 회전을 시작한다. 고전역학에 따르면, 회전하는 물체에는 회전하지 않는 물체와는 다른 물리 법칙이 적용된다. 만약 한쪽에 관성의 원리가 유효하다면 다른 쪽에는 유효하지 않을 것이다. 그러나 이런 말은 상당히 수상쩍게 들린다. 우주에서 유일한 물체의 운동을 고려하는 일이 허용되는가? 우리는 항상 물체의 운동이라는 표현을 다른 물체에 대한 위치 변화라는 의미로 사용해 왔다. 따라서 유일한 물체의 운동을 논하는 것은 상식에 반하는 일이다. 고전역학과 상식이 맹렬하게 충돌하는 지점이다. 뉴턴은 다음과 같은 해결책을 제시했다. 만약 관성의 원리가 유효하다면, 좌표계는 정지해 있거나 등속 운동을 하는 중이다. 만약 관성의 원리가 유효하지 않다면, 그 물체는 등속이 아닌 운동을 하는 중이다. 따라서 물체의 운동 상태 여부에 따라 특정 좌표계에 물리 법칙을 적용할 수 있는지를 판가름할 수 있는 셈이다.

그러면 두 개의 물체, 태양과 지구를 예로 들어 보자. 이 경우 우리는 다시 한 번 상대적 운동을 관찰할 수 있으며, 좌표계를 지구 또는 태양과 연결한다고 묘사할 수 있을 것이다. 이런 관점에서 보면, 코페르니쿠스의 위대한 업적은 좌표계를 지구에서 태양으로 옮긴 것이라 표현할 수 있을 것이다. 그러나 운동이란 상대적이며 어떤 기준틀이든 이용할 수 있으므로, 특정 좌표계를 다른 좌표계보다 선호할 이유는 존재하지 않을 것으로 보인다.

여기서 다시 한 번 물리학이 개입하여 우리의 상식적인 관점을 바꾸어 버린다. 태양과 연결되어 있는 좌표계는 지구와 연결되어 있는 좌표계보다 관성계에 가깝다. 물리 법칙은 프톨레마이오스의 좌표계보다 코페르니쿠스의 좌표계 쪽에 더 잘 적용된다. 코페르니쿠스의 발견의 위대함은 물리적 관점에서 보아야만 확실하게 느낄 수 있다. 그의 발견은 행성의 운동을 설명할 때 태양과 연결된 좌표계를 사용하는 일이 가져다주는 막대한 이점을 훌륭하게 그려 보인다.

고전 물리학에는 절대적인 등속운동은 존재하지 않는다. 만약 두 좌표계가 서로에 대해 등속운동을 하고 있다면, '한쪽 좌표계는 정지 상태고 반대쪽은 움직이고 있다'라는 표현은 성립하지 않는다. 하지만 두 좌표계가 서로에 대해 비등속 운동을 하고 있다면, '이 물체는 운동하고 있고 반대쪽은 정지 상태(또는 등속운동 상태)다'라는 표현은 충분히 사용할 이유가 있다. 이 경우 절대적 운동이란 표현은 명확한 의미를 가진다. 바로 이 시점에서 상식과 고전 물리학 사이의 간격이 벌어진다. 관성계와 절대 운동에 대해 지금까지 언급한 문제점은 서로 연관되어 있는 것이다. 절대 운동이란 자연법칙이 유효한 관성계라는 개념이 존재하는 상태에서만 가능하기 때문이다.

이 난제를 벗어날 방법이 전혀 없다는 생각이 들지도 모르는데, 사실 어떤 물리 이론도 이 문제는 피해 갈 수 없기 때문이다. 이 문제의 근원은 자연법칙이 특정한 종류의 좌표계, 즉 관성계에서만 유효하다는 데 있다. 따라서 이런 장애물을 해결하기 위한 가능성은 다음 질문에 대한 답변에 달려 있다고 할 수 있을 것이다. 서로에 대해 등속운동을 하는 모든 좌표계에서만이 아니라, 임의적인 운동을 하는 모든 좌표계에서 유효한 물리 법칙을 구상할 수 있을까? 만약 그런 일이 가능하다면 우리의 문제는 완전히 해결될 것이다. 그런 다음에는 자연법칙을 모든 좌표계에 적용할 수 있을 것이다. 과학의 초창기에 프톨레마이오스와 코페르니쿠스의 세계관 사이에 격렬하게 벌어졌던 투쟁은 의미를 잃게 된다. 양쪽 좌표계 모두 동등한 정당성을 확보하는 것이다. '태양은 정지해 있으며 지구가 움직인다'와 '태양은 움직이고 지구가 정지해 있다'라는 두 가지 문장은, 단순히 서로 다른 좌표계를 서로 다른 시점에서 바라본 표현일 뿐이다.

모든 좌표계에서 유효한, 상대적인 실제 물리 이론을 정립하는 일이 가능할까? 즉 절대적인 가정은 아예 할 필요가 없고, 모든 것을 상대적인 운동으로 해석하는 물리학을 만들 수 있을까? 물론 가능하다!

아주 미약하기는 해도 새로운 물리학을 정립하는 방법에 대한 단서가 하나 있다. 상대적인 물리 이론이란 모든 좌표계에 적용할 수 있어야 하므로, 관성계라는 특수한 좌표계에도 적용 가능할 것이다. 모든 좌표계에 적용 가능한 새로운 일반 법칙은 관성계라는 특수한 경우에서는 알려진 옛 법칙으로 환원될 것이다.

모든 좌표계에 적용 가능한 물리 법칙이라는 문제는 소위 말하는 '일반 상대성이론'에 의해 해결되었다. 관성계에만 적용 가능한 이전의 이론은 '특수 상대성이론'이라 부른다. 물론 이 두 이론은 서로 배타적이지 않은데, 관성계의 일반 법칙을 논의할 때는 항상 옛 이론, 즉 특수 상대성이론을 포함시킬 필요가 있기 때문이다. 관성계는 예전에는 물리 법칙을 만들어 낼 수 있는 유일한 좌표계였지만, 이제는 서로에 대해 임의적으로 운동하는 모든 좌표계가 허용 가능하기 때문에 극단적인 특수 상황으로 간주하고 살펴보아야 한다.

지금까지 일반 상대성이론의 기본적인 내용을 살펴보았다. 그러나 이 이론이 성립된 과정을 살펴보려면 지금까지보다 더욱 모호한 영역으로 들어가야 한다. 과학의 발전 과정에서 발생하는 새로운 문제점들 때문에 우리가 살펴볼 이론은 갈수록 추상적이 되어 간다. 예상치 못한 모험이 아직도 우리를 기다리고 있지만, 우리의 최종 목적은 언제나 현실을 좀 더 제대로 이해하는 것이다. 이론과 관찰을 연결하는 논리의 연쇄에 고리가 하나씩 추가된다. 이론에서 출발하여 불필요하고 인위적인 가정으로 가득한 실험에 이르는 길을 개척하기 위해서, 더 많은 현상을 시야에 넣기 위해서, 우리는 계속 이 사슬을 길게 만들어 가야 한다. 우리의 가정이 단순하고 근본적인 것이 될수록, 추론을 위한 수학이라는 도구는 갈수록 복잡해져만 간다. 이론에서 관찰에 이르는 길은 더 길어지고, 더 세밀해지고, 더 복잡해진다. 모순되는 것처럼 들릴지도 모르지만, 현대 물리는 고전 물리보다 단순하며, 따라서 겉보기에는 더욱 어렵고 복잡해 보인다. 외부 세계를 그려내는 그림이 갈수록 단순해지고 더 많은 사실을 설명할수록, 우리의 정신은 우주의 조화에 더 가까워지게 된다.

우리의 새로운 착상은 모든 좌표계에 적용할 수 있는 물리학을 정립한다는 실로 단순한 것이다. 이 문제를 해결하려면 복잡한 형식을 사용해야 하며, 지금까지 물리학에서 사용한 것과는 전혀 다른 수학적 도구의 사용이 필요하다. 우리는 여기서 이 문제의 해결이 두 가지 주요한 문제, 즉 중력과 기하학에 어떤 식으로 연결되는지를 살펴볼 것이다.

## 승강기의 안팎

관성의 법칙의 발견은 물리학에 처음 찾아온 거대한 발전이었다. 사실상 물리학의 탄생이라 불러도 좋을 것이다. 이는 이상적인 실험, 즉 마찰이나 기타 외부의 힘의 작용이 없는 물체는 영원히 운동을 한다는 고찰로부터 태어났다. 이 실험뿐 아니라 후대의 여러 실험으로부터, 우리는 이상적인 가상의 실험을 상정하는 일이 얼마나 중요한지를 잘 알고 있다. 이번에도 이상적인 실험을 고찰해 보기로 하자. 허황된 상황처럼 보이기는 하지만, 단순한 방식으로 최대한 상대성을 이해하는 데 큰 도움을 줄 수 있을 것이다.

앞에서 우리는 등속운동을 하는 방을 이용해 이상적인 실험을 수행했다. 이번에는 설정을 약간 바꾸어서 낙하하는 승강기를 살펴보기로 하자.

현실보다 훨씬 높은 고층 건물 꼭대기에 커다란 승강기가 하나 있다고 상상해 보자. 갑자기 승강기를 지탱하는 케이블이 끊어지고, 승강기는 지면을 향해 자유낙하를 시작한다. 승강기 안의 관찰자들은 낙하 동안 실험을 수행한다. 이 실험에 있어서는 공기의 저항이나 마찰에 대해 언급하지 않기로 한다. 이상적인 상황을 가정하는 것이니만큼 충분히 무시할 수 있을 것이다. 관찰자 한 명이 주머니에서 손수건과 시계를 꺼내 떨어뜨린다. 이 두 개의 물체에는 무슨 일이 일어날까? 승강기의 창문을 통해 안을 관찰하는 외부의 관찰자가 보기에는, 손수건과 시계 둘 다 동일한 방식으로, 즉 동일한 가속도로 지면을 향해 낙하하는 것으로 보인다. 낙하하는 물체의 가속이 질량과는 관계가 없으며, 그를 통해 중력질량과 관성질량이 동일하다는 사실을 밝혀냈다는 점을 기억하자. 또한 중력질량과 관성질량이 동일하다는 사실이 고전역학에서는 우발적인 사건으로 간주되었으며, 현상의 물리적 구조에는 조금도 영향을 끼치지 못했다는 사실도 기억해야 할 것이다. 그러나 지금 가장 중요한 사실은 낙하하는 물체는 모두 동일한 가속도를 가진다는 점이며, 이는 이후 이어질 우리의 논의의 근간이 될 것이다.

그럼 다시 낙하하는 손수건과 시계로 돌아가 보자. 외부의 관찰자가 보면 두 물체는 동일한 가속도로 낙하한다. 그러나 승강기 자체, 즉 벽과 천장과 바닥도 마찬가지이다. 따라서 두 물체와 바닥 사이의 거리는 변하지 않는다. 내부의 관찰자가 보기에 두 물체는 자신이 떨어뜨린 그 자리에 그대로 머물러 있는 것으로 보인다. 중력장의 근원은 그의 좌표계 바깥에 위치하기 때문에, 내부의 관찰자의 시점에서는 중력장 자체를 무시하고 생각할 수 있다. 그는 승강기 내의 어떤 힘도 두 물체에 작용하지 않는다는 사실을 발견한다. 따라서 그는 이들 물체가 관성계 안에 있는 것처럼 정지 상태에 있다고 간주한다. 승강기 안에서 뭔가 묘한 일이 벌어지고 있는 것이다! 만약 관찰자가 물체를 어느 쪽으로든, 예를 들어 위아래로 민다면, 그 물체는 승강기의 천장이나 바닥에 충돌하지 않는 한은 등속운동을 한다. 단순하게 말하자면 승강기 내부의 관찰자에게 있어 고전역학의 법칙은 유효한 것이다. 모든 물체가 관성의 법칙에 따라 운동한다. 자유낙하 중인 승강기와 연결되어 있는 우리의 새로운 좌표계가 관성계와 다른 점은 단 하나뿐이다. 관성계에서 힘이 작용하지 않는 물체는 영원히 등속운동을 한다. 고전 물리학에서 언급하는 관성계는 공간적으로도, 시간적으로도 제약을 받지 않는다. 그러나 승강기 안에 있는 관찰자의 경우에는 상황이 다르다. 그의 좌표계가 가지는 관성계의 성질은 시공간의 제약을 받는다. 등속운동을 하는 물체는 결국 언젠가는 승강기의 벽에 부딪쳐 등속운동을 끝낼 것이다. 또한 승강기 자체도 언젠가는 지면과 충돌해 관찰자와 그의 실험 모두를 박살내 버릴 것이다. 이 좌표계는 말하자면 '보급판' 관성계라 할 수 있을 것이다.

이런 좌표계의 국지성은 사실 상당히 중요한 성질이다. 만약 우리가 상상하는 승강기가 북극점에서 적도까지의 면적을 뒤덮고 있고, 내부의 관찰자가 손수건은 북극점에서 떨어뜨리고 시계는 적도에서 떨어뜨린다면, 외부의 관찰자가 보기에 두 물체는 동일한 가속도를 가지지 않을 것이다. 즉, 서로에 대해 정지 상태라고 할 수 없을 것이다. 이럴 경우 우리의 논의는 그대로 실패해 버린다! 승강기의 공간은 외부 관찰자가 보기에 모든 물체가 동일한 가속도를 가진다고 할 수 있을 정도로 제한되어 있어야 한다.

이런 제한 하에서, 이 좌표계는 내부 관찰자에게 있어 관성계의 성질을 지닌다. 이제 시공간의 한계는 존재하지만 모든 물리 법칙이 유효한 좌표계를 설정하는 데 성공했다. 그럼 이제 자유낙하하는 승강기에 대해 등속운동을 하는 다른 좌표계를 상상한다면, 이 두 좌표계는 모두 국지적으로 관성계라고 부를 수 있을 것이다. 두 좌표계에서 물리 법칙은 완벽히 동일하게 적용된다. 한 좌표계에서 다른 좌표계로 넘어갈 때는 로렌츠 변환을 적용하면 된다.

그럼 이제 안팎의 관찰자들이 승강기 안에서 벌어지는 사건을 어떻게 묘사하는지를 알아보자.

외부의 관찰자는 승강기와 그 내부의 모든 물체의 운동을 인식하며, 그 모두가 뉴턴의 중력의 법칙을 따른다는 사실을 알게 된다. 그에게 있어 이 운동은 등속이 아니라 등가속 운동이며, 운동의 근원은 지구의 중력장의 작용이다.

그러나 승강기 안에서 태어나고 양육된 새로운 세대의 물리학자들은 다른 생각을 할 것이다. 그들은 관성계를 확보했다고 생각하고 모든 자연법칙을 승강기 위주로 인용하며, 자신들의 좌표계 안에서는 자연법칙이 유달리 단순한 형태를 가진다는 말로 자신의 사고를 정당화할 것이다. 그들에게 있어 승강기가 정지 상태이며 그에 연결된 좌표계가 관성계라 가정하는 것은 지극히 자연스러운 일이다.

안팎의 관찰자가 보이는 관점의 차이를 해소하는 일은 사실 불가능하다. 자신의 좌표계에 맞추어 모든 사건을 해석하는 것은 지극히 자연스러운 일이다. 사건의 서술은 양쪽 모두에서 일관적인 모습을 보인다.

이 사례를 통해, 우리는 서로에 대해 등속운동을 하지 않는 두 좌표계에서도 특정 물리 현상을 일관적으로 서술하는 일이 가능하다는 사실을 알 수 있다. 그러나 이를 위해서는 중력을 염두에 두는 일이 필수적이다. 여기서 중력이 작용하기 위해 필요한 승강기가 위치한 건물은 하나의 좌표계를 다른 좌표계로 전환해 주는 '다리'의 역할을 수행한다. 외부의 관찰자에게는 중력장이 존재하지만, 내부의 관찰자에게는 존재하지 않는다. 중력장에 의한 승강기의 등가속 운동은 외부 관찰자에게는 존재하지만, 내부 관찰자는 승강기가 정지해 있다고 생각하며 중력장을 감지하지 못한다. 그러나 양쪽 좌표계 모두에서 서술을 가능하게 해 주는 중력장이라는 '다리'에는 매우 중요한 기본 가정이 하나 필요하다. 중력질량과 관성질량이 동일해야 한다는 것이다. 고전역학에서 미처 눈치채지 못한 이 중요한 실마리가 없다면, 지금 우리의 논의는 완전히 무너져 내릴 것이다.

그럼 이제 약간 다른 가상 실험을 하나 해 보기로 하자. 관성의 법칙이 유효한 관성계를 하나 가정해 보자. 우리는 이미 이런 관성계에서 정지 상태에 있는 승강기에 무슨 일이 일어날지를 살펴본 바 있다. 하지만 이번에는 상황에 변화를 준다. 누군가 승강기에 밧줄을 연결해서 그림에 보이는 방향으로 일정한 힘으로 당기고 있다. 실제로 이런 일을 어떻게 수행하는지는 중요하지 않다. 이 좌표계에서 역학 법칙이 유효하기 때문에, 승강기 전체는 해당 방향으로 등가속 운동을 하게 된다.

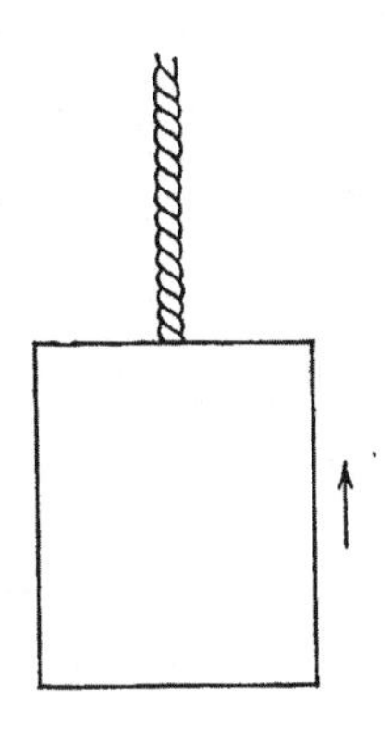

이 상황에서 다시 한 번 승강기 안팎의 관찰자가 승강기 내부에서 벌어지는 현상을 어떻게 설명하는지를 경청해 보기로 하자.

**외부 관찰자:** 내 좌표계는 관성계다. 승강기는 일정한 가속도로 움직이는데, 이는 일정한 힘이 작용하고 있기 때문이

다. 내부의 관찰자는 역학의 법칙이 성립하지 않는 절대 운동 상태에 있다. 내부의 관찰자에게 힘이 작용하지 않는 물체는 절대 정지 상태로 보이지 않을 것이다. 물체를 그대로 놔두면 승강기 바닥과 충돌하게 될 텐데, 이는 바닥이 물체를 향해 움직이고 있기 때문이다. 시계든 손수건이든 같은 일이 일어난다. 승강기 내부의 관찰자는 항상 바닥에 있어야 한다는 점이 묘하게 보인다. 제자리에서 뛰어오른다 해도 이내 바닥이 그를 따라잡지 않는가.

**내부 관찰자:** 내가 타고 있는 승강기가 절대 운동 상태라고 믿어야 할 이유를 모르겠다. 승강기와 확고하게 연결되어 있는 내 좌표계가 완벽한 관성계가 아니라는 사실은 인정할 수 있지만, 그게 절대 운동 상태와 연관이 있다고는 생각할 수 없다. 내 시계와 손수건, 그리고 기타 모든 물건들은 승강기 전체가 중력장 안에 있기 때문에 낙하하는 것이다. 나는 지구상에 있는 인간과 완벽하게 동일한 현상을 경험한다. 그는 이 모든 현상을 단순히 중력장의 작용이라 설명한다. 나도 그 설명으로 만족할 수 있다.

여기서 양쪽 관찰자의 설명은 둘 다 상당히 일관성을 가지며, 어느 쪽이 옳은지를 판별할 방법은 존재하지 않는다. 승강기 내부의 현상을 설명할 때는 어느 쪽을 선택해도 상관없다. 중력장이 존재하지 않으며 비등속 운동을 보게 되는 외부 관찰자의 관점이든, 중력장이 존재하며 정지 상태를 확인할 수 있는 내부 관찰자의 관점이든 아무 상관없다.

외부의 관찰자는 승강기가 비등속 절대 운동 상태라고 가정할 수 있을 것이다. 그러나 중력장이 존재한다고 가정하면 사라져 버리는 운동을 절대 운동이라 할 수는 없다.

서로 다른 두 서술을 오가는 모호한 상태에서 벗어나, 어느 쪽을 선호해야 할지 결정할 방법이 하나 존재할지도 모른다. 광선이 벽의 창문을 통해 승강기에 수평으로 들어가서, 매우 짧은 시간 후 반대편 벽에 도달한다고 해 보자. 이 경우 두 명의 관찰자가 빛의 경로를 어떻게 예측할지를 살펴보도록 하자.

승강기가 등가속 운동을 한다고 믿는 외부 관찰자는 이렇게 주장할 것이다. 창문으로 들어온 광선은 일정한 속도로 직선 경로를 따라 수평으로 운동해서 반대편 벽에 도달한다. 그러나 승강기는 빛이 운동하는 동안에도 위로 올라가고 있으므로, 그 시간 동안 승강기의 위치가 바뀔 것이다. 따라서 광선은 승강기에 들어온 지점에서 정확히 반대편 벽이 아니라 약간 아래쪽에 도달할 것이다. 물론 매우 작은 차이겠지만 존재한다는 점을 부인할 수는 없으며, 빛은 승강기에 대해 직선이 아니라 살짝 굽은 곡선을 그리며 운동할 것이다.

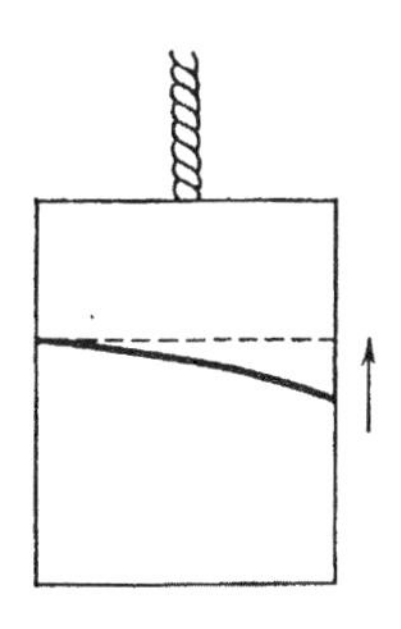

도달 지점의 차이는 광선이 승강기를 가로지르는 동안 승강기가 움직인 거리와 같다.

반면 중력장이 승강기 내부의 모든 물체에 작용하고 있다고 믿는 내부 관찰자는 다음과 같이 주장할 것이다. 승강기는 가속 운동을 하지 않으며, 이 경우에 작용하는 것은 중력장뿐이다. 광선에는 무게가 없으며, 따라서 중력장의 영향을 받지 않을 것이다. 수평으로 들어온 빛은 그 지점에서 정확히 반대 지점에 도달하게 될 것이다.

두 관찰자가 다른 현상이 일어날 것이라 예측하기 때문에, 어느 쪽의 관점이 옳은지를 판별할 수 있는 기회가 생길 것처럼 보인다. 만약 방금 인용한 양측의 설명에 비논리적인 부분이 전혀 없다면 우리가 방금 전까지 도출한 모든 내용이 무너지게 된다. 즉 중력장의 존재 여부에 따른 서로 다른 두 가지 관점으로 현상에 대한 일관적인 설명을 할 수 없게 되는 것이다.

그러나 다행히도 내부 관찰자의 추론에는 치명적인 실수가 존재하며, 이를 통해 이전의 논의를 구원할 수 있다. 그는 '광선에는 무게가 없으며, 따라서 중력장의 영향을 받지 않을 것이다'라고 말했다. 이 말이 사실일 리가 없다! 광선은 에너지를 운반하며, 에너지에는 질량이 존재하기 때문이다. 그러나 관성질량과 중력질량은 동등하기 때문에, 모든 관성질량을 가지는 물체는 중력장에 이끌리게 된다. 중력장의 영향을 받는 광선은 광속으로 수평으로 던진 물체와 동일하게 중력장 쪽으로 휘게 된다. 만약 내부 관찰자가 올바른 추론을 통해 중력장 안에서 광선이 휘어진다는 사실을 염두에 두었더라면, 그의 결론은 외부 관찰자와 완벽하게 동일했을 것이다.

물론 중력으로 인해 빛이 휘어진다는 사실을 실험으로 증명하기에는 지구의 중력장은 너무 약하다. 그러나 일식이 일어나는 동안 수행한 유명한 실험들을 통해, 중력장이 빛의 경로에 영향을 미친다는 간접적이지만 명확한 증거를 확인할 수 있었다.

이런 예시를 따라가다 보면 상대론적인 물리학을 정립할 수 있다는 근거 있는 희망이 솟아오른다. 그러나 이를 위해서는 먼저 중력이라는 문제를 파고들 필요가 있다.

승강기의 예시를 통해, 우리는 서로 다른 방식의 일관된 서술이 가능하다는 사실을 확인했다. 비등속 운동의 가정 여부와는 관계가 없는 것이다. 중력장을 이용하면 우리의 예시에서 '절대 운동'이라는 개념을 제거해 버리는 것이 가능하다. 그러나 이 경우 절대적인 비등속 운동이란 존재할 수가 없게 된다. 중력장이 완벽하게 그 개념을 없애 버린 것이다.

우리는 절대 운동과 관성계라는 망령을 물리학에서 추방하고, 새로운 상대성 물리학을 정립했다. 이상적인 실험을 통해 일반 상대성이론이라는 문제가 어떤 식으로 중력과 깊이 연관되어 있으며, 중력질량과 관성질량이 동일하다는 사실이 어떤 식으로 필수적인지도 확인했다. 일반 상대성이론에서 제공하는 중력 문제의 해법이 뉴턴 물리학과는 크게 다르다는 사실은 의심할 여지가 없다. 중력의 법칙 또한 다른 모든 자연계의 법칙과 마찬가지로 모든 가능한 좌표계에서 동일해야 한다. 그러나 뉴턴이 정립한 고전역학의 법칙은 오직 관성계에서만 유효하다.

## 기하와 실험

우리의 다음 실험은 낙하하는 승강기보다도 말이 안 되는 것이다. 이제 우리는 새로운 문제, 즉 일반 상대성이론과 기하 공간의 연관성에 대한 문제에 접근해야 한다. 우선 3차원 생물들이 사는 우리 세계와는 다른, 2차원만으로 구성되어 있는 세계를 살펴보기로 하자. 우리는 영화를 통해 2차원 존재들이 2차원 화면 위를 돌아다니는 상황에 익숙해져 있다. 그럼 이제 화면 위의 그림자 존재들, 즉 화면 속 배우들이 실제로 존재하고, 사고 능력도 있으며, 자기네 나름의 과학을 발전시킬 수 있고, 그들에게 있어서는 2차원 화면이 기하 공간을 나타낸다고 가정해 보자. 우리가 4차원 세계를 상상할 수 없는 것처럼, 이들 또한 3차원 공간을 명확하게 머릿속에 떠올릴 수 없다. 직선은 직접 확인할 수 있고, 원이 무엇인지도 알고 있지만, 구체를 머릿속에 그리는 것은 불가능하다. 그러려면 자신들이 존재하는 2차원 화면을 넘어서야 하기 때문이다. 우리 또한 같은 상황에 놓여 있다. 우리는 곡선이나 표면을 직접 확인할 수 있지만, 3차원 곡면이나 휘어진 공간은 머릿속에 그릴 수가 없다.

일상생활과 사고와 실험을 통해, 우리의 그림자 존재들은 결국 2차원 유클리드 기하학을 완벽하게 습득한다. 따라서 그들은 이제 이를테면 삼각형 내각의 합이 180도라는 사실을 증명해 낼 수 있다. 크고 작은 동심원을 작도하는 것도 가능하며, 두 개의 동심원의 원주의 차이가 반지름의 차이에 비례한다는 사실도 발견할 것이다. 이 모든 것이 유클리드 기하학의 특성이다. 만약 영화 스크린이 무한히 넓다면, 이 그림자 존재들은 계속 직진하면 두 번 다시 출발점으로 돌아올 수 없다는 사실도 발견하게 될 것이다.

그럼 이제 이런 2차원 존재들의 생활환경을 바꾸어 보자. 바깥세상, 즉 3차원 공간에 사는 존재가 그들을 화면에서 끄

집어내 매우 큰 지름을 가지는 구체의 표면으로 옮겨온다. 만약 이 그림자 존재들이 구체의 전체 면적에 비해 매우 작으며, 원거리 통신 수단이 없고, 멀리까지 이동하지 못한다면, 이들은 변화를 전혀 알아차리지 못할 것이다. 작은 삼각형의 내각의 합은 여전히 대략 180도일 것이다. 작은 동심원 두 개에서 원주와 반지름의 차이는 여전히 동일한 비율로 측정될 것이다. 직선으로 이동하다 보면 출발점으로 돌아오지 못할 것이다.

그러나 이 그림자 존재들이 시간의 흐름에 따라 이론과 기술을 발전시켰다고 해 보자. 이들이 원거리에서 신속한 통신이 가능한 수단을 손에 넣는다면, 직선 운동을 계속하면 결국에는 원점으로 돌아오게 된다는 사실을 발견하게 될 것이다. '직선 운동'이란 구면에서 대원을 따라 움직인다는 것을 의미한다. 이들은 또한 두 동심원에서 한쪽 원이 아주 작고 다른 원이 아주 크다면, 원주의 비율이 반지름의 비율과 같지 않다는 사실도 발견할 것이다.

만약 우리의 2차원 생물들이 보수적인 친구들이라면, 그리고 몇 세대 동안 배워 온 유클리드 기하학이 멀리까지 여행할 수 없을 때 관측한 사실과 들어맞는다면, 그들은 측정을 통한 증거에도 불구하고 원래 이론을 유지하기 위해 가능한 모든 수단을 사용할 것이다. 이런 불일치를 해결하기 위해 물리학에 책임을 전가할 수도 있다. 물리적인 이유, 이를테면 온도의 차이가 선을 왜곡시켜 유클리드 기하학의 법칙에서 벗어나도록 만들었다고 주장할 수도 있을 것이다. 그러나 결국은 이런 상황을 해결하기 위한 훨씬 논리적이고 설득력 있는 방법이 있다는 사실을 깨닫게 될 것이다. 머지않아 이들은 자기네 세계가 유한한 곳이며, 지금까지 배운 것과는 다른 기하학 원칙이 적용된다는 사실을 이해하게 된다. 실제 형태를 상상할 능력이 없음에도 불구하고 자신들이 구체 위의 2차원 공간에 존재한다는 사실을 깨닫게 되는 것이다. 이들은 머지않아 유클리드 기하학과는 다른 새로운 기하학을 정립할 것이며, 그에 따라 자신들의 2차원 세계를 일관적이고 논리적인 방식으로 서술할 수 있게 될 것이다. 구체의 기하학을 배우며 자라난 새로운 세대에 있어, 관찰한 사실과 일치하지 않는 낡은 유클리드 기하학은 복잡하고 인위적으로 보일 것이다.

그럼 이제 우리가 사는 세계의 3차원 생물들로 돌아가 보자.

우리의 3차원 세계가 유클리드적 성질을 지닌다는 말은 무슨 뜻을 가지는가? 이는 곧 유클리드 기하학에서 증명된 모든 명제가 실제 실험으로도 확인될 수 있다는 뜻이다. 단단한 물체 또는 광선을 이용하면, 우리는 유클리드 기하학의 이상적인 물체에 상응하는 것들을 만들어 낼 수 있다. 자 또는 광선의 경계선은 이상적인 직선에 대응한다. 얇고 단단한 막대로 만든 삼각형의 내각의 합은 180도가 된다. 얇고 잘 휘지 않는 철사로 만든 두 개의 동심원에서, 반지름의 비는 원주의 비와 동일하다. 이런 식으로 해석하면 유클리드 기하학은 매우 단순한 형태지만 물리학의 한 장을 차지할 수 있게 된다.

그러나 불일치점이 발견되는 상황은 쉽사리 상상할 수 있다. 이를테면 단단한 막대로 만든 커다란 삼각형에서 내각의 합이 180도가 아닌 경우를 어렵지 않게 떠올릴 수 있다. 우리는 이미 유클리드 기하학의 물체를 실제 물체에 대응하는 일에 익숙해져 있기 때문에, 이 경우 막대가 예측하지 못한 성향을 보이는 이유를 물리적인 힘의 작용에서 찾게 될 것이다. 작용하는 힘의 물리적 성질을 판별하고, 다른 현상에 어떤 식으로 영향을 끼치는지를 파악하려 할지도 모른다. 유클리드 기하학을 구원하기 위해서, 대상 물체가 변형되어 유클리드 기하학의 이상적인 물체와 일치하지 않게 되었다고 매도할 수밖에 없는 것이다. 즉 유클리드 기하학에서 기대하는 방식으로 행동하는 좀 더 나은 대체 물체가 필요하다고 주장하는 셈이다. 하지만 그럼에도 유클리드 기하학과 물리학을 단순하고 일관적인 그림으로 한데 묶을 수 없게 된다면, 결국 우리의 공간이 유클리드적이라는 개념을 포기하고 공간에 대한 좀 더 보편적인 기하학적 성질을 정립한 다음, 그와 일치하는 설득력 있는 공간의 구조를 그려 보여야 할 것이다.

이런 과정이 필요한 이유는, 완벽하게 상대적인 물리학에서는 유클리드 기하학에 의존할 수 없다는 사실을 보여주는 몇 가지 이상적인 사고 실험을 살펴보면 명백해진다. 이를 통해 우리는 이미 관성계와 특수 상대성이론을 통해 확인한 결과를 도출하게 될 것이다.

두 개의 동심원을 그리는 커다란 원반을 상상해 보자. 동심원 하나는 매우 작고, 다른 하나는 매우 크다.

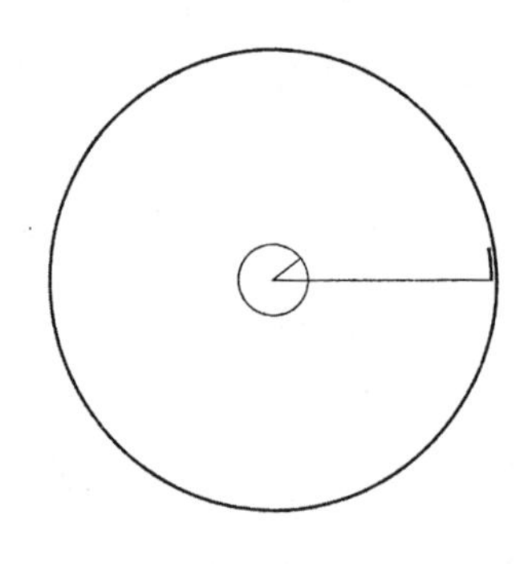

이제 원반이 빠른 속도로 회전을 시작한다. 원반은 외부 관찰자에 대해 회전하고 있으며, 원반 위에는 내부 관찰자가 존재한다. 그럼 여기서 한 발짝 더 나아가, 외부 관찰자의 좌표계가 관성계라 가정해 보자. 외부 관찰자는 자신의 관성계 안에서, 관성계에 대해 정지 상태지만 회전하는 원반 위의 원과 동일한 두 개의 원을 그릴 수 있을 것이다. 관성계인 그의 좌표계 안에서 유클리드 기하학은 유효하며, 따라서 그는 원주의 비율이 반지름의 비율과 일치한다는 사실을 발견하게 될 것이다. 하지만 원반 위의 관찰자에게는 어떨까? 고전 물리학 및 특수 상대성이론의 관점에서 보자면 그의 좌표계는 금단의 영역이다. 하지만 모든 좌표계에서 유효한 새로운 형식의 물리 법칙을 찾으려면 원반 위의 관찰자와 외부 관찰자를 똑같이 중요하게 여겨야 한다. 우리는 원반 위의 관찰자가 측정을 통해 회전하는 원반의 원주와 반지름의 비를 찾으려 하는 모습을 외부에서 관찰한다. 그는 외부 관찰자가 사용한 것과 동일한 작은 측정용 막대를 사용한다. 물론 여기서 '동일한'이란 외부 관찰자가 실제로 내부로 전달해 준 같은 물건일 수도 있고, 두 막대가 좌표계에서 정지 상태일 때 길이가 같다는 뜻일 수도 있다.

원반 위의 내부 관찰자는 작은 원의 원주와 반지름을 측정하기 시작한다. 그의 결과는 외부 관찰자의 결과와 동일해야 할 것이다. 원반이 회전하는 중심축은 동심원의 중심을 지나며, 중심 근처의 영역은 매우 작은 속도를 가지게 될 것이다. 원의 크기가 매우 작다면, 우리는 안심하고 고전역학을 적용하며 특수 상대성이론은 잊어버릴 수 있다. 즉 막대의 길이가 안팎의 관찰자에게 있어 동일하며, 양쪽의 측정 결과 또한 동일할 것이라는 뜻이다. 이제 원반 위의 관찰자가 큰 원의 반지름을 측정하려 한다. 반지름 위에 놓인 막대는 외부 관찰자가 보기에는 운동을 하고 있다. 그러나 이 막대의 운동 방향은 막대에 대해 수직이기 때문에, 막대는 수축하지 않으며 양쪽 관찰자에게 동일한 길이로 보이게 된다. 따라서 양쪽 관찰자는 세 개의 항목, 즉 두 원의 반지름과 작은 원의 원주에서 동일한 측정값을 얻는다. 그러나 네 번째 항목에서는 다른 일이 벌어진다! 큰 원의 원주를 측정한 결과는 양쪽에서 서로 다르게 나오는 것이다. 원주를 측정하기 위해 놓은 막대는 운동 방향을 가리키게 되며, 외부의 관찰자가 이를 보면 자신의 정지해 있는 막대에 비해 길이가 수축된 것으로 보인다. 큰 원의 속도는 작은 원에 비해 훨씬 빠르기 때문에 이런 수축 현상이 의미를 가질 정도로 크게 일어나는 것이다. 따라서 특수 상대성이론의 결과를 적용하면, 우리는 양쪽 관찰자가 측정한 큰 원주의 길이는 서로 다른 값을 가지게 된다는 결론을 얻을 수 있다. 양쪽 관찰자가 측정한 네 가지 값 가운데 한 가지만 다르기 때문에, 외부의 관찰자가 얻은 결과와는 달리, 내부의 관찰자가 보기에는 두 동심원의 원주의 비와 반지름의 비는 동일할 수가 없다. 이는 결국 원반 위의 관찰자가 자신의 좌표계에서 유클리드 기하학의 유효성을 확인할 수 없다는 뜻이다.

이런 결과를 얻은 후에도, 원반 위의 관찰자가 유클리드 기하학이 유효하지 않은 좌표계를 상정하는 게 꺼려진다고 말할 수도 있다. 그런 이라면 유클리드 기하학이 무너진 이유가 절대적 회전이 존재해서 자신의 좌표계가 '나쁜', 즉 사용할 수 없는 것이기 때문이라고 말할 것이다. 그러나 이런 식의 논리는 일반 상대성이론의 중심 개념을 거부하는 것이나 다름없다. 반면 절대 운동을 거부하고 일반 상대성이론의 개념을 유지하고자 한다면, 유클리드 기하학보다 보편적인 기하학을 이용한 물리학을 정립해야 한다. 모든 좌표계를 유효한 것으로 간주하고자 한다면 필수적인 과정이다.

일반 상대성이론이 가져오는 변화는 공간에만 국한되지 않는다. 특수 상대성이론에서, 우리는 모든 좌표계에 똑같은 박자로 움직이고 동기화를 마친, 즉 동시에 같은 시각을 표시하는 여러 개의 시계를 달아 놓았다. 관성계가 아닌 좌표계에 고정된 시계에는 무슨 일이 일어날까? 다시 한 번 원반을 이용한 이상적인 실험을 수행해 보도록 하자. 외부 관찰자의 관성계에는 동기화를 마치고 같은 박자로 움직이는 완벽한 시계가 여러 개 고정되어 있다. 내부 관찰자는 같은 시계를 두 개 가져다가 하나는 작은 동심원에, 다른 하나는 큰 동심원에 고정시킨다. 작은 원 위의 시계는 외부 관찰자에 대해 매우 작은 속도를 가지며, 따라서 우리는 그 박자가 외부 시계와 동일할 것이라는 결론을 무리 없이 내릴 수 있다. 그러나 큰 원의 시계는 상당히 속도가 빠르기 때문에 외부 관찰자의 시계와 다른 박자를 가지게 되며, 따라서 작은 원의 시계와도 박자가 달라진다. 따라서 회전하는 두 개의 시계는 서로 다른 박자를 지니며, 특수 상대성이론의 결과를 도입하면 이번에도 회전하는 좌표계는 관성계에 적용한 방식으로는 파악할 수 없다는 사실이 확인된다.

지금까지 살펴본 여러 가상 실험 결과에서 어떤 결과를 도출할 수 있는지를 확인하기 위해, 다시 한 번 고전 물리학을 신봉하는 과거의 물리학자 O와 일반 상대성이론을 알고 있는 현대 물리학자 M 사이의 대화를 인용해 보기로 하자. O는 관성계 안에 있는 외부 관찰자이고, M은 회전하는 원반의 좌표계 위에 있는 관찰자다.

O: 자네의 좌표계 위에서 유클리드 기하학은 유효하지 않아. 자네의 측정 결과를 확인해 봤는데, 자네의 좌표계 위에서는 두 동심원의 원주의 비가 반지름의 비와 동일하지 않더군. 하지만 이건 자네의 좌표계가 잘못된 것이라는 뜻일 뿐이야. 반면 내 좌표계는 관성계의 성질을 가지므로, 안전하게 유클리드 기하학을 적용할 수 있지. 자네의 원반은 절대 운동을 하고 있는데, 이건 고전 물리학의 관점에서 보면 금지된 좌표계의 조건이지. 그 위에서는 역학 법칙이 유효하지 않아.

M: 나는 절대 운동 같은 소리는 조금도 듣고 싶지 않네. 내 좌표계도 자네의 좌표계와 똑같이 유효하다고. 나는 자네가 내 원반 주위를 돌고 있다고 생각한다네. 다른 모든 좌표계가 내 원반에 대해 상대적으로 운동을 하고 있다는 관점이 틀리다고 증명할 방법은 전혀 없을 텐데.

O: 하지만 자네를 원반 중심에서 멀어지게 하려는 묘한 힘의 존재를 느낄 수 있지 않나? 만약 자네의 원반이 고속으로 도는 회전목마 같은 상황이 아니라면, 자네가 관찰

한 두 가지 현상은 벌어지지 않았을 걸세. 자네를 밖으로 밀어내는 힘도, 자네의 좌표계에서 유클리드 기하학을 적용할 수 없다는 사실도 알아차리지 못했을 테지. 이 두 가지 사실이면 자네의 좌표계가 절대운동을 하고 있다고 충분히 설득할 만할 텐데?

M: 전혀 그렇지 않다네! 물론 자네가 말한 두 가지 사실을 알아채긴 했네만, 내가 있는 원반에 작용하는 기묘한 중력장이 그런 현상의 원인이라 생각한다네. 이 중력장이 원반의 외부를 향해 작용하는 힘이 내 막대를 변형시키고 시계의 박자를 변하게 만드는 거라네. 내가 보기에는 이 중력장과 비유클리드 기하학과 박자가 달라지는 시계 사이에는 긴밀한 연관 관계가 있는 듯싶네. 모든 좌표계를 받아들이기 위해서는 단단한 막대와 시계에 영향을 끼칠 수 있는 적절한 중력장의 존재가 반드시 필요한 거라네.

O: 하지만 자네의 일반 상대성이론이 유발하는 문제에 대해서 생각해 본 적이 있나? 물리학이 아닌 단순한 예시를 하나 들면 내 논점이 명확해질 걸세. 평행한 거리들과 평행한 대로들이 수직으로 교차하고 있는 이상적인 미국 도시를 하나 상상해 보게나. 거리들 사이, 대로들 사이의 거리는 항상 동일하다고 가정해 보지. 이런 가정을 만족한다면 모든 구역은 항상 동일한 크기를 가질 테

고, 따라서 쉽사리 특정 구역의 특성과 위치를 파악할 수 있을 걸세. 그러나 이런 건축은 유클리드 기하학을 사용하지 않으면 불가능해. 그 때문에 곡면, 이를테면 지구 전체와 같은 공간을 하나의 거대한 이상적인 미국 도시로 뒤덮을 수 없는 거지. 지구본을 한번 보기만 하면 그 사실이 명확해질 걸세. 하지만 자네의 원반 또한 '미국 도시 방식'으로 뒤덮을 수 없어. 자네는 중력장이 막대를 변형시켰다고 말하지. 자네가 원주와 반지름의 비가 동일하다는 유클리드의 원리를 확인할 수 없다는 말은, 거리와 대로로 구성된 건축을 시작하면 머지않아 자네의 원반 위에서는 그런 일이 불가능하다는 사실을 발견하게 될 것이라는 뜻이라네. 자네의 회전하는 원반 위의 기하학은 곡면의 기하학과 비슷하다네. 그 말은 즉 면적을 충분히 넓히면 거리와 대로로 가득한 건축이 불가능해진다는 뜻이지. 물리학에 가까운 예를 들자면 평면 위의 여러 점에 각각 다른 양의 열을 가하는 경우를 생각해 보게나. 작은 쇠막대가 열 때문에 팽창해 대는 상황에서 내가 아래 그린 것과 같은 평행-수직 건축을 할 수 있겠나? 물론 불가능하겠지! 자네의 '중력장'이 자네의 막대에 끼치는 영향은, 온도가 작은 쇠막대에 끼치는 영향과 마찬가지 역할을 한단 말일세.

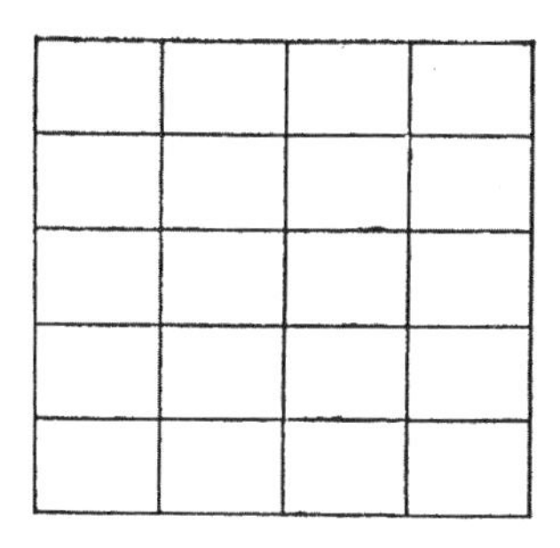

M: 그렇다고 해서 딱히 걱정할 필요는 없지. 점의 좌표를 특정하기 위해서는 거리-대로 형식의 건축만 있으면 되고, 사건의 순서를 정하려면 시계만 있으면 충분해. 도시 자체가 굳이 미국 도시 형태일 필요는 없어. 유럽의 구시가지 형태라도 아무 상관없지 않겠나. 자네의 이상적인 도시가 고무찰흙으로 만들어져 있어서 변형되어 버린다고 상상해 보게. 여전히 구역 번호를 매길 수 있고 거리와 대로도 인지할 수 있지만, 구역과 거리와 대로는 더 이상 직선이거나 동일한 거리를 두고 평행으로 배열되지는 못할 걸세. 마찬가지로 우리 지구에서도 '미국 도시'식의 건축은 불가능하더라도 위도와 경도를 이용해 한 지점을 특정할 수 있지 않은가.

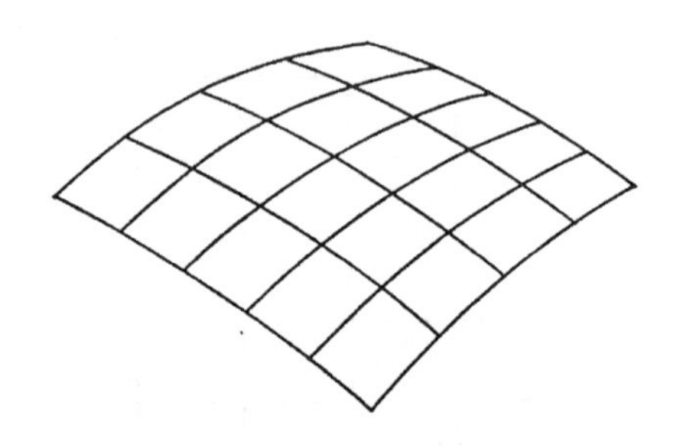

O: 하지만 문제는 여전히 남아 있다네. 자네의 '유럽 도시' 구조를 강제로 사용할 수밖에 없단 말일세. 물론 이를 통해서도 지점 또는 사건의 순서를 지정할 수는 있겠지만, 그런 식으로 건축을 한다면 거리를 측정할 방법이 애매해지지 않겠나. 내 건축 방식에서처럼 공간을 규격화해서 측정할 수가 없단 말이네. 예를 하나 들어 보지. 내가 만든 미국식 도시에서라면 10개의 구역을 이동하려면 5개의 구역의 두 배의 거리를 이동하면 된다네. 모든 구역이 동일하다는 사실을 알고 있으니 거리를 즉각 확인할 수 있지.

M: 그 말은 물론 사실일세. 내 '유럽 도시' 구조에서는 변형된 구역의 숫자를 세는 것만으로는 거리를 측정할 수 없지. 그 외의 내용, 즉 도시 표면의 기하학적 성질을 알아야 하는 걸세. 모두가 알고 있듯이, 경도를 보면 적도에서 0°에서 10° 사이의 거리는 북극점 근처에서 0°에서 10° 사이의 거리와는 동일하지 않으니 말일세. 하지

만 항해사라면 누구든 해당 지점에서 거리를 측정하는 방법을 알고 있는데, 이는 특정 지점의 기하학적 성질을 이미 알고 있기 때문이라네. 구체의 삼각함수를 기반으로 계산할 수도 있고, 동일한 속도로 각각의 경로를 따라 배를 모는 식으로 실험을 통해 알아낼 수도 있지. 자네의 경우에는 모든 거리와 대로가 같은 간격으로 배치되어 있으니 단순하고 사소한 문제겠지만, 우리 지구의 경우에는 상황이 좀 더 복잡한데, 0°와 10°의 두 개의 자오선은 북극점에서 한데 모이며, 적도에서 가장 거리가 벌어지기 때문이라네. 마찬가지로 내 '유럽 도시' 구조에서 거리를 측정하려면 자네의 '미국 도시' 구조의 경우보다 미리 알아야 할 내용이 더 많을 뿐이라네. 내 연속체 위의 모든 상황에서 그에 따른 기하학적 성질을 연구하면 이런 추가 지식을 확보할 수 있어.

O: 하지만 그건 결국 유클리드 기하학의 단순한 구조를 포기하고 자네가 사용할 수밖에 없는 복잡한 구조를 도입하는 일이 얼마나 까다롭고 불편한가를 보여주는 것뿐이지 않은가. 꼭 그럴 필요가 있는 건가?

M: 우리의 물리학을 존재 여부도 알 수 없는 관성계만이 아닌 모든 좌표계에 도입하기 위해서는 애석하게도 필수적인 일이라네. 내가 사용해야 하는 수학의 도구가 자네의 것보다 복잡하다는 사실은 인정하겠네만, 물리학적

으로는 내 가정 쪽이 좀 더 단순하고 자연스럽다네.

지금까지의 대화는 2차원 연속체에만 국한되어 있었다. 일반 상대성이론에서 다루는 내용은 2차원이 아니라 4차원 시공간 연속체이기 때문에 이보다 복잡하다. 그러나 착상 자체는 2차원에서 묘사한 것과 크게 다르지 않다. 특수 상대성이론에서 사용했던 평행과 직각으로 존재하는 역학의 구조나 동기화를 끝낸 시계 등은 일반 상대성이론에서는 사용할 수 없다. 임의적인 좌표계 안에서는 특수 상대성이론이 적용되는 관성계에서 사용했던 단단한 막대나 일정한 박자를 가지며 동기화를 끝낸 시계 등으로는 사건이 벌어지는 지점과 순간을 특정할 수가 없다. 물론 비유클리드적인 막대와 박자가 어긋난 시계를 가지고도 사건의 상대적 위치와 순서를 특정하는 것은 가능하다. 그러나 단단한 막대와 완벽한 박자로 동기화를 끝낸 시계를 이용한 측정이란 오로지 국지적인 관성계에서만 가능한 것이다. 다른 말로 하자면, 특수 상대성이론이 유효한 경우다. 그러나 우리의 '좋은' 좌표계란 국지적으로 존재할 뿐이며, 관성계의 특성은 시공간 연속체 속에서 특정 경우로 제한되어 있다. 우리의 임의적인 좌표계에서도 이런 국지적인 관성계의 측정 결과를 예측하는 일이 가능하다. 그러나 이를 위해서는 우리 시공간 연속체의 기하학적 특성을 미리 알고 있어야 한다.

이상적인 실험을 통해서는 새로운 상대성 물리학의 일반적인 특성밖에는 확인할 수 없지만, 우리의 근본적인 문제가 중력이라는 사실은 알 수 있었다. 또한 일반 상대성이론이 시공간 연속체의 일반화의 범주를 넓힌다는 사실도 확인할 수 있었다.

## 일반 상대성이론의 입증

일반 상대성이론의 목적은 모든 좌표계에 유효한 물리 법칙을 정립하는 것이다. 여기서 근본적인 문제는 바로 중력이며, 따라서 일반 상대성이론은 뉴턴 이후 중력의 법칙을 다시 정립하려 시도한 유일한 이론이 된다. 정말로 이렇게까지 해야 하는 것일까? 우리는 이미 뉴턴의 이론이 이룩한 업적을 살펴보고, 그의 중력의 법칙을 기반으로 천문학이 이룬 놀라운 발전을 살펴보았다. 모든 천문학 계산에는 여전히 뉴턴의 법칙을 사용한다. 그러나 우리는 옛 이론에 반대하는 주장 역시 살펴보았다. 뉴턴의 법칙은 고전역학의 관성계에서만, 즉 역학 법칙의 조건이 유효하다는 것이 확인된 좌표계 안에서만 유효하다. 두 물체 사이의 힘은 서로의 거리에 영향을 받는다. 우리가 이미 살펴보았듯이, 힘과 거리 사이의 관계는 고전 변환에 의해 불변이다. 그러나 이 법칙은 특수 상대성이론의 틀에는 들어맞지 않는다. 로렌츠 변환에 의하면 거리는 불변하는 값이 아니다. 운동의 법칙의 경우와 마찬가지로, 중력의 법칙을 일반화해서 특수 상대성이론에 맞아 떨어지도록, 즉 고전 변환이 아니라 로렌츠 변환에 의해 불변이 되도록 재정립하려 시도할 수도 있을 것이다. 그러나 뉴턴의 중력의 법칙은 단순화나 특수 상대성이론과 일관성을 부여하려는 모든 시도를 완고하게 거부한다. 게다가 이 과정에 성공하더라도 한 단계가 남아 있게 된다. 바로 특수 상대성이론이 유효한 관성계에서 일반 상대성이론이 다루는 임의의 좌표계로 넘어가는 일이다. 낙하하는 승강기를 다루는 이상적인 실험을 보면, 중력의 문제를 해결하지 않고 일반 상대성이론을 정립하는 일이 불가능하다는 사실이 여실히 드러난다. 지금까지의 논의를 살펴보면, 중력이라는 문제를 해결하는 방식이 고전 물리학과 일반 상대성이론에서 서로 다를 수밖에 없다는 사실을 확인할 수 있다.

우리는 일반 상대성이론으로 향하는 길을 제시하고, 세계관을 다시 한 번 바꿀 수밖에 없었던 이유를 서술하고자 했다. 이론의 논리적 구조를 파고드는 대신, 새로운 중력 이론의 특징 몇 가지를 과거의 이론과 비교해 보도록 하자. 지금까지의 논의를 생각해 보면, 이를 통해 차이점의 본질을 파악하는 일은 그리 어렵지 않을 것이다.

1. 일반 상대성이론의 중력 방정식은 모든 좌표계에 적용할

수 있다. 특정 사례에 특정 좌표계를 선택한 것은 그저 편의를 위한 행동일 뿐이다. 이론적으로는 모든 좌표계를 사용하는 게 가능하다. 중력을 무시하면 즉시 특수 상대성이론의 관성계로 돌아가게 된다.

2. 뉴턴의 중력의 법칙은 지금 이 순간의 물체의 운동을 같은 시간에 멀리 떨어져 있는 물체의 운동과 연결시켜 준다. 이는 역학적 세계관에서 반복적으로 관찰되는 법칙이다. 그러나 역학적 세계관은 깨져 버렸고, 우리는 맥스웰 방정식을 통해 자연의 법칙에서 새로운 패턴을 목격했다. 맥스웰 방정식은 구조적 법칙이다. 이 법칙은 지금 이 순간 일어나는 사건을 잠시 후 근처에서 일어나는 사건과 연결시켜 준다. 전자기장의 변화를 서술할 때 우리는 이 법칙을 사용한다. 우리의 새로운 중력 방정식 또한 중력장의 변화를 서술하는 구조적 법칙이다. 전체 개요를 놓고 보면, 뉴턴의 중력 법칙에서 일반 상대성이론으로 전환하는 일은 쿨롱의 전기 유체 이론에서 맥스웰의 이론으로 전환하는 일과 유사하다고 할 수 있을 것이다.
3. 우리 세계는 유클리드적 세계가 아니다. 우리 세계의 기하학적 성질은 질량과 속도에 따라 정의된다. 일반 상대성이론의 중력 방정식은 우리 세계의 기하학적 성질을 드러내려 시도한다.

일단 일반 상대성이론의 일관성을 확인하는 데 성공했다고 가정해 보자. 혹시 지금 추론을 현실에서 너무 떨어진 곳까지 끌고 가는 것은 아닐까? 우리는 옛 이론이 천문학 현상을 얼마나 훌륭하게 설명하는지를 알고 있다. 새로운 이론과 관찰 결과 사이의 다리를 놓을 수 있는 가능성이 존재하는 것일까? 모든 추론은 실험으로 확인해야 하며, 결과가 사실과 일치하지 않으면 이론이 아무리 매력적이더라도 폐기할 수밖에 없다. 새로운 중력 법칙이 실험이라는 이름의 시련을 얼마나 잘 버텨 냈는가? 이 질문에는 단 하나의 문장으로 답할 수 있다. 과거의 이론은 새로운 이론의 특수한 사례일 뿐이다. 중력이 비교적 약한 경우라면, 과거의 뉴턴 법칙이 새로운 중력 법칙의 훌륭한 대체재로서 근사값을 제공할 수 있다. 따라서 고전 이론을 뒷받침하는 모든 관찰 결과는 일반 상대성이론을 뒷받침하는 것이기도 하다. 새로운 이론에 특수한 제약을 가하면 옛 이론이 돌아오는 것이다.

새로운 이론의 손을 들어 주는 관찰 결과를 딱히 들지 않더라도, 관찰 결과를 옛 이론만큼 훌륭히 설명해 낼 수만 있다면, 자유롭게 선택할 수 있는 상황에서는 언제나 새 이론 쪽의 손을 들어 주게 될 것이다. 새 이론의 방정식은 수학적인 관점에서 보면 좀 더 복잡하지만, 기본 원리의 측면에서 이론이 성립하기 위한 가정 자체는 훨씬 단순하다. 절대 시간과 관성계라는 무시무시한 망령들이 사라져 버리기 때문이다. 중력질량과 관성질량이 일치한다는 실마리도 간과하고 넘어가지 않는다. 중력이 거리에 영향을 받는다는 가정 또한 더 이상 필요하지 않다. 중력 방정식은 역장 이론의 위대한 업적 이후로 모든 물리 법칙의 필수 요소가 된 구조 법칙의 형태를 가진다.

새로운 중력 법칙을 이용하면 뉴턴의 중력 법칙에 포함되지 않았던 새로운 유추 또한 가능하다. 그중 하나인 중력장에서 빛이 휘어지는 현상은 이미 앞에서 언급했다. 아래에서 다른 두 가지 결론을 설명해 보겠다.

만약 예전의 법칙이 중력이 약할 경우의 새 법칙의 특수한 형태에 지나지 않는다면, 뉴턴의 중력 법칙을 벗어나는 현상은 비교적 강한 중력이 작용할 경우에만 발생할 것이다. 우리 태양계를 예로 들어 보자. 우리 지구를 포함한 행성들은 타원 궤도를 그리며 태양 주위를 공전한다. 태양에 가장 가까운 행성은 수성이다. 천체 사이의 거리가 가장 짧기 때문에, 태양과 수성 사이의 인력은 태양과 다른 행성 사이의 인력보다 강하다. 만약 뉴턴의 법칙을 벗어나는 예를 찾고 싶다면 수성 쪽이 가장 가능성이 높을 것이다. 고전 이론을 따르면, 수성의 궤도는 태양에 가장 가깝다는 점을 제외하면 다른 행성들과 같은 성질을 가질 것이다. 그러나 일반 상대성이론을 따르면 약간의 차이점이 발생한다. 수성은 태양 주변을 단순히 공전하기만 하는 게 아니라, 그 궤도가 그리는 타원형 또한 태양과 연결된 좌표계에 대해 매우 천천히 이동을 하게 되는 것이다. 이런 현상, 즉 근일점 이동 현상은 일반 상대성이론의 새로운 능력을 보여 준다. 새 이론이 중력의 효과를 예측해 낸 것이다. 수성의 근일점은 실제로 3백만 년 주기로 완전히 한 바퀴를 도는 것이다! 우리는 이를 통해 그 효과가 얼마나 작은지, 그리고 태양에서 멀리 떨어진 행성의 경우 그 효과를 찾는 일이 얼마나 힘들지를 확인할 수 있다.

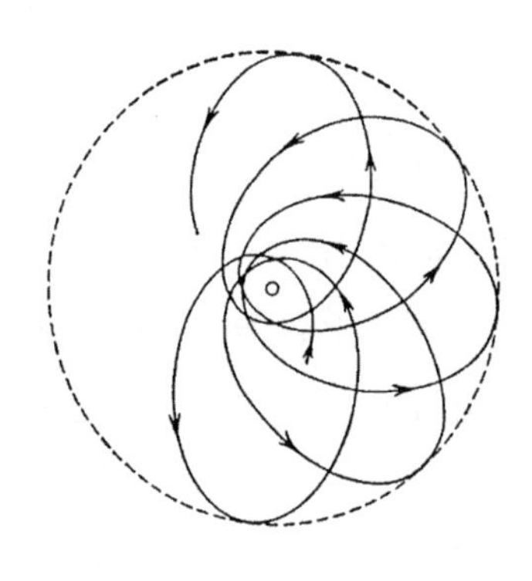

수성의 근일점 이동 현상은 일반 상대성이론이 정립되기 전부터 알려져 있었지만, 어떤 이론으로도 그 현상을 설명해 낼 수 없었다. 반면 일반 상대성이론은 이 현상은 조금도 염두에 두지 않은 채 탄생했다. 새로운 중력 방정식으로 행성의 근일점 이동 현상을 설명할 수 있다는 결론은 한참 후에야 나왔다. 수성의 경우에, 우리는 뉴턴 법칙을 벗어나는 운동을 성공적으로 설명해 냈다고 할 수 있을 것이다.

일반 상대성이론과 대조하여 결론을 도출할 수 있는 실험이 하나 더 있다. 우리는 이미 회전하는 원반의 큰 원 위에 고정시킨 시계가 작은 원 위의 시계와 다른 박자를 가지게 된다는 사실을 알고 있다. 마찬가지로, 상대성이론에 따르면 태양에 고정시킨 시계는 지구에 고정시킨 시계와 다른 박자를 가지게 될 것이다. 태양에서는 중력장의 영향이 지구에서보다 훨씬 강하기 때문이다.

우리는 앞에서 가열한 나트륨이 특정 파장을 가지는 황색 균질광을 발한다는 사실을 살펴보았다. 여기서 나트륨 원자는 발산하는 파장이라는 박자를 가지는 하나의 시계로서 기능한다고 할 수 있다. 일반 상대성이론에 따르면, 나트륨 원자가 발하는 빛의 파장은 지구에 있을 때보다 태양에 있을 때 아주 조금이지만 더 커질 것이다.

일반 상대성이론이 예측한 내용을 관찰을 통해 확인하려면 고도로 정교한 수단을 동원할 수밖에 없으며, 아직 명확하게 확인되지는 않았다고 할 수 있다. 우리는 주요 개념만을 살펴보는 중이니 이 문제를 더 깊게 파고들 필요는 없을 것이다. 여기서는 지금까지 실험으로 확인한 내용만으로도 일반 상대성이론이 입증되었다고 확정하고 넘어가도록 하자.

## 역장과 물질

우리는 역학적 세계관이 무너진 이유와 그 과정을 살펴보았다. 불변하는 입자 사이에 작용하는 단순한 힘을 가정하는 것만으로는 모든 현상을 설명할 수 없었다. 역학적 세계관을 뛰어넘어 역장이라는 개념을 도입하려 한 시도는 전자기 분야에서 가장 성공적인 결과를 도출해 냈다. 전자기장을 다루는 구조 법칙이 정립되었고, 시공간 연속체상에서 매우 가까운 거리에서 벌어지는 사건들을 서로 연결해 주는 법칙이 생겨났다. 이런 법칙들은 특수 상대성이론의 틀에 맞는 것인데, 로렌츠 변환에 의해 불변성을 가지기 때문이다. 이후 일반 상대성이론을 통해 중력의 법칙이 정립되었다. 이 법칙 또한 물질 입자 사이의 중력장을 서술하는 구조 법칙이었다. 맥스웰의 법칙을 손쉽게 일반화하여 모든 좌표계에 적용할 수 있었듯이, 일반 상대성이론의 중력의 법칙 또한 어렵지 않게 일반화할 수 있었다.

실재하는 두 가지 존재는 물질과 역장이다. 지금 이 상황에서 19세기에 그랬던 것처럼 물리학 전체가 물질이라는 개념에 기반을 두고 있다고 생각하는 것은 불가능하다. 지금 우리는 두 가지 개념을 모두 인정해야 한다. 물질과 역장을 두 개의 동떨어진 실체로 생각할 수 있을까? 작은 물질 입자가 존재한다고 가정해 보면, 입자의 존재를 지우고 중력장으로만 표현하는 명확한 평면을 그리 어렵지 않게 상상할 수 있다. 우리가 방금 생각한 그림에서는 물질이 존재하는 구역이 역장의 법칙이 유효한 구역과 강제로 분리된 것이다. 그러나 물질과 역장을 구분하는 물리적인 경계가 존재할까? 상대성이론에 대해 알기 전에는 다음과 같은 방식으로 답할 수 있었을 것이다. '물질에는 질량이 존재하고, 역장에는 질량이 존재하지 않는다. 역장은 에너지를 의미하며, 물질은 질량을 의미한다.' 그러나 이제 지식의 한계가 늘어난 우리는 이런 답변으로는 불충분하다는 사실을 알고 있다. 우리는 상대성이론을 통해 물질이 에너지의 막대한 저장고이며 에너지가 물질을 의미한다는 사실을 깨달았다. 따라서 이런 식으로는 물질과 역장의 정성적 구별이 불가능하다. 애초에 물질과 에너지의 구분이 정성적인 것이 아니기 때문이다. 에너지의 대부분은 물질 안에 집약되어 있지만, 입자를 둘러싸는 역장 또한 비교할 수 없을 정도로 작은 양이기는 해도 에너지를 나타낸다. 따라서 우리는 다음과 같이 말할 수 있을 것이다. '물질은 에너지의 밀도가 높은 지역을 말하며, 역장은 에너지의 밀도가 낮은 지역을 말한다.' 그러나 이 명제가 사실이라면 물질과 역장의 차이는 정성적이 아니라 정량적인 것이 된다. 물질과 역장을 서로 다른 두 가지 요소라고 생각하는 일 자체가 틀린 표현인 것이다. 이 명제가 사실이라면 역장과 물질을 명확하게 분간하는 경계선을 상상할 수가 없게 된다.

전하와 역장의 경우에도 같은 문제점이 발생한다. 물질과 역장, 또는 전하와 역장 사이의 명확한 정성적인 구분은 불가능해 보인다.

우리의 구조 법칙, 즉 맥스웰 법칙과 중력 법칙은 에너지가 극도로 많이 모여 있는 지역 또는 역장의 근원, 즉 전하 또는 물질이 존재하는 곳에서는 무너져 버린다. 그러나 방정식을 약간만 변형하면 이 법칙이 모든 곳에서, 심지어 에너지 밀도가 엄청나게 높은 지역에서도 유효하도록 만들 수 있지 않을까?

물질 개념에만 근거해서 물리학을 정립할 수는 없다. 하지만 물질과 역장을 나누는 일은, 물질과 에너지가 등가 관계임을 확인한 상황에서는 어딘가 인위적이고 명확하지 않아 보인다. 그냥 물질 개념을 포기하고 역장으로만 구성된 물리학을 정립할 수는 없을까? 우리 감각기관에 물질로 보이는 것들은 실은 비교적 좁은 공간 안에 막대한 양의 에너지가 들어차 있는 상태인 것이다. 물질을 역장이 극도로 강한 공간 속의 한 지점이라 여길 수도 있을 것이다. 이렇게 하면 새로운 철학적 배경을 만들어 낼 수 있다. 그 최종 목적은 언제 어디서나 유효한 구조 법칙을 통해 모든 자연계의 사건을 설명해 내는 게 될 것이다. 이런 관점에서 보면 공중으로 던진 돌멩이 또한 역장의 변화일 뿐이며, 역장이 가장 강한 부분이 돌멩이와 같은 속도로 공간 속을 이동하는 현상이 될 것이다. 우리의 새로운 물리학에서는 물질과 역장이 동시에 존재할 수 없으며, 역장만이 유일한 현실이 될 것이다. 이런 새로운 세계관은 역장을 다루는 물리학이 놀랍도록 진보하고, 전기, 자기, 중력을 구조 법칙의 형태로 표현하려는 시도가 성공을 거두고, 마지막으로 물질과 에너지의 등가성이 확인됨에 따라 제기된 것이다. 우리의 궁극적인 목표는 이 역장 법칙을 수정해서 에너지가 극도로 집중되어 있는 구역에서도 법칙이 무너지지 않도록 만드는 것이다.

그러나 지금까지 우리는 이 단계에서 지속적이고 설득력 있는 성공을 거두지 못했다. 이런 시도가 성공할 수 있을지 여부를 판별하는 일은 후대의 몫으로 맡겨졌다. 지금 우리는 물질과 역장이라는 두 가지 존재가 실재하는 이론적 상황에 만족해야 한다.

근본적인 문제는 아직 그대로 남아 있다. 우리는 모든 물질이 몇 가지 종류의 입자로 이루어져 있다는 사실을 알고 있다. 이런 몇 가지 입자로부터 어떻게 다양한 종류의 물질이 탄생할 수 있는가? 이런 기본적 입자들이 역장과 어떤 작용을 보이는가? 이런 질문에 대한 답변을 찾는 과정에서 여러 새로운 착상이 물리학에 수용되었는데, 이런 착상들을 우리는 양자 이론이라 부른다.

## 정리

뉴턴의 시대 이후 가장 중요한 개념이 물리학에 등장했는데, 우리는 이를 역장이라 부른다. 물리 현상을 설명하는데 있어 필수적인 개념이 입자나 전하가 아니라 그 사이의 역장라는 사실을 발견하기까지는 엄청난 상상력이 필요했다. 역장 개념은 매우 성공적이었으며, 전자기장의 구조를 서술하고 전기만이 아니라 광학 현상까지 설명할 수 있는 맥스웰 방정식의 발견을 불러왔다.

상대성이론은 역장의 문제에서 도출되었다. 옛 이론의 모순과 불일치점 때문에 시공간 연속체, 즉 모든 사건이 벌어지는 우리의 물리적인 세계에 새로운 성질을 부여할 수 밖에 없었다.

상대성이론은 두 단계에 걸쳐 정립되었다. 첫 단계는 흔히 특수 상대성이론이라 알려진 것으로, 관성계, 즉 뉴턴이 정립한 관성의 법칙이 유효한 좌표계에만 적용할 수 있었다. 특수 상대성이론은 두 가지 기초적인 가정 위에 정립되었다. 하나는 물리 법칙이 서로 등속운동을 하는 모든 좌표계 위에서 동일하며, 다른 하나는 빛의 속도가 항상 동일하다는 것이다. 실험을 통해 철저하게 검증된 이 두 가지 가정으로부터, 속도에 따라 막대의 길이와 시계의 박자라는 성질이 변한다는 새로운 사실을 유추할 수 있었다. 상대성이론은 역학의 법칙을 변화시켰다. 운동하는 입자의 속도가 광속에 근접하면 과거의 법칙은 더 이상 적용할 수 없다. 상대성이론이 제안한 운동하는 물체에 대한 새로운 법칙은 실험을 통해 훌륭하게 입증되었다. (특수) 상대성이론의 다른 업적은 질량과 에너지 사이의 연결 관계를 제안한 것이다. 질량은 에너지이며 에너지에는 질량이 존재한다. 질량과 에너지 각각의 보존법칙은 상대성이론을 통해 하나로 합쳐져서 질량-에너지 보존법칙이 되었다.

일반 상대성이론은 시공간 연속체를 좀 더 깊이 분석한다. 이 이론의 유효성은 더 이상 관성계에만 국한된 것이 아니다. 일반 상대성이론은 중력의 문제를 파고들어 중력장에 대한 새로운 구조 법칙을 정립했다. 우리는 그에 따라 물리적인 세계를 서술하는 기하학의 역할을 분석해야만 했다. 중력질량과 관성질량이 동일하다는 사실은 고전역학의 주장처럼 우연인 것이 아니라 필수적인 결과였다. 일반 상대성이론은 실험을 통해서는 고전역학과 아주 약간만 다른 결과를 보일 뿐이지만, 대조가 가능한 경우라면 항상 실험을 통해 입증이 가능했다. 그러나 이 이론의 진정한 강점은 그 기초적 가정의 단순함과 내적 일관성에 있다.

상대성이론은 물리학에서 역장이라는 개념이 가지는 중요성을 훌륭하게 보여준다. 그러나 우리는 아직까지는 완벽하게 역장으로만 구성된 물리학을 정립해 내지 못했다. 아직까지는 역장과 물질이라는 두 가지 개념의 존재를 모두 인정해야 한다.

# Ⅳ 양자

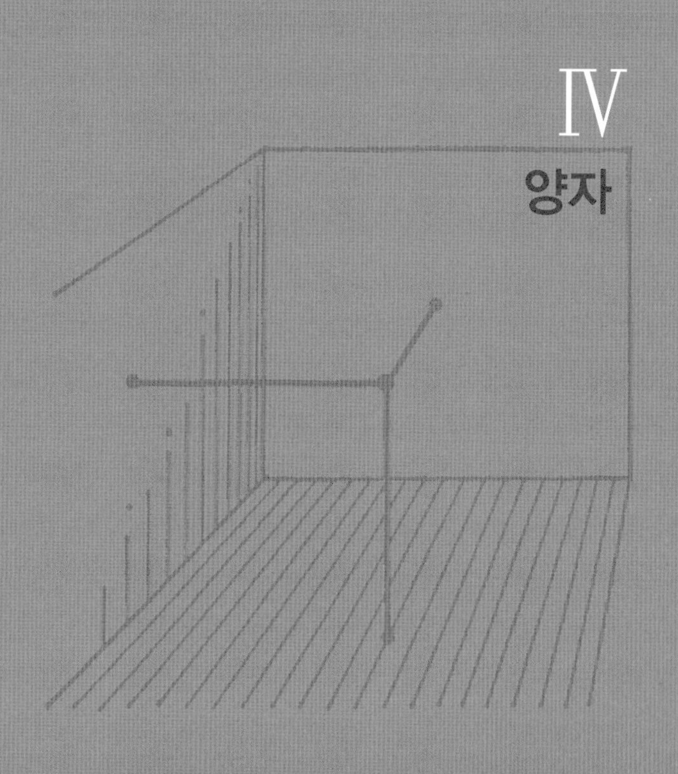

# 양자

## 연속성-불연속성

우리 앞에 뉴욕 시와 그 주변 지역의 지도가 펼쳐져 있다. 기차를 사용하면 지도 위의 어느 지점에 갈 수 있을까? 기차 시간표를 살펴본 다음, 우리는 해당 지점을 지도에 표시한다. 이제 질문을 바꾸어 자동차로 어느 지점에 갈 수 있을지를 물어보자. 뉴욕에서 시작되는 모든 도로를 따라 지도 위에 선을 그린다면, 그 선 위의 모든 점은 자동차로 가 닿을 수 있을 것이다. 양쪽 모두 질문에 대한 답은 일련의 점들로 표현할 수 있다. 첫 번째 경우에서 각 지점은 서로 떨어져 있는 서로 다른 기차역을 나타내며, 두 번째에서는 도로를 따른 선 위의 모든 점을 나타낸다. 다음으로 이런 각 지점과 뉴욕의, 더 명확하게 말하자면 뉴욕 시의 특정 지점 사이의 거리를 살펴보자. 첫 번째 경우에는 지도 위의 특정 지점에 대응하는 수치를 얻게 된다. 이 수치의 변화 폭은 불규칙하지만, 항상 유한한 수치만큼 변동한다. 우리는 뉴욕에서 기차로 도달할 수 있는 지점까지의 거리가 불연속적으로 변화한다고 말한다. 그러나 자동차로 도달할 수 있는 거리는 우리가 원하는 만큼 잘게 쪼갤 수 있는 이어진 값으로 주어지며, 이는 연속적으로 변화한다고 말할 수 있다. 자동차를 사용할 때 거리의 변화는 임의적으로 작은 값으로 쪼갤 수 있지만, 기차의 경우에는 그렇지 못하다.

탄광의 산출량은 연속적인 형태로 변화할 수 있다. 산출되는 석탄의 양의 증감은 임의적으로 작은 단위까지 쪼갤 수 있다. 그러나 고용하는 광부의 수는 불연속적인 방식으로밖에 변화할 수 없다. '고용한 광부의 수가 어제에 비해 3.783명만큼 늘었다'라는 표현은 말도 안 되는 것이다.

대부분의 화폐에서, 예를 들면 달러의 경우에는 각각 달러와 센트를 나타내는 십진법의 정수 두 개로 표현해야 한다. 현금의 총합은 불연속적인 방식으로만 변화할 수 있다. 미국에서 가장 작은 액수의 거스름돈, 즉 미국 화폐의 '기본량'은 1센트이다. 영국 화폐의 기본량은 1파딩이며, 미국 화폐 기본량의 절반의 가치밖에 가지지 않는다. 이걸로 서로의 가치를 비교할 수 있는 두 가지 기본량의 예를 확보한 셈이다. 한쪽이 다른 쪽의 두 배의 가치를 가지므로, 이들 사이의 비교는 명확한 의미를 가질 수 있다.

이런 고찰을 통해, 우리는 어떤 양은 연속적으로 변할 수 있으나 어떤 양은 더 이상 줄어들 수 없는 특정 단위에 따라서만 불연속적으로 변한다고 말할 수 있을 것이다. 이렇게 더 이상 분할할 수 없는 단계는 우리가 논하는 해당 양의 '기본량elementary quanta'이라 부른다.

많은 양의 모래의 무게를 측정할 경우, 수많은 입자로 구성되어 있음에도 불구하고 그 질량을 연속적으로 표현할 수 있다. 그러나 아주 정밀한 저울을 사용해서 무게를 측정한다면, 우리는 그 무게가 항상 알갱이 하나의 배수를 가진다는 사실을 알게 될 것이다. 이런 알갱이 하나의 질량이 우리의 기본량이 된다. 이 예를 통해, 지금까지 연속적이라 여겼던 수치가 측정의 정확도를 높임에 따라 불연속적인 양이 된다는 사실을 알 수 있다.

양자 이론의 주개념을 한 문장으로 표현하고자 한다면 다음과 같을 것이다. '지금까지 연속적이라 여겼던 특정 물리량은 실제로는 기본량으로 구성되어 있다고 가정해야 한다.'

양자 이론이 포괄하는 현상의 영역은 엄청나게 방대하며, 그 현상은 고도로 발달된 현대 실험 기술에 의해 증명되었다. 그중에서 가장 기초적인 실험조차도 여기서 보여주거나 언급하기는 쉽지 않으므로, 앞으로는 계속 그 결과만을 교리처럼 여기고 인용해야 할 것이다. 우리의 목적은 그 안에 숨은 주요 개념만을 설명하는 것이다.

## 물질과 전기의 기본량

운동 법칙으로 그려 낸 물질계에서, 모든 원소는 분자를 이룬다. 단순한 예로서 가장 가벼운 원소인 수소의 예를 들어 보자. 앞에서 우리는 브라운 운동을 통해 수소 분자 하나의 질량을 가늠해 보았다. 그 결과는 0.000 000 000 000 000 000 000 0033그램이었다.

이는 수소의 질량이 불연속적이라는 뜻이 된다. 수소의 질량은 수소 분자 하나의 질량이라는 기본량만큼씩만 변하는 불연속적인 양이다. 그러나 화학적인 방법을 이용하면 수소 분자를 둘로 나눌 수 있다. 즉 수소 분자는 두 개의 원자로 구성되어 있는 것이다. 화학 과정에서는 분자가 아니라 원자가 기본량의 역할을 한다. 위의 수치를 둘로 나누면, 우리는 수소 원자의 질량을 알아낼 수 있다. 따라서 그 값은 0.000 000 000 000 000 000 000 0017그램이 될 것이다.

질량이란 불연속적인 양이다. 그러나 무게를 측정할 때는 이에 신경 쓸 필요가 없다. 가장 정밀한 저울조차도 질량의 변동이 불연속적이라는 사실을 감지할 정도로 정밀하지는 못하기 때문이다.

잘 알려진 사실로 돌아가 보자. 전원에 전선이 연결되어 있다. 전류가 전선을 통해 높은 전위에서 낮은 전위로 흘러 나간다. 여러 실험을 통해 전선을 흐르는 전류에 대해 단순한 전기 유체 이론이 정립되었다는 사실을 기억할 것이다. 우리는 또한 양극의 유체가 높은 전위에서 낮은 전위로, 또는 음극의 유체가 낮은 전위에서 높은 전위로 흐른다고 간주한 이유가 단순히 편의를 위한 결정이었음을 기억해야 한다. 잠시만 역장 개념에서 파생된 이후의 진보가 전부 존재하지 않는다고 가정해 보자. 전기 유체라는 단순한 개념을 사용하는 경우에도 여전히 몇 가지 문제를 해결해야 한다. '유체'라는 명칭이 말해 주듯이, 과거 물리학에서 전기는 연속적인 양으로 여겨졌다. 예전 관점에 의하면 전하량은 임의적으로 작은 단계만큼 변화하는 것이 가능했다. 즉, 전하의 기본량을 상정할 필요가 없었다. 물질의 운동 이론의 업적을 통해, 우리는 새로운 질문을 던질 준비를 마쳤다. 전기 유체의 기본량은 존재하는가? 해결해야 하는 질문이 하나 더 있다. 전류는 양전하와 음전하 중 어느 쪽으로 흘러가는가? 양쪽 흐름이 동시에 존재할 수도 있는가?

이런 질문에 대한 해답을 구하는 모든 실험은 전선에서 전류를 분리하여 진공 속을 이동하게 만들어서, 물질과의 모든 연관 관계를 끊은 다음 전류의 성질만을 연구한다는 착상을 기본으로 설계된다. 이런 실험을 설계할 수 있다면 전류의 특성을 명확하게 확인할 수 있을 것이다. 19세기 후반에 이런 계열의 실험이 여러 번 이루어졌다. 이 실험 설계의 착상을 자세하게 설명하기 전에, 우선 실험의 결과부터 가져오도록 하자. 전선을 따라 흐르는 전류는 음의 유체이며, 따라서 낮은 전위에서 높은 전위로 흘러간다. 전기 유체 이론이 처음 성립될 때 이 사실을 알았더라면 아마 용어를 서로 바꿔서, 고무막대의 전하를 양전하로, 유리막대의 전하를 음전하로 불렀을 것이다. 흘러가는 전류를 양전하 쪽의 유체로 파악하는 쪽이 편리하기 때문이다. 그러나 처음의 추측이 틀렸기 때문에 지금까지도 불편한 용어라는 대가를 치러야 하는 것이다. 다음으로 중요한 질문은 음의 유체가 '입자'로 구성되어 있는지, 즉 전기의 기본량이 존재하는지 여부이다. 이번에도 독립적인 여러 실험을 통해 음의 유체의 기본량이 존재한다는 사실이 확인되었다. 백사장이 모래로 구성되어 있고 집이 벽돌로 구성되어 있듯이, 음의 전기 유체는 작은 알갱이로 구성되어 있는 것이다. 이런 결과는 40여 년 전에 J. J. 톰슨이 가장 훌륭하게 정립했다. 음전하의 기본량은 '전자'라 부른다. 따라서 모든 음전하는 수많은 전자라는 전기의 기본량이 모여 만들어진 것이며, 결국 음전하는 질량과 마찬가지로 불연속적인 양을 가질 수밖에 없다. 그러나 전기의 기본량은 너무 작기 때문에 일부 연구에서는 연속적인 양으로 간주하는 쪽이 훨씬 편할 때가 있다. 원자와 전자에 대한 이론은 불연속적인 변화라는 개념을 과학에 도입한 것이나 다름없다.

두 장의 금속판을 공기를 뺀 공간에 서로 평행하게 설치해 보자. 한쪽 판은 양전하로, 반대편 판은 음전하로 충전되어 있다. 금속판 사이에 시험 양전하를 놓으면, 전하는 양극 쪽에서 밀려나고 음극 쪽으로 끌려간다. 따라서 전기장의 역선은 양전하로 충전된 금속판에서 음전하로 충전된 금속판 쪽으로 그려질 것이다. 음전하로 충전된 물체라면 힘의 방향은 반대가 될 것이다. 금속판이 충분히 크다면, 그 사이의 역선은 모든 지점에서 동일한 밀도를 가질 것이다. 시험 물체를 어디에 놓든 관계없이 힘의 크기, 즉 역선의 밀도는 항상 동일할 것이다.

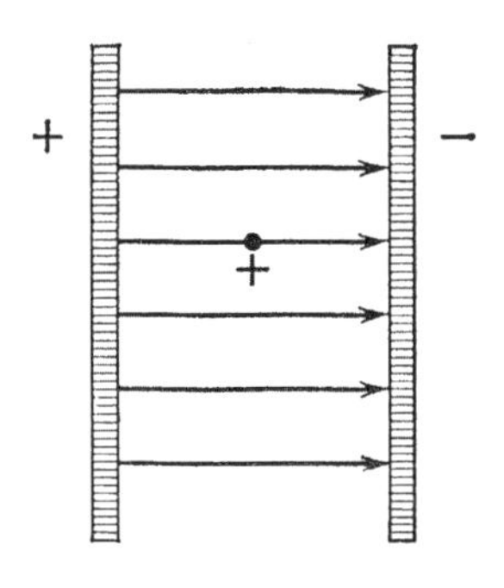


금속판 사이에 전자를 놓으면 지구의 중력장 안의 빗방울처럼, 음전하로 충전된 판에서 양전하로 충전된 판으로 서로 평행하게 움직일 것이다. 이런 역장 안에서 전자가 한쪽 방향

으로 비처럼 쏟아져 내린다는 것을 보여주는 여러 실험이 존재한다. 가장 단순한 실험은 충전된 금속판 사이에 가열한 전선을 놓는 것이다. 가열한 금속은 전자를 방출하며, 방출된 전자는 이후 외부 역장의 역선을 따라 움직이게 된다. 모두에게 친숙한 진공관은 이런 원리를 이용해 만든 물건이다.

전자의 흐름, 즉 전자선을 이용한 여러 독창적인 실험들이 고안되었다. 다양한 외부의 전기장 또는 자기장 하에서 어떤 경로 변화를 보이는지가 연구의 대상이 되었다. 심지어 전자 하나를 분리하여 기본 전하와 질량, 즉 외부의 힘에 대한 관성 저항을 알아내는 것도 가능했다. 여기서는 그냥 전자의 질량을 인용하고 넘어가도록 하겠다. 전자의 질량은 수소 원자 질량의 2천 분의 1이라는 사실이 밝혀졌다. 따라서 아주 작은 수소 원자조차도 전자에 비하면 거대한 것이다. 역장 이론의 일관성을 확보하려면, 전자 하나의 전체 질량 또는 전체 에너지는, 그 역장의 에너지와 동일할 수밖에 없다. 그 힘이 미치는 영역은 작은 구체 형태가 되며, 전자의 '중심부'에서 멀어지면 힘 또한 약해지게 된다.

앞에서 우리는 특정 원소에서 가장 작은 기본량이 원자라고 언급한 바 있다. 이 명제는 아주 오랜 시간 동안 진실로 간주되어 왔다. 그러나 이제 이 명제를 더 이상 믿을 수 없게 된 것이다! 과학이 이전 관점의 한계를 드러내는 새로운 관점을 만들어 낸 것이다. 원소의 복잡한 구조만큼 명확하게 확인된 사실에 근거한 명제는 물리학이라는 학문 안에서도 별로 존재하지 않는다. 우선 음전하의 유체의 기본량인 전자가 모든 물질의 기본이 되는 원자의 구성 요소이기도 하다는 사실이 발견되었다. 전선을 가열하면 전자가 방출된다는 앞의 예시는 물질에서 전자를 추출할 수 있는 수많은 방법 중 하나일 뿐이다. 물질의 구조와 전류라는 현상을 긴밀하게 묶어 주는 이런 결과는 여러 독립적인 실험을 통해 의심할 여지가 없을 정도로 확인되었다.

원자에서 그를 구성하는 전자의 일부를 추출하는 일은 비교적 어렵지 않다. 가열한 전선의 경우처럼 열을 이용할 수도 있고, 원자를 다른 전자로 두드리는 등 다른 방식으로도 할 수 있다.

빨갛게 가열된 가느다란 금속 전선을 희박한 수소 안에 집어넣어 보자. 전선은 모든 방향으로 전자를 방출할 것이다. 외부 전기장이 작용하면 전자는 특정 속도를 가지게 된다. 즉, 중력장 안에서 낙하하는 돌처럼 일정한 가속도를 가진다. 이렇게 하면 우리는 특정 방향을 향해 특정한 속도로 방사되는 전자선을 가질 수 있다. 오늘날 우리는 매우 강한 역장 속으로 전자를 쏘아 보냄으로서 광속에 근접하는 속도를 확보할 수 있다. 그렇다면 특정 속도를 가지는 전자선이 희박한 수소 분자에 영향을 주면 무슨 일이 일어나는가? 충분한 속도를 가진 전자가 충돌하면 수소 분자가 두 개의 원자로 나뉠 뿐 아니라,

각각의 원자에서 하나씩의 전자가 방출된다.

전자가 물질의 기본 구성 요소라는 사실을 받아들이고 넘어가자. 그렇다면 전자가 방출되고 남은 원자는 전기적으로 중성일 수 없다. 과거 중성이었다면 지금은 기본 전하 하나가 사라진 상황이니 중성이 아닐 것이다. 그렇다면 남은 부분은 양전하를 띠어야 한다. 게다가 전자의 질량이 가장 작은 원자보다도 상당히 작으므로, 원자의 질량의 대부분은 전자가 아니라 전자보다 훨씬 무거운, 뒤에 남은 기본 입자일 것이라고 비교적 안전한 추측을 할 수 있다. 우리는 이 무거운 부분을 원자의 '핵'이라 부른다.

현대의 실험물리학에서는 원자의 핵을 쪼개거나 한 가지 원자를 다른 원자로 바꾸거나 핵에서 무거운 기본 입자를 추출하는 일이 가능하다. 이런 물리학 분야를 핵물리학이라 부르는데, 러더퍼드Ernest Rutherford가 큰 공헌을 했으며, 실험의 관점에서 볼 때는 가장 흥미로운 분야이다. 그러나 기본 원리는 단순하지만 핵물리학에서 다양한 사실을 설명해 줄 수 있는 이와 관련된 이론은 아직 부족한 상태이다. 이 책에서 우리는 일반적인 물리의 개념만을 살펴보고자 하므로, 현대 물리학에서 중요한 지위를 차지하는 개념이지만 일단 넘어가기로 하겠다.

## 광양자

해변을 따라 건설한 벽을 상상해 보자. 바다에서 밀려오는 파도가 계속해서 벽에 충돌하며 그 표면의 일부를 씻어 내리고, 이후 밀려올 파도를 위해 길을 남기고 물러난다. 벽의 질량이 줄어들기 때문에 우리는 특정 기간, 이를테면 1년 동안 벽이 얼마나 쓸려 내려갔는지를 파악할 수 있다. 그러나 이번에는 다른 과정을 한번 상상해 보자. 벽의 질량은 예전과 동일한 만큼 줄어들지만, 방법이 달라진다. 벽에 총을 쏴서 총알이 충돌한 부분이 깎여 나가게 하는 것이다. 이 경우에도 질량은 감소할 것이며, 앞의 경우와 동일한 질량이 감소한 경우를 가정하는 것은 어렵지 않다. 그러나 결과가 동일하더라도, 벽의 모습을 관찰하기만 하면 연속적인 파도와 불연속적인 총알 세례 중 어느 쪽이 작용했는지를 손쉽게 판별할 수 있을 것이다. 이제 설명할 현상을 이해할 때는 파도와 총알 세례의 차이점을 기억하고 있으면 도움이 될 것이다.

우리는 앞에서 가열한 전선이 전자를 방출한다고 말했다. 이제 금속에서 전자를 추출하는 다른 방법을 알아보자. 보라색 광선과 같은 일정한 파장을 가지는 균질광을 금속 표면에 충돌시키면, 빛을 받은 금속은 전자를 방출한다. 금속에서 방출된 전자는 일정 속도를 가진다. 에너지 원리의 관점에서 우리는 다음과 같이 서술할 수 있다. '빛 에너지의 일부가 방출되는 전자의 운동에너지로 바뀌었다.' 현대의 실험 기술은 이런 전자 총알을 검출하여 그 속도, 즉 에너지를 확인할 수 있다. 빛을 받은 금속에서 전자가 방출되는 현상을 광전효과photoelectric effect라 부른다.

우리의 시작점은 특정한 에너지를 가진 균질광의 작용이었다. 모든 실험에서 그렇듯이, 이제 가정을 바꾸어 관찰된 효과에 영향을 주었는지를 살펴보기로 하자.

우선 금속판에 가해지는 균질 자색광의 강도를 바꾸면서, 빛의 강도에 따라 방출되는 전자 에너지가 어느 정도까지 빛의 강도에 영향을 받는지를 알아보자. 실험이 아니라 추론을 통해 답을 생각해 보자면 다음과 같이 주장할 수 있을 것이다. 광전효과에서 방사 에너지는 일정한 비율로 전자의 운동에너지로 변환된다. 여기서 다시 한 번 같은 파장을 가지지만 좀 더 강력한 광원에서 나온 빛을 금속에 비춘다면, 방사되는 빛 안의 에너지가 더 크기 때문에 방사된 전자의 에너지도 더 클 것이다. 따라서 우리는 빛이 강해지면 방출된 전자의 속도가 빨라질 것이라 기대할 수 있다. 그러나 실험 결과는 우리의 예측을 배반한다. 자연법칙은 이번에도 우리가 원하는 대로의 모습을 보여주지 않는다. 우리는 지금까지 예측과 다른 실험 결과가 그 기반이 되는 이론을 무너뜨리는 모습을 여러 번 보아 왔다. 파동 이론의 관점에서 볼 때, 이런 실제 실험 결과는 놀라운 것이다. 관찰된 전자는 모두 동일한 속도, 즉 동일한 에너지를 가지고 있으며, 빛이 강해져도 속도는 전혀 변하지 않는다.

파동 이론으로는 이런 실험 결과를 예측할 수 없다. 이번에도 옛 이론과 실험 결과의 차이에서 새로운 이론이 태어난다.

여기서는 빛의 파동 이론이 잘못된 것이라 가정하고, 그 위대한 업적과 매우 작은 장애물 부근에서 빛이 휘어지는 현상을 훌륭하게 설명한다는 사실을 잠시 잊도록 하자. 광전효과에만 집중하고, 이 현상에 대한 적절한 설명을 제공해 주는 이론을 찾아보는 것이다. 물론 파동 이론을 통해 빛의 세기와 금속판에서 추출되는 전자의 에너지가 서로 무관하다는 현상을 유추하는 것은 불가능하다. 따라서 우리는 다른 이론을 시험해 보아야 할 것이다. 우리는 뉴턴의 입자 이론이 다양한 광학 현상을 설명할 수 있지만, 지금 우리가 일부러 무시하고 있는 빛의 회절 현상을 설명하는 데는 실패했다는 사실을 알고 있다. 뉴턴의 시대에는 에너지라는 개념이 존재하지 않았다. 그에 따르면 광입자는 무게를 가지지 않으며, 각각의 색은 제각기 물리적인 성질을 가지는 존재였다. 이후 에너지 개념이 생겨나고 빛이 에너지를 가진다는 사실이 확인되자, 누구도 이런 개념을 빛의 입자 이론에 적용시킬 생각을 하지 않았다. 뉴턴의 입자 이론은 20세기가 될 때까지 사망한 상태였으며, 그 이론이 부활할 것이라 진지하게 믿은 사람은 아무도 없었다.

뉴턴 이론의 기본 개념을 유지하기 위해서는 균질광이 에너지를 가진 입자로 구성되어 있다고 간주하고, 예전의 광입자 개념을 빛의 양자, 즉 광자photon라는 새로운 개념으로 바꾸어야 한다. 이는 빛의 속도로 진공 속을 날아가는 작은 에너지 단위이다. 이런 식으로 부활시킨 뉴턴의 이론은 빛의 양자론으로 이어진다. 물질과 전하뿐 아니라 방사 에너지 또한 입자 구조를 가진다. 즉 광양자로 구성되어 있다는 말이다. 물질의 양자와 전기의 양자에 이어, 에너지의 양자가 등장한 것이다.

에너지 양자라는 개념이 처음 도입된 것은 20세기 초반 막스 플랑크에 의해서였는데, 그는 이 개념을 이용해 광전효과보다 훨씬 복잡한 현상을 설명하려 시도했다. 그러나 광전효과는 우리의 낡은 개념을 바꿀 필요성을 가장 명확하고 단순하게 보여준다.

빛의 양자 이론이 광전효과를 즉시 설명해 준다는 사실은 상당히 자명하다. 광자의 비가 금속판 위에 떨어진다. 빛의 방사와 물질 사이에는 개별 광자가 원자에 충돌하여 전자를 방출하게 만드는 단순한 과정이 무수히 반복된다. 이 과정 하나하나는 모두 동일하기 때문에, 방출된 전자는 항상 동일한 에너지를 가질 것이다. 우리는 또한 빛의 강도를 증가시킨다는 말을 새로운 언어로 표현하면 충돌하는 광자의 수를 늘린다는 뜻이 된다는 것을 알고 있다. 이 경우 금속판에서 방출되는 전자의 수가 달라질 뿐, 개별 전자가 가지는 에너지는 변화하지 않는다. 따라서 우리는 이 이론이 실험 결과와 완벽히 일치함을 확인할 수 있다.

다른 색의 균질광, 이를테면 보라색이 아니라 붉은색 빛이 금속 표면과 충돌하면 어떻게 될까? 이 질문에 답하기 위한 실험의 상세한 내용은 잠시 미루어 두도록 하자. 개념만을 살펴본다면, 방출된 전자의 에너지를 측정하여 자색광에 의해 방출된 전자의 에너지와 비교해 보아야 할 것이다. 적색광에 의해 방출된 전자의 에너지는 자색광에 의해 방출된 전자의 에너지보다 작은 것으로 드러난다. 이는 곧 광양자의 에너지가 색에 따라 다르다는 뜻이다. 적색광에 속하는 광자는 자색광에 속하는 광자에 비해 절반의 에너지를 가진다. 좀 더 엄밀하게 말하자면, 균질광에 속하는 광양자의 에너지는 파장의 증가에 반비례해서 작아진다. 이는 에너지의 양자와 전기의 양자 사이의 주요한 차이점이다. 광양자는 모든 파장에서 다른 값을 가지지만, 전기 양자는 항상 같은 값을 가진다. 앞에서 사용한 비유를 다시 가져온다면, 우리는 광양자를 국가에 따라 달라지는 최소 화폐 단위라고 할 수 있을 것이다.

그러면 계속 빛의 파동 이론을 무시한 상태로, 빛이 입자이며 광양자, 즉 광속으로 진공 속을 이동하는 광자로 이루어져 있다고 가정해 보자. 우리의 새로운 그림에서, 빛은 쏟아지는 광자이며 광자는 빛 에너지의 기본 양자이다. 그러나 빛의 파동 이론을 배제하면 파장이라는 개념 자체가 사라지게 된다.

어떤 개념으로 파장을 대체할 수 있을까? 광양자의 에너지를 사용하면 어떨까! 파동 이론의 용어를 이용한 명제는 광양자 이론의 명제로 번역해 서술할 수 있다. 예를 들어

| 파동 이론의 용어 | 양자 이론의 용어 |
| --- | --- |
| 여러 균질광은 서로 다른 파장을 가진다. 스펙트럼의 붉은색 쪽 끝의 파장은 보라색 쪽 끝의 파장보다 두 배가 길다. | 여러 균질광은 서로 다른 에너지를 지니는 광자로 구성되어 있다. 스펙트럼의 붉은색 쪽 끝의 에너지는 보라색 쪽 끝의 에너지의 절반이다. |

이 상황을 정리하자면 다음과 같다. 양자 이론으로는 설명할 수 있으나 파동 이론으로는 설명할 수 없는 현상이 존재한다. 광전효과는 그런 예 중 하나이나, 다른 현상도 알려져 있다. 파동 이론으로는 설명할 수 있으나 양자 이론으로는 설명할 수 없는 현상도 존재한다. 빛의 회절 현상은 그 좋은 예가 될 것이다. 마지막으로 빛의 직선 전파와 같이 양자 이론과 파동 이론 양쪽으로 설명 가능한 현상도 있다.

그래서 실제로 빛의 정체는 무엇인가? 파동일까, 아니면 쏟아지는 광자일까? 예전에 우리는 비슷한 문제에 직면한 적이 있다. 즉 빛이 파동인지 아니면 광입자인지를 놓고 고민을 했다. 당시에는 광입자 이론을 배제하고 모든 현상을 설명할 수

있는 파동 이론을 받아들일 만한 이유가 충분히 있었다. 그러나 이제 문제는 훨씬 복잡해져 버렸다. 두 가지 가능한 언어 가운데 하나만으로는 광학 현상을 일관되게 설명할 수가 없는 것처럼 보이는 것이다. 상황에 따라 양쪽 이론을 번갈아 가며 사용해야 하며, 가끔씩은 양쪽 모두 사용 가능해지는 상황인 것이다. 우리는 새로운 부류의 난제에 직면했다. 현실을 설명하는 두 개의 상치되는 이론이 우리 앞에 있다. 한쪽만으로는 광학 현상을 온전히 설명할 수 없지만, 둘을 함께 적용하면 가능하다!

이런 두 가지 그림을 어떻게 하나로 묶을 수 있을까? 완전히 다른 빛의 성질 두 가지를 어떻게 이해해야 할까? 해결하기 힘든 형태의 새로운 문제다. 우리는 다시 한 번 근본적인 문제를 마주하게 된 것이다.

잠시 동안 빛의 양자 이론을 받아들이고, 그 도움을 받아 지금까지 파동 이론으로 설명한 현상들을 이해하려 해 보자. 이렇게 하면 양쪽 이론이 얼핏 보기에 조화를 이룰 수 없는 것처럼 보이게 하는 차이점을 확실하게 강조할 수 있을 것이다.

우리는 작은 구멍을 통과하는 균질광이 빛과 그림자의 고리를 번갈아 그린다는 사실을 알고 있다. 파동 이론을 배제하고 양자 이론만을 사용하면 이 현상을 어떻게 이해할 수 있을까? 광자가 구멍을 지나간다. 우리는 광자가 구멍을 통과하면 반대쪽 스크린에 빛이 비치고, 구멍을 통과하지 못하면 그림자가 남는다고 생각한다. 그러나 그 대신 우리는 빛과 그림자의 고리를 얻는다. 여기서 다음과 같은 생각이 가능할 것이다. 어쩌면 구멍의 가장자리와 광자 사이에 모종의 상호작용이 발생해서 회절 무늬가 생기는 것일 수도 있다고. 물론 이를 제대로 된 설명이라 할 수는 없으며, 잘해 봐야 물질과 광자의 상호작용을 통해 회절 현상을 이해할 수 있을지도 모른다는 희망을 열어 두는 정도일 것이다.

그러나 이런 미약한 희망조차 앞에서 언급한 다른 실험을 고려하면 무너져 버린다. 작은 구멍을 두 개 뚫어 보자. 두 개의 구멍을 지나는 균질광은 차단막 위에 빛과 그림자의 줄무늬를 만든다. 빛의 양자 이론의 관점에서 이 현상을 어떻게 이해해야 할까? 우리는 광자가 두 개의 구멍 중 하나로 들어간다고 할 수 있을 것이다. 만약 균질광의 광자가 기본적인 빛의 양자를 뜻한다면, 우리는 그 입자가 둘로 나뉘어 구멍 중 하나를 통과한다고 상상할 수 없다. 그러나 그런 경우라면 앞의 실험과 동일한 결과가, 즉 빛과 그림자의 줄무늬가 아니라 고리가 나타나야 할 것이다. 다른 구멍을 하나 뚫는다고 해서 결과물이 완벽하게 바뀌는 이유가 무엇일까? 광자가 지나지 않는 구멍 때문에 고리가 줄무늬로 바뀌는 것이 아닌가! 만약 광자가 고전 물리학의 입자처럼 행동을 한다면 두 개의 구멍 중 하나를 통과해야만 한다. 그러나 그 경우에는 회절 현상을 이해할 방법이 사라져 버린다.

과학은 우리로 하여금 새로운 착상, 새로운 이론을 만들어 내도록 강요한다. 그 이론의 목적은 과학의 진보를 막는 모순이라는 벽을 파괴하는 것이다. 과학의 모든 주요한 착상은 현실과 그것을 이해하려는 시도의 극적인 갈등 속에서 등장했다. 지금 새로운 원리라는 해법을 필요로 하는 문제가 다시 한 번 나타난 것이다. 현대 물리학이 빛의 입자와 파동이라는 두 가지 측면의 모순을 어떻게 해결하려 시도하는지를 알아보기 전에, 물질의 양자를 다룰 때 일어나는 완벽하게 동일한 문제부터 살펴보기로 하자.

## 빛의 스펙트럼

우리는 이미 모든 물질이 몇 종류의 기초 입자로 이루어져 있다는 사실을 알고 있다. 전자는 처음으로 발견된 기초적인 입자였다. 그러나 전자는 또한 음전하를 띠는 기초적인 양자이기도 하다. 우리는 또한 일부 현상을 통해 빛이 기초적인 양자로 구성되어 있으며, 파장에 따라 서로 다른 모습을 보인다는 사실을 알게 되었다. 여기서 더 나아가기 전에 복사輻射만이 아니라 물질도 중요한 역할을 수행하는 물리 현상을 몇 가지 살펴보자.

태양은 프리즘을 이용해서 분해할 수 있는 빛을 발산한다. 태양빛의 연속적인 스펙트럼은 이렇게 얻을 수 있다. 가시광선 스펙트럼의 양쪽 끝 사이에 있는 모든 파장이 이 안에 표현된다. 다른 예를 들어 보자. 앞에서 나트륨을 가열하면 균질광을 발산한다는, 즉 특정 색깔 또는 특정 파장의 빛을 낸다는 사실을 언급한 바 있다. 가열한 나트륨을 프리즘 앞에 놓으면 노란색 선 하나만 나타난다. 일반적으로 빛을 발산하는 물체를 프리즘 앞에 놓으면, 그 빛은 여러 구성 요소로 분해가 되며, 발산하는 물체의 스펙트럼의 특성을 나타낸다.

기체가 들어 있는 관에 전기를 방사하면 광원이 되는데, 네온관에 전기를 방사해서 빛을 밝히는, 광고판에 사용하는 장치를 생각하면 이해가 쉬울 것이다. 이런 관을 분광기 앞에 가져다 놓는다고 해 보자. 분광기는 프리즘과 같은 역할을 하는 도구지만, 그보다 훨씬 정확하고 민감한 계측이 가능하다. 분광기는 빛을 구성 요소로 분해해서 분석하는 일을 수행한다. 태양 광선을 분광기로 보면 연속적인 스펙트럼을 확인할 수 있다. 그 안에 모든 파장이 포함되는 것이다. 그러나 광원이 전류가 흐르는 기체 관이라면, 스펙트럼은 다른 성질을 보인다. 연속적이고 여러 색을 가지는 태양의 스펙트럼과는 달리, 연속적인 어두운 배경 위에 밝은 줄무늬가 띄엄띄엄 나타나는 것이다. 여기서 폭이 좁은 줄무늬들은 특정 색깔, 또는 파동 이론의 표현을 사용하면 특정 파장을 나타낸다. 예를 들어 스펙트럼에서 20개의 선을 확인할 수 있다면, 각각의 선은 그에 대응하는 20가지 중 하나의 특정 파장을 나타낼 것이다.

서로 다른 원소의 증기는 서로 다른 선의 조합을 만들어 내며, 따라서 발산하는 빛의 스펙트럼을 구성하는 파장의 조합 또한 달라진다. 사람의 지문이 모두 서로 다르듯이, 원소들 또한 각각 자신만의 선의 조합을 가진다. 물리학자들이 이런 특성을 목록으로 정리해 감에 따라 법칙이 모습을 드러내기 시작했으며, 서로 연관이 없는 것처럼 보이던 다양한 파장의 길이를 나타내는 수치를 하나의 간단한 방정식으로 표현할 수 있게 되었다.

이제 방금 전까지 언급한 모든 내용을 광자의 언어로 표현할 수 있다. 줄무늬는 특정 파장, 즉 다른 말로 하면 특정 에너지를 가진 광자에 대응한다. 따라서 형광을 발하는 기체는 가능한 모든 종류의 에너지를 지닌 광자를 방출하는 것이 아니라 그 물질의 특성에 따른 에너지를 가지는 광자만을 방출한다. 다시 한 번 현실이 가능성에 제약을 거는 것이다.

특정 원소, 이를테면 수소의 원자는 특정 에너지를 가지는 광자만을 방출할 수 있다. 특정 에너지를 가지는 양자만 허용되고, 다른 모든 양자는 제한되는 것이다. 단순한 분석을 위해서 일부 원소가 단 하나의 선, 즉 상당히 명확하게 구분할 수 있는 에너지를 가지는 광자만을 방출한다고 상상해 보자. 원자는 방출 이전보다 이후 쪽이 에너지가 적을 것이다. 에너지의 법칙에 따르면 원자의 에너지 준위가 방출 이전에는 좀 더 높으며 방출 이후에는 좀 더 낮을 것이라 말할 수 있으며, 여기서 두 준위의 차이는 방출한 광자의 에너지와 동일할 것이다. 따라서 특정 원소 원자가 방출하는 빛이 단 하나의 파장, 즉 특정한 에너지를 가지는 광자로 구성되어 있다는 사실은 다른 방식으로 표현하는 것이 가능하다. 이 원소의 원자에서는 두 가지 에너지 준위만이 가능하며, 광자의 방출은 원자가 높은 에너지 준위에서 낮은 에너지 준위로 전환되는 것과 동일하다는 것이다.

그러나 원소의 스펙트럼에서는 기본적으로 하나 이상의 선이 검출되어야 한다. 방출된 광자는 단 하나가 아니라 여러 에너지 준위에 대응한다. 다른 말로 하자면, 원자에는 여러 에너지 준위가 존재 가능하며, 광자를 방출하는 일은 원자의 에너지가 고준위에서 저준위로 전환되는 것과 동일하다고 가정해야 한다. 그러나 원소의 스펙트럼에는 모든 파장, 즉 모든 에너지를 가지는 광자가 존재하는 것이 아니기 때문에, 모든 에너지 준위가 존재한다고는 말할 수 없다. 따라서 원소의 스펙트럼에 몇 개의 명확한 선, 즉 명확한 파장이 존재한다고 말하는 대신, 우리는 모든 원자가 특정 에너지 준위를 가지며, 방출되는 광자는 원자의 에너지 준위를 나타낸다고 말할 수 있다. 여기서 에너지 준위는 연속적이 아니라 불연속적일 수밖에 없다. 다시 한 번 현실이 가능성을 제한하는 모습을 볼 수 있다.

스펙트럼 안에 정해진 선만이 나타나는 이유를 처음으로

보여준 사람은 닐스 보어였다. 25년 전 정립된 그의 이론은 원자의 구조를 그려 보였으며, 단순한 사례에서 원소의 스펙트럼을 계산하게 해 주었고, 서로 관계없는 것처럼 보이던 숫자들이 갑자기 일관성을 지니도록 만들어 주었다.

보어의 이론은 좀 더 심오하고 보편적인 이론, 즉 파동역학 또는 양자역학으로 불리는 이론으로 넘어가는 가교 역할을 해 주었다. 우리의 목적은 이 마지막 장에서 양자역학의 주요 개념을 설명하는 것이다. 그 전에 우선 빛의 독특한 성질 하나에 대한 이론 및 실험적 결론을 언급하고 넘어가도록 하자.

인간의 가시광선 스펙트럼은 보라색의 특정 파장에서 시작하여 붉은색의 특정 파장에서 끝난다. 다른 말로 하자면, 가시광선 영역에서 광자의 에너지는 항상 보라색과 붉은색 빛이 가지는 에너지 사이로 제약이 걸려 있다는 뜻이다. 물론 이런 한도는 인간의 눈의 특성일 뿐이다. 에너지 준위의 차이가 충분히 크다면 자외선의 광자가 방출되어 가시광선 스펙트럼 영역 바깥에 선을 만들 것이다. 자외선은 육안으로 볼 수 없으며, 확인하려면 사진 건판을 사용해야만 한다.

X선 또한 가시광선보다 훨씬 큰 에너지를 가지는 광자로 구성되어 있다. 다른 말로 하면 파장이 가시광선보다 훨씬 작다고, 사실 수천 분의 1 수준이라고 말할 수 있을 것이다.

그러나 그 정도로 작은 파장을 실험으로 확인하는 것이 가능할까? 일반 광선의 파장을 측정하는 것조차 쉬운 일이 아니었으며, 그 경우 매우 작은 장애물이나 구멍을 사용해야 했다. 매우 가깝게 구멍을 두 개 뚫으면 일반 광선의 회절 현상을 볼 수 있지만, X선의 회절 현상을 확인하려면 수천 배 작은 구멍을 수천 배 가깝게 뚫어야 할 것이다.

이런 광선의 파장은 어떻게 하면 측정할 수 있을까? 이번에는 자연이 직접 나서서 우리에게 도움을 준다.

결정이란 원자가 일정한 규칙에 따라 서로 매우 가깝게 배치되어 있는 복합체다.

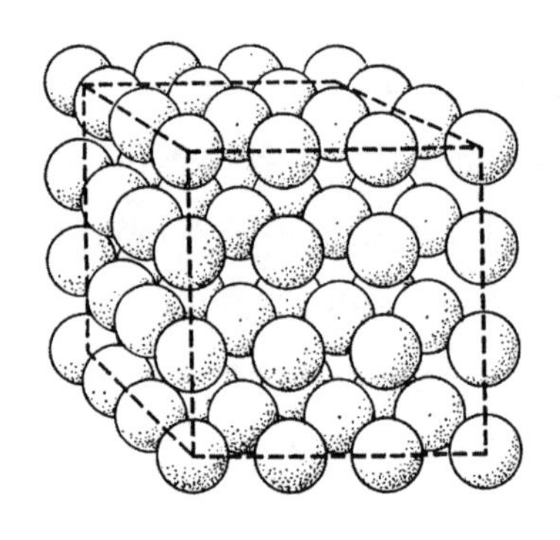

이 그림은 결정 구조의 단순한 모델이다. 매우 작은 구멍 대신, 결정 안에는 원소의 원자로 구성된 매우 작은 장애물이 존재하며, 완벽하게 일정한 규칙에 의해 매우 가깝게 배열되어 있다. 결정 구조에 대한 이론에서 찾아볼 수 있듯이, 원자 사이의 거리는 너무 작아서 X선의 회절 현상을 보여줄 것이라 기대할 수 있다. 그리고 결정의 규칙적인 3차원 구조 속에 존재하는 빽빽한 장애물이 실제로 X선의 회절 현상을 일으킬 수 있음이 실험으로 확인되었다.

X선이 결정체를 통과해서 사진 건판에 모습을 남길 경우, 건판에는 회절 현상이 기록된다. X선 스펙트럼을 연구하고 회절 모습에 따른 파장을 검출하기 위해 여러 방법이 사용되었다. 지금 여기서는 몇 개의 단어로 설명했을 뿐이지만, 이론과 실험 내용을 자세하게 서술하면 몇 권의 책을 가득 채울 수 있을 것이다. 3번 도판에 실린 사진은 수많은 방법 중 한 가지로 찍은 회절 문양일 뿐이다. 여기서 우리는 파동 이론의 특징인 빛과 그림자의 고리를 다시 한 번 확인할 수 있다. 가운데에는 회절이 일어나지 않은 빛이 보인다. X선과 사진 건판 사이에 결정을 가져다 놓지 않았더라면 가운데의 빛의 점만이 보일 것이다. 이런 부류의 사진으로부터 X선 스펙트럼의 파장을 계산할 수 있으며, 거꾸로 파장을 알고 있으면 결정의 구조에 대한 추측을 하는 것이 가능하다.

## 물질의 파동

원소의 스펙트럼에서 특성에 따른 해당 파장만 나타난다는 사실을 어떻게 해석해야 할까?

물리학에서는 서로 연관이 없어 보이는 현상 사이의 유추를 통해 필수적인 진보가 일어나는 상황이 종종 발생한다. 앞

## [도판3]

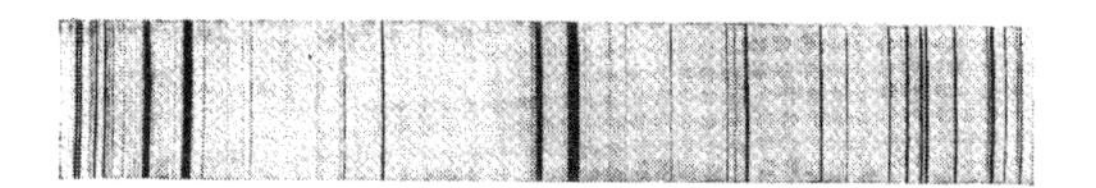

스펙트럼 선

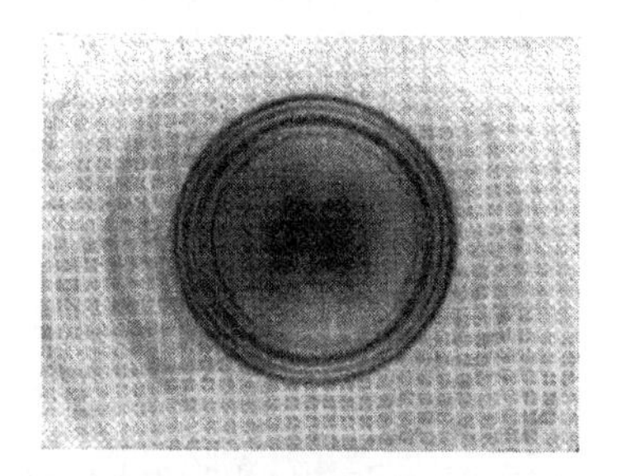

X선 회절

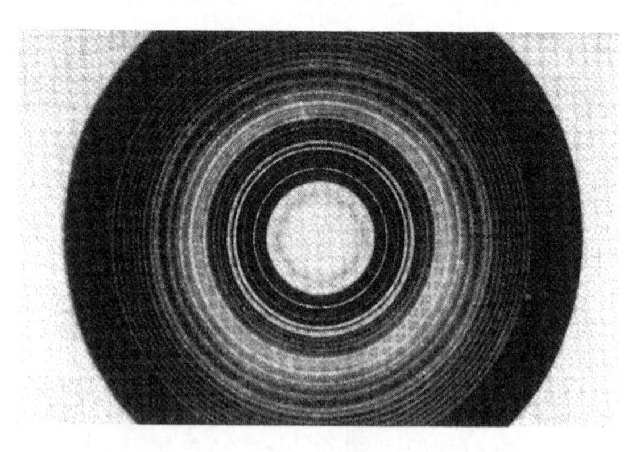

전파의 회절

에서 우리는 한쪽 과학 분야에서 탄생하고 발전해 온 개념이 다른 분야에 성공적으로 적용되는 모습을 살펴보았다. 역학과 역장이라는 개념의 성립 과정에서 이런 예를 여럿 찾아볼 수 있었다. 이미 해결된 문제를 해결되지 않은 문제에 적용하면, 새로운 개념을 통해 장애물을 해소할 실마리를 얻을 수 있다. 사실 아무 의미 없는 피상적인 유사점을 찾는 일은 그리 어렵지 않다. 하지만 외연의 차이점을 극복하고 그 아래 깊숙한 곳에 숨어 있는 진정한 공통점을, 새로운 이론의 기반이 될 수 있는 요소를 발견하는 일은 진정한 창의성이 필요한 작업이다. 루이 드브로이Louis de Broglie와 에르빈 슈뢰딩거가 15년 전에 시작한 파동역학의 발달 과정은 심오하고 행운이 따르는 유추를 통해 성공적인 이론을 만들어 낸 예라고 할 수 있을 것이다.

우리의 시작점은 현대 물리학과는 아무 관련도 없는 고전적인 예시다. 매우 길고 탄력 있는 고무관의 한쪽 끝을 손으로 쥔 다음, 위아래로 박자를 맞춰 흔들어서 진동하게 만들어 보자. 그러면 다른 여러 예시에서 확인했듯이 규칙적인 진동에 의해 파동이 발생하여 일정 속도로 고무관을 타고 퍼져나가게 된다.

무한하게 긴 고무관을 상상한다면, 일단 발생한 파동에서 임의의 부분은 아무 간섭이 없다면 무한히 나아갈 것이다.

이제 다른 경우를 생각해 보자. 고무관의 양쪽 끝을 고정해 놓는다. 원한다면 바이올린의 현을 사용해도 될 것이다. 이 경우에 고무관이나 현의 한쪽 끝에서 파동이 발생한다면 무슨 일이 일어날까? 파동은 앞서와 동일하게 전달을 시작하지만, 머지않아 반대쪽에 도달해 되튕겨 나오게 된다. 이제 우리는 두 개의 파동을 가지게 된 것이다. 진동에 의한 파동이 하나, 반사에 의한 파동이 다른 하나다. 두 파동 사이의 간섭을 추적해서 중첩으로 인해 만들어지는 하나의 파동을 파악하는 일은 그리 어렵지 않다. 이런 파동을 우리는 정상파standing wave라 부른다. '정상', 즉 정지해 있는 상태의 파동이라는 말 자체가 모순으로 보일지도 모르지만, 이 현상은 두 파동의 중첩으로 설명하는 것이 가능하다.

정상파의 가장 간단한 예는 그림에서 보이듯이 양쪽 끝이 묶여 있는 끈의 상하 운동이다.

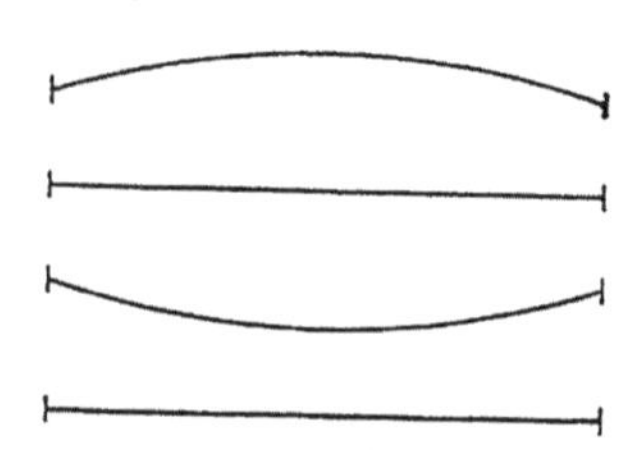

이 운동은 서로 반대 방향으로 이동하는 파동이 서로에 중첩되어 발생한다. 이 운동의 특징은 두 개의 끝점만이 고정되어 있다는 것이다. 여기서 움직이지 않는 두 끝점을 우리는 '결점node'이라 부른다. 따라서 두 결점 사이의 파동은 끈 전체가 동시에 최고점과 최저점에 도달하는 형태를 가지게 된다.

그러나 이는 정상파 중에서도 가장 단순한 형태일 뿐이다. 다른 정상파도 있다. 예를 들면 양쪽 끝에 두 개, 가운데에 하나로 세 개의 결점을 가지는 정상파도 가능하다. 이 경우 세 개의 점이 항상 정지 상태에 있다. 다음 그림을 보면 결점이 두 개인 정상파에 비해 파장이 절반이라는 사실을 손쉽게 파악할 수 있다.

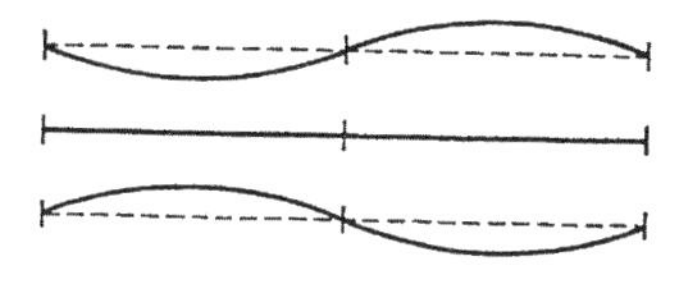

마찬가지로 정상파는 네 개, 다섯 개, 또는 그 이상의 결점을 가지는 것도 가능하다. 모든 경우에 파장은 결점의 숫자에 따라 달라진다.

결점의 갯수는 정수로만 존재할 수 있으며, 따라서 불연속적인 값을 가진다. '이 정상파에는 3.576개의 결점이 있다'라는 표현은 성립할 수 없다. 따라서 파장이란 불연속적으로만 변화할 수 있는 것이다. 대부분의 고전 물리학의 문제에서 그렇듯이, 우리는 양자 이론에서 친숙해진 특성을 여기서 발견하게 된다. 바이올린 연주자가 생성하는 정상파는 훨씬 복잡하기는 하지만 기본적으로는 2, 3, 4, 5개 또는 그 이상의 결점을 가지는 무수한 정상파의 혼합물이다. 물리학을 이용하면 이런 혼합물을 구성 요소인 단순한 정상파의 형태로 분석하는 것이 가능하다. 또는 예전 표현을 다시 사용하자면, 진동하는 끈은 빛을 발산하는 원소처럼 자신만의 스펙트럼을 가진다고도 할 수 있을 것이다. 그리고 원소의 스펙트럼과 마찬가지로, 특정 파장만 허용되고 나머지는 거부된다고 할 수 있을 것이다.

우리는 이렇게 해서 진동하는 끈과 빛을 발산하는 원소 사이의 유사점을 확인했다. 괴상한 비유처럼 보일지도 모르지만, 일단 선택했으니 논의를 진행시켜 새로운 결론을 내려 보기로 하자. 모든 원소의 원자는 기본이 되는 입자로 구성되어 있으며, 핵을 구성하는 입자는 좀 더 무겁고, 전자는 좀 더 가볍다. 이런 소립자 시스템은 정상파를 발산하는 작은 음향 기기와 같은 역할을 한다.

그러나 정상파는 보통 둘 이상의 운동하는 파동이 서로 간섭을 한 결과물이다. 우리의 비유에 일말의 진실이 존재한다면, 원자의 구조보다도 단순한 구조가 정상파에 대응해야 한다. 가장 단순한 구조란 무엇일까? 우리의 물질계에는 가장 기초적인 입자인 전자보다 작은 입자는 존재할 수 없다. 전자에 어떤 힘도 작용하지 않는다면 전자는 정지해 있거나 등속운동을 할 것이다. 이로부터 우리의 비유의 사슬에 추측의 고리 하나를 더할 수도 있을 것이다. 즉 등속운동을 하는 전자는 일정한 파장을 가지는 파동이라는 것이다. 이것이 바로 드브로이의 새롭고 용기 있는 착상이었다.

빛이 파동의 특성을 나타내는 경우와 입자의 특성을 나타내는 경우가 있다는 사실은 앞에서 확인한 바 있다. 빛이 파동이라는 개념에 익숙해진 다음에서야, 우리는 광전효과와 같은 일부 경우에서 빛이 광자의 비처럼 행동한다는 놀라운 사실을 알게 되었다. 이제 우리는 전자를 놓고 반대의 상황에 처해 있다. 우리는 전자가 전하와 물질의 기본 입자라는 개념에 익숙해져 있다. 전자의 전하와 질량에 대해서는 이미 알아본 바 있다. 만약 드브로이의 착상이 조금이라도 진실을 담고 있다면, 물질이 파동의 성질을 나타내는 경우가 확인되어야 한다. 음향의 비유를 따라가다 도달한 이 결론은 얼핏 보기에는 기묘하고 이해하기 힘들어 보인다. 움직이는 입자가 파동과 무슨 연관이 있단 말인가? 그러나 물리학에서 이런 부류의 난제를 마주한 것이 처음은 아니다. 우리는 광학 현상의 영역에서도 동일한 문제에 부딪친 바 있다.

기본 개념은 물리 이론을 형성할 때 가장 중요한 역할을 한다. 물리학에 관한 서적은 복잡한 수학 공식으로 가득하다. 그러나 그 이론을 시작하는 것은 공식이 아닌 사고와 착상이다. 착상이 정량적인 이론으로 정립되기 위해서는, 실험을 통해 비교할 수 있는 수학의 형태를 지녀야 한다. 지금 우리가 다루고 있는 문제를 예로 들자면 이렇게 설명할 수 있을 것이다. 가장 기본이 되는 추측은 등속운동을 하는 전자가 일부 현상에서 파동처럼 행동한다는 사실이다. 전자 하나 또는 모두 같은 속도로 움직이는 전자 한 무리가 등속운동을 하고 있다고 해 보자. 우리는 개별 전자의 질량, 전하, 속도를 알고 있다. 우리가 등속운동을 하는 전자 하나 또는 여럿에 대해 파동 개념을 적용하고 싶다면, 우리의 다음 질문은 그 파장을 알아낼 수 있느냐가 될 것이다. 이는 정량적인 문제이며, 이에 답하기 위해서는 어느 정도 정량적인 이론을 정립해야 할 것이다. 사실 이는 단순한 문제다. 이 질문에 대한 답이 되는 드브로이의 연구 결과가 보여주는 수학적인 단순성은 실로 놀라울 정도다. 그가 연구를 끝낼 당시, 다른 물리 이론의 수학 기법은 그에 비교하면 매우 세밀하고 복잡한 것이었다. 물질의 파동에 대한 문제를 다루는 수학은 극도로 단순하고 기초적이었지만, 그 기본 개념은 심오하고 커다란 영향을 끼치는 것이었다.

앞에서 우리는 광파와 광자의 경우에 있어 파동의 언어로 서술한 모든 명제를 광자 또는 광입자의 언어로 변환할 수 있음을 확인했다. 전자파의 경우에도 이는 동일하다. 등속운동을 하는 전자를 서술하는 입자의 언어는 이미 잘 알려져 있다. 그러나 입자의 언어로 서술된 모든 명제는 광자의 경우와 마찬가지로 파동의 언어로 바꿀 수 있다. 변환 법칙을 확인하기 위한 실마리가 두 개 존재한다. 광파와 전자파, 광자와 전자라는 비유가 한 가지 실마리다. 우리는 물질의 경우에도 빛과 동일한 변환 방식을 사용하려 하는 것이다. 다른 실마리는 특수상대성이론이다. 자연법칙은 고전변환이 아니라 로렌츠 변환에 따라 불변해야 한다. 이 이론을 따르면 일정한 속도, 이를테면 초속 1만 마일의 속도로 움직이는 전자의 파장은 손쉽게 계산해 낼 수 있으며, 그 파장은 X선의 파장과 같은 영역에 위치하게 된다. 따라서 우리는 물질이 가지는 파동의 성질을 확인할 수 있다면, 아마도 X선의 성질을 검출했을 때와 유사한 실험에서 확인할 수 있을 것이라는 결론을 내리게 된다.

특정 속도로 움직이는 전자 하나, 또는 파동의 언어를 사용하면 균일한 전자파를 상상하고, 이 전자가 회절격자의 역할을 하는 매우 얇은 결정을 통과한다고 가정해 보자. X선 회절을 일으키는 결정 내의 장애물 사이의 거리는 매우 좁다. 같은 파장을 가지고 있다면 전자파의 경우에도 비슷한 현상이 일어날 것이라 상상할 수 있을 것이다. 사진 건판으로 얇은 결정의 판을 통과하는 전자파의 회절 현상을 파악할 수 있을 것이다. 실제로 이 실험은 이 이론의 가장 훌륭한 성과 가운데 하나를 제공해 주었다. 전자파의 회절 현상을 확인하게 된 것이다. 전자파 회절과 X선 회절의 유사성은 3번 도판의 무늬를 비교해 보면 명확해진다. 우리는 이런 사진을 통해 X선의 파장을 확인할 수 있음을 알고 있다. 전자파의 경우에도 같은 일이 가능하다. 회절 무늬를 통해 물질의 파장을 알 수 있으며, 실험과 이론이 정량적으로 완벽하게 일치한다는 사실은 지금까지 우리의 논의가 옳았음을 훌륭하게 입증해 준다.

이런 결과 덕분에 앞에서 우리가 마주한 난제는 더욱 크고 심오해진다. 광파를 이용한 실험과 같은 방식의 실험을 시도해 보면 이 사실은 더욱 명확해진다. 매우 작은 구멍을 통과하는 전자는 빛처럼 휘어지며, 사진 건판에는 빛과 그림자의 고리가 나타난다. 전자와 구멍 가장자리의 간섭 현상을 통해 이 현상을 설명할 수 있을지도 모르지만, 그런 식으로 만족스러운 설명을 할 수 있을 가능성은 그리 커 보이지 않는다. 하지만 구멍을 두 개 뚫을 경우에는 어떨까? 고리 대신 줄무늬가 나타난다. 다른 구멍의 존재가 효과를 완벽하게 변화시킬 수 있는 이유는 무엇일까? 전자는 더 이상 쪼갤 수 없는 입자이니, 두 개의 구멍 중 하나만을 통과할 수 있을 것이라 추측할 수 있다. 구멍을 통과하는 전자 하나가 일정 거리를 두고 떨어져 있는 다른 구멍의 존재를 대체 어떻게 알 수 있을까?

우리는 앞에서 이런 질문을 던진 바 있다. 빛이란 무엇인가? 입자의 흐름인가, 아니면 파동인가? 전자는 외부의 전기장이나 자기장 속을 움직일 때는 입자처럼 행동한다. 그러나 결정을 통과하며 회절 현상을 보일 때는 파동처럼 행동한다. 물질의 기본 양자의 경우에도 빛의 기본 양자와 동일한 문제에 직면하게 된다. 최신 과학의 발전이 제기한 가장 기초적인 질문 중 하나는, 물질과 파동에 대한 양립할 수 없는 두 가지 관점을 어떻게 조화시킬 수 있느냐이다. 이런 기초적인 난제를 정립하면 결과적으로 과학의 발전에 기여하게 된다. 물리학은 이 문제를 해결하려 노력했다. 현대 물리학이 제공하는 해결책이 일시적인지 지속적인지는 후대의 판단으로 남을 것이다.

## 확률파

고전역학에 따르면, 특정 질점material point의 위치와 속도와 작용하는 외부의 힘을 알고 있을 경우, 역학 법칙을 적용하면 이후의 경로를 완벽하게 예측할 수 있다. '이 질점은 이러이러한 순간 이러이러한 위치와 속도를 가지고 있다'라는 문장은 고전역학에서 명확한 의미를 지닌다. 만약 이 명제가 의미를 잃는다면, 미래의 경로가 예측 가능하다는 앞의 논리는 성립하지 않을 것이다.

19세기 초반의 과학자들은 물리학을 모든 순간에 명확한 위치와 속도를 가지는 물질의 입자에 작용하는 단순한 힘으로 환원하고자 했다. 우리가 물리학의 문제라는 영역에 대한 여행을 처음 시작할 때, 역학에 대해 논의하면서 운동을 어떻게 서술했는지를 다시 떠올려 보기로 하자. 우리는 물체가 지정된 경로를 따라 이동하는 동안의 점을 찍어 특정 순간에 물체의 위치를 표시했고, 그 점에 대해 접선의 벡터를 그려 속도의 방향과 강도를 나타냈다. 이는 단순하고 유효한 방식이었지만, 물질의 기본 양자인 전자 또는 에너지의 기본 양자인 광자의 경우에는 동일한 방식을 적용할 수 없었다. 우리는 광자 또는 전자의 운동을 고전역학에서 상상한 운동의 방식으로 표현할 수 없다. 두 개의 작은 구멍을 이용한 회절 실험은 이 사실을 명확하게 보여준다. 전자와 광자는 두 개의 구멍을 동시에 통과하는 것으로 보인다. 따라서 전자 또는 광자의 입자 하나의 경로를 가정하는 고전적인 방식으로는 이런 현상을 설명하는 것이 불가능하다.

물론 우리는 기본적인 운동의 존재, 즉 전자나 광자가 구멍을 통과하는 운동의 존재를 가정해야 한다. 물질과 에너지의 기본 양자가 존재한다는 사실 자체는 의심의 여지가 없다. 그러나 고전역학과 같이 단순한 방식으로 특정 순간의 위치와 속도를 확인하는 법칙은 쉽사리 정립할 수 없다.

그럼 이제 다른 방식을 사용해 보기로 하자. 동일한 기본적인 실험을 계속해서 되풀이한다고 해 보자. 구멍 두 개가 뚫린 쪽으로 전자를 하나씩 계속해서 보낸다. 여기서 '전자'를 사용하는 이유는 실험을 좀 더 명확하게 만들기 위해서일 뿐, 광자의 경우에도 같은 논의를 적용할 수 있다.

같은 실험을 완벽하게 동일한 방식으로 계속해서 반복한다. 전자는 모두 같은 속도를 가지고 있으며, 두 개의 구멍이 있는 방향으로 운동한다. 실제로 수행할 수는 없으나 쉽사리 상상할 수 있는 이상적인 가상의 실험이라는 점은 명백할 것이다. 우리는 특정 순간에 단 하나의 광자나 전자를 총알을 발사하는 것처럼 쏘아 보낼 수 없기 때문이다.

실험을 반복한 결과는 이번에도 구멍이 하나일 경우에는 빛과 그림자의 고리, 두 개일 경우에는 빛과 그림자의 줄무늬가 될 것이다. 그러나 이 경우에는 중요한 차이점이 한 가지 존재한다. 하나의 전자만을 발사한 경우에는 실험 결과를 해석할 수가 없다. 같은 실험을 수없이 반복한 다음에야 실험의 의미를 이해할 수 있다. 그러면 이제 '많은 전자를 발사할 경우 빛의 줄무늬가 나타난다'라고 말할 수 있다. 적은 양의 전자가 도달하는 부분에는 좀 더 어두운 무늬가 생긴다. 완벽하게 어두운 지점은 전자가 아예 도달하지 못하는 곳이다. 물론 우리는 모든 전자가 두 개의 구멍 중 하나만을 통과한다고 가정할 수는 없는데, 그런 경우라면 다른 쪽을 막아 놓는 것과 동일한 결과가 나올 것이기 때문이다. 두 번째 구멍을 막으면 결과가 달라진다는 사실을 이미 알고 있지 않은가. 하나의 입자를 둘로 나눌 수 없기 때문에, 우리는 전자 하나가 두 개의 구멍을 동시에 통과한다고는 생각할 수 없다. 이 실험이 여러 번 반복되었다는 사실이 이 상황에서 탈출구를 제시해 준다. 일부 전자는 첫 번째 구멍을 통과하고, 일부 전자는 두 번째 구멍을 통과하는 것이다. 특정한 개별 전자가 어떤 식으로 구멍을 선택하는지는 알 수 없지만, 실험을 반복한 후 종합한 결과는 결국 양쪽 구멍 모두 전자를 통과시킨다는 것이다. 실험을 반복한 결과 전자의 종합에 무슨 일이 발생하는지만 서술하고, 특정 개별 입자의 행동에 대해 신경 쓰지 않으면, 고리와 줄무늬라는 차이가 생기는 이유를 이해할 수 있다. 이렇게 실험에 대해 논의함으로써 새로운 개념이 생겨나는데, 바로 예측할 수 없는 방식으로 행동하는 개별 입자가 모인 군집의 성질이다. 우리는 개별 전자가 어떤 경로를 따를지는 예측할 수 없지만, 전체 결과를 종합해 보면 가림막에 빛과 그림자의 줄무늬가 나타날 것이라는 사실은 예측할 수 있다.

잠시 양자물리학은 잊고 다음 내용을 생각해 보자.

고전 물리학을 통해, 특정 순간 하나의 질점의 위치와 속도와 그에 작용하는 외부의 힘을 안다면 미래의 경로를 예측할 수 있다는 사실은 확인한 바 있다. 또한 우리는 물질의 운동 이론에도 동일한 역학적 관점을 적용할 수 있다는 사실을 알고 있다. 그러나 이 이론에서 사용한 추론을 이용하면 새로운 착상을 하나 할 수 있다. 이 착상을 확실하게 파악해 놓으면 이후의 논의를 진행하는 데 큰 도움이 될 것이다.

기체가 들어 있는 용기가 있다. 용기 안의 모든 입자의 운동 경로를 파악하려면 우선 최초의 상태, 즉 모든 입자의 시작 지점과 속도를 알아야 한다. 만약 그런 일이 가능하다고 해도, 그 결과를 종이에 옮겨 적으려면 입자의 수가 어마어마하게 많기 때문에 한 사람의 일생 정도의 시간으로는 턱없이 부족할 것이다. 만약 우리가 알고 있는 고전역학의 방식을 적용하여 각 입자의 최종 위치를 구하려 한다면 그에 따르는 어려움은 짐작하기조차 힘들 것이다. 원칙적으로는 행성의 운동을 계산할 때 사용하는 방식을 그대로 적용할 수 있겠지만, 실제 수행하려 하면 이런 방식은 아무 쓸모도 없으며 결국 통계를 이용해야 한다. 통계를 이용하면 최초의 상태를 정확하게 알 필요가 없다. 또한 특정 순간에 전체 계에 대해서 아는 내용도 훨씬 적으며, 과거 또는 미래에 대해서도 좀 더 적은 내용만 확인할 수 있다. 개별 기체 입자의 운명에 대해서는 관심을 끊고 다른 부류의 문제에 집중하는 것이다. 예를 들어, 우리는 '지금 이 순간 개별 입자의 속도는 어떻게 되는가?'와 같은 질문은 던지지 않는다. 그 대신 '초속 1000피트에서 1100피트 사이의 속도를 가지는 입자는 몇 개가 있는가?'와 같은 질문을 던진다. 이런 경우에는 개별 입자에는 신경을 쓰지 않아도 된다. 우리가 원하는 것은 전체 집합을 대표하는 성질을 보여줄 수 있는 평균값을 찾는 것이다. 하나의 계 안에 많은 수의 개별 입자가 있을 때는 결국 통계적인 방식을 사용할 수밖에 없다.

통계적 방법을 적용할 때는 군집에 속하는 개체 하나의 행동은 예측할 수 없다. 그저 하나의 개체가 특정한 방식으로 행동할 가능성, 즉 확률만을 예측할 수 있을 뿐이다. 만약 통계 법칙을 통해 초속 1000피트에서 1100피트 사이의 속도를 가지는 입자가 전체의 1/3이라는 결론이 나온다면, 여러 입자에 대해 관찰을 반복하면 이 정도의 평균값이 나온다는 뜻이 된다. 이를 다른 방식으로 표현하면, 특정 입자가 이 한계 내에 존재할 가능성이 1/3이라는 뜻이 된다.

같은 이유에서, 거대 공동체 내의 출산율을 안다고 해서 특정 가족에 자식이라는 축복이 베풀어졌을지 여부는 전혀 파악할 수 없다. 해당 인물들의 특성과는 아무 관계도 없는 확률적인 결과일 뿐인 것이다.

수많은 자동차의 번호판을 관찰하다 보면, 우리는 그중에서 1/3 가량이 3으로 나눌 수 있는 숫자임을 알게 된다. 하지만 다음 순간 우리 앞을 지나가는 차의 번호가 그런 특성을 가지고 있을지는 예측할 수 없다. 통계 법칙은 개별 개체에 대해서는 적용할 수 없으며, 큰 집합에만 적용할 수 있기 때문이다.

그럼 이제 양자 이론의 문제로 돌아가 보자.

양자물리학의 법칙은 통계적인 성질을 지닌다. 즉, 단 하나의 계가 아니라 동일한 계의 집합을 다룬다는 뜻이다. 예를 들어, 우리는 1600년이 흐르면 1그램의 라듐 중 절반이 붕괴하고 절반만 남을 것이라는 사실을 알고 있다. 우리는 30분 후 얼마나 많은 원자가 붕괴할지를 어림잡아 예측할 수는 있지만, 이론적인 측면에서 하필이면 왜 그 특정 원자가 붕괴했는지는 말할 수 없다. 현재 우리의 지식 수준으로는 어떤 원자가 붕괴라는 운명을 맞을지 예측하는 것은 불가능하다. 하나의 원자의 운명은 그 원자가 얼마나 오래되었는가에 영향을 받는 것이 아니다. 이런 개별적인 행동을 다루는 법칙은 존재조차 하지 않는다. 우리는 원자의 큰 집합에 적용되는 통계적인 법칙을 정립할 수 있을 뿐이다.

다른 예를 들어 보자. 일부 원소의 형광 기체를 분광기 앞에 놓으면 특정 파장을 가지는 명확한 선이 떠오른다. 특정 파장이 불연속적으로 나타난다는 사실은 기본 양자의 존재를 밝혀낸 원자 단위의 현상 중 하나이다. 그러나 이 문제에는 다른 측면이 하나 존재한다. 일부 스펙트럼선은 매우 명확하고, 다른 선은 흐릿하다. 명확한 선은 해당 파장에 속하는 광자가 비교적 많이 발산되었다는 뜻이다. 흐릿한 선은 해당 파장에 속하는 광자가 비교적 적게 발산되었다는 뜻이다. 여기서도 이론은 통계적인 명제만을 제공해 줄 뿐이다. 각각의 선은 에너지가 고준위에서 저준위로 변환되는 과정에 대응한다. 이론은 이런 변환이 일어날 수 있는 확률만을 알려줄 뿐, 개별 원자가 실제로 변환을 거쳤는지는 알려주지 않는다. 이론이 제대로 작동하는 이유는 이 모든 현상이 개별 원자가 아니라 큰 집합 수준에서 적용되기 때문이다.

새로운 양자물리학은 어딘가 물질의 운동 법칙과 비슷해 보인다. 양쪽 모두 확률적 성질을 가지고 있으며 큰 집합에 적용되기 때문이다. 하지만 오직 겉모습만 그럴 뿐이다! 이런 비유에서는 유사점만이 아니라 차이점 또한 명확하게 이해해야 한다. 물질의 운동 법칙과 양자물리학이 비슷해 보이는 이유는 그 통계적인 특성 때문이다. 그렇다면 차이점은 무엇일까?

우리가 어떤 도시에 사는 20세 이상 남녀 인구를 파악하고 싶다면, 우리는 개별 시민에게 '남자' '여자' '연령'이라는 항목이 달린 설문지를 배부해야 한다. 모두가 제대로 답변을 했다는 가정 하에, 우리는 그 수를 세고 분류해서 통계적인 결과를 얻을 수 있다. 설문지 양식에 적힌 개별 성명이나 주소는 아무런 영향을 끼치지 않는다. 우리는 개별 인물에 대한 지식을 통해 통계적인 관점을 확보한 셈이다. 물질의 운동 이론 또한 이와 마찬가지로 개별 법칙을 기반으로 해서 집합을 다루는 통계 법칙을 제공해 준다.

하지만 양자물리학에서는 상황이 완전히 달라진다. 여기서는 통계 법칙이 바로 주어지며, 개별 법칙은 무시된다. 광자 또는 전자와 두 개의 작은 구멍을 예로 들면, 우리는 시공간 연속체 상의 개별 기본 입자의 운동을 고전 물리학에서처럼 단순하게 묘사할 수 없다. 양자물리학은 기본 입자의 개별 법칙을 포기하고 곧바로 집합을 다루는 통계적 법칙으로 들어간다. 따라서 양자물리학의 관점에서는 고전 물리학의 경우처럼 개별 입자의 위치와 속도를 서술하거나 이후 경로를 예측하는 일이 불가능하다. 양자물리학은 집합만을 다루며, 그 법칙은 개체가 아닌 군집에 적용되는 것이다.

고전 물리학의 관점을 바꾼 이유는 단순한 추측이나 새로운 이론에 대한 갈망이 아니라, 명확한 필요성이 존재하기 때문이었다. 우리는 낡은 관점을 적용하는 것이 어렵다는 것을 하나의 예시, 즉 회절 현상을 통해서만 살펴보았다. 그러나 이와 비슷하게 설득력 있는 이론을 여럿 인용할 수 있다. 현실을 이해하려 시도하는 과정에서는 끊임없이 세계관의 변화가 이루어지게 마련이다. 그러나 우리가 고른 것이 유일한 해결책이었는지, 아니면 그에 대한 더 나은 해결책이 존재했는지를 확인하는 일은 그저 미래에 맡길 뿐이다.

우리는 시공간 속에서 일어나는 개별적인 사건에 대한 객관적이고 명확한 서술을 포기하고, 통계적 성질을 가지는 법칙을 도입할 수밖에 없었다. 이는 현대 양자물리학의 가장 큰 특징이라 할 수 있다.

새로운 물리적 현실, 이를테면 전자기장이나 중력장 등을 도입할 때마다, 우리는 그 착상을 수학적으로 표현할 수 있는 방정식의 일반적인 성질을 묘사하려 노력해 왔다. 이제 양자물리학에서도 같은 일을 해야 할 것이다. 보어, 드브로이, 슈뢰

딩거, 하이젠베르크, 폴 디랙, 막스 보른의 연구를 간략하게 언급하고 넘어가도록 하자.

하나의 전자를 가정해 보자. 이 전자는 임의적인 외부의 전자기장의 영향 아래 있을 수도 있고, 외부의 영향을 전혀 받지 않을 수도 있다. 말하자면 원자의 핵 안에 있을 수도, 결정에 의해 회절 현상을 보이는 중일 수도 있다는 뜻이다. 양자물리학은 이런 모든 문제에 대한 수학 방정식을 정립하는 방법을 가르쳐 준다.

우리는 이미 진동하는 끈, 고막, 관악기, 기타 소리를 내는 악기들과 전자를 방사하는 원자의 유사성에 대해 언급한 바 있다. 음파를 발산하는 도구에 적용하는 방정식과 양자물리학에 적용하는 방정식 사이에도 일종의 유사성이 존재한다. 그러나 이 두 가지 정량적인 현상을 물리학으로 해석하는 방법은 상당히 다르다. 진동하는 끈을 서술하는 정량적인 물리 성질과 에너지를 방출하는 원자의 성질은 그 방정식의 형식이 유사함에도 불구하고 상당히 다른 의미를 가진다. 전자에서는 임의의 순간에 임의의 지점이 원래의 위치에서 얼마나 벗어나는지를 의미한다. 특정 순간에 진동하는 끈이 어떤 형태를 가지는지를 알기만 하면 우리는 원하는 모든 지식을 확보할 수 있다. 끈 위의 모든 지점에서 일반적인 위치에서 얼마나 벗어나는지를 명확하게 파악할 수 있다는 사실을 좀 더 엄밀하게 표현하면 다음과 같다. '모든 순간에, 기본값에서 달라지는 편차는 끈의 좌표의 함수로 나타낼 수 있다.' 끈 위의 모든 점은 1차원 연속체를 형성하며, 편차는 1차원 연속체에 의해 정의되는 함수로서, 진동하는 끈에 대한 방정식으로 계산해 낼 수 있다.

마찬가지로, 특정 함수에서 전자 하나를 모든 시간과 공간에서 확정할 수 있다. 우리는 이 함수를 확률파라 부를 것이다. 우리의 비유에서 확률파는 음파의 경우 정상 위치에서 벗어난 편차에 대응한다. 특정 시점의 확률파는 3차원 연속체의 함수이며, 이는 끈의 경우에 특정 시간의 편차가 1차원 연속체의 함수인 것과 마찬가지다. 확률파는 우리가 양자계에 대해 알고 있는 내용의 목록이며, 양자계와 관련이 있는 모든 의미 있는 통계적인 질문에 대한 대답을 제공해 준다. 하지만 특정 순간에 전자 하나의 위치나 속도를 알려주지는 않는데, 양자물리학에서 이런 질문은 아무런 의미도 없기 때문이다. 하지만 특정 지점에서 전자를 만날 확률, 또는 전자를 만날 확률이 어디서 가장 큰지를 파악하는 것은 가능하다. 이 결과는 단한 번이 아닌 수없이 많은 계측을 통한 결과물이다. 따라서 맥스웰 방정식이 전자기장을 특정하고 중력 방정식이 중력장을 특정하는 것처럼, 양자물리학의 방정식은 확률파를 특정한다. 양자물리학의 법칙 또한 구조 법칙이다. 그러나 양자물리학의 방정식에 의해 특정되는 물리 개념의 의미는 전자기장이나 중력장의 경우보다 훨씬 관념적이다. 그 수학적 수단으로는 통계적인 성질을 가지는 답변만을 제공할 수 있기 때문이다.

지금까지 우리는 어떤 외부 역장 안에 존재하는 전자를 가정했다. 최소 전하 단위인 전자 하나가 아니라 수십억 개의 전자로 구성된 강한 전하를 다루는 경우였다면, 양자 이론 전체를 무시하고 기존의 물리학에 따라 문제를 다루면 충분했을 것이다. 전선을 흐르는 전류, 전하를 가지는 도체, 전자기파 등을 다룰 때는 맥스웰 방정식을 통해 과거의 단순한 물리학을 적용하면 된다. 그러나 광전 현상, 스펙트럼선의 강도, 방사선, 전자파의 회절 등 물질과 에너지의 양자성이 드러나는 경우에는 이런 일이 불가능하다. 이럴 경우 우리는 한 단계 올라가야 한다. 입자 하나의 위치와 속도를 다루기 위해서는 고전 물리학을 적용하는 대신 해당 입자가 속하는 3차원 연속체 안에서의 확률파를 다루어야 한다.

고전 물리학의 관점에서 대응되는 문제를 해결하는 방법을 알고 있다면, 양자물리학 또한 같은 식으로 대응해서 문제를 해결할 수 있다.

전자나 광자 등 기초적인 입자 하나의 경우에는 실험을 충분히 반복하면 계의 통계적 특성을 나타내 주는 3차원 연속체 안의 확률파를 확인할 수 있다. 그러나 하나가 아니라 상호작용하는 두 개의 입자, 이를테면 전자 두 개, 전자와 광자, 전자와 원자핵의 경우에는 어떨까? 상호작용을 하기 때문에, 두 입자를 별도로 취급하여 3차원 연속체 안에서 개별적으로 서술할 수는 없다. 사실 양자물리학에서 상호작용하는 두 개의 입자로 구성된 계를 어떻게 묘사할지 상상하는 일은 별로 어렵지 않다. 일단 한 단계를 내려가서 잠시 고전 물리학으로 돌아가야 한다. 특정 순간에 공간 속의 두 개의 질점을 나타내기 위해서는 각 점에 3개씩 6개의 숫자가 필요하다. 하나의 점이 3차원 연속체를 이루듯이, 두 개의 질점이 존재할 수 있는 모든 위치는 6차원 연속체를 구성한다. 여기서 다시 한 층 올라가서 양자물리학으로 돌아가면, 우리는 1개의 입자가 만든 3차원 연속체가 아니라 6차원 연속체의 확률파를 얻을 수 있을 것이다. 마찬가지로 3개, 4개, 또는 그 이상의 입자는 각각 9차원, 12차원, 또는 그 이상의 연속체의 확률파에 대한 함수가 될 것이다.

이는 확률파가 3차원 공간 안에서 존재하고 확산되는 전자기장이나 중력장보다 추상적인 개념임을 명백하게 보여준다. 다차원 연속체는 확률파의 배경을 이루며, 입자가 단 하나일 경우에만 차원의 수가 물리적 공간과 일치한다. 확률파의 유일한 물리적 중요성은 하나뿐 아니라 많은 입자가 존재할 경우에도 의미 있는 통계적 질문에 답해 줄 수 있다는 것이다. 따라서 하나의 전자가 있을 경우 우리는 특정 지점에서 그 전자를 만나게 될 가능성을 물어볼 수 있다. 두 개의 입자가 존재할 경우, 우리의 질문은 '특정 순간에 특정한 두 개의 지점에서 두 개의 입자를 만날 확률이 어떻게 될까?'일 것이다.

고전 물리학에서 벗어나는 첫걸음은 특정 경우를 시공간 속의 객관적인 사건으로 서술하기를 포기하는 것이었다. 우리는 확률파를 통해 통계적인 방식을 적용할 수밖에 없었다. 일단 이 방식을 선택한 이후에는 계속해서 더욱 추상적인 방법을 사용할 수밖에 없었다. 여러 개의 입자의 문제를 해결하기 위해서는 다차원 연속체의 확률파를 도입해야 했다.

표현을 간결하게 하기 위해 양자물리학을 제외한 다른 모든 것을 고전 물리학으로 부르기로 하자. 고전 물리학과 양자물리학은 서로 극단적으로 다르다. 고전 물리학은 공간 속에 존재하는 물체를 서술하는 것이 목적이며, 시간의 변화에 영향을 받는 법칙을 정립하려 한다. 그러나 입자나 물질의 파동성이나 에너지 방사 등이 드러나는 현상에서는, 방사능 붕괴나 회절이나 스펙트럼선의 발산과 같은 기초적인 사건의 통계적 특성 때문에 이런 관점을 포기할 수밖에 없어진다. 양자물리학의 목적은 공간 속의 개별 물체를 시간의 변화에 따라 서술하는 것이 아니다. 양자물리학에서는 '이 물체는 이러이러한 것이며, 이러이러한 성질을 가진다'라는 서술은 존재할 자리가 없다. 대신 우리는 다음과 같은 명제를 다루게 된다. '개별 물체가 이러이러한 것이며 이러이러한 성질을 가졌을 가능성이 이 정도다.' 양자물리학에는 개별 물체가 시간에 따라 보이는 변화를 다루는 법칙은 존재하지 않는다. 대신 우리는 시간에 따른 확률 변화를 다루는 법칙을 사용한다. 양자물리학이 도입한 이런 근본적인 변화가 있었기 때문에, 물질과 방사의 기초적 양자의 존재가 드러나는 현상의 영역에서 불연속적이고 통계적인 특성을 가지는 사건에 대한 적절한 설명이 가능해진 것이다.

그러나 여기서 좀 더 난해한 새로운 문제가 발생했으며, 이는 아직까지 명쾌하게 해결되지 않았다. 여기서는 해결되지 않은 문제 중 일부만 언급할 것이다. 과학은 닫힌 책이 아니며, 앞으로도 닫힌 책이 아닐 것이다. 모든 중요한 진보에는 새로운 문제가 따른다. 모든 발전은 결과적으로는 새롭고 좀 더 심오한 문제를 드러내 보인다.

우리는 하나 또는 여러 입자가 존재하는 단순한 경우에 고전 물리학에서 한 단계 높은 양자물리학의 서술 방식을 사용하면 된다는 것을, 즉 시공간의 객관적 서술에서 확률파의 단계로 올라가면 된다는 것을 이미 알고 있다. 그러나 고전 물리학에서 역장이 얼마나 중요한 역할을 수행했는지는 다들 기억하고 있을 것이다. 물질의 기본적 양자와 역장 사이의 상호작용을 어떻게 서술해야 할까? 만약 10개의 입자를 양자물리학에 따라 서술하기 위해 30차원의 확률파가 필요하다면, 역장을 양자물리학으로 서술하기 위해서는 무한한 수의 차원이 필요할 것이다. 고전적인 역장 개념에서 그에 대응하는 양자물리학의 확률파 개념으로 넘어가는 것은 매우 어려운 일이다. 한 층을 올라가는 일은 쉬운 것이 아니며, 지금까지 이 문제를 해결하기 위한 시도는 모두 만족스럽지 못한 것으로 간주해야 한다. 다른 기본적인 문제가 하나 더 있다. 고전 물리학에서 양자물리학으로 넘어가기 위한 모든 논의에서, 우리는 공간과 시간을 서로 다른 것으로 간주하는 상대성이론 이전의 관점을 사용했다. 그러나 우리가 상대성이론이 제시하는 고전적 서술에서 시작하려 한다면, 양자의 문제로 단계를 높이기 위한 시도는 훨씬 복잡한 형태가 된다. 현대 물리학은 이 문제를 해결하려 끊임없이 노력하고 있지만, 완벽하고 만족스러운 해결책을 제시하지 못하고 있다. 원자핵을 포함하는 무거운 입자에 대한 일관적인 물리학을 정립하는 일에도 문제가 남아 있다. 수많은 실험적 자료와 원자핵의 문제를 고찰하려는 여러 시도가 있었음에도 불구하고, 이 영역에서 우리는 아직 가장 기본적인 문제 몇 가지에 대해 암중모색 중이다.

양자물리학이 매우 다양한 부류의 사실을 설명할 수 있으며, 이론과 관찰 결과가 대부분의 경우 놀라울 정도로 잘 들어맞는다는 것은 명백한 사실이다. 새로운 양자물리학 덕분에 우리는 과거의 역학적 세계관으로부터 더 멀리 나가게 되었고, 이제는 더 이상 과거의 관점으로 돌아갈 수 없어 보인다. 하지만 양자물리학이 두 가지 개념, 즉 물질과 역장에 기반을 두고 있다는 사실은 변하지 않는다. 양자물리학은 말하자면 이원적인 이론이며, 모든 존재를 역장 개념으로 환원하고자 하는 숙원에는 조금도 다가가지 못하는 것이다.

물리학이 양자 이론이 제시한 길을 계속 따라가게 될까, 아니면 새로운 혁명적인 개념이 물리학에 도입되는 결과를 낳을까? 진보의 길이 과거에도 종종 그랬듯이 다시 한 번 급회전을 하게 될까?

지난 몇 년 동안 양자물리학의 모든 난점은 몇 가지 주요 논점을 중심으로 집약되었다. 물리학은 이런 난점들의 해결책을 초조하게 기다리고 있다. 그러나 이에 대한 해결책이 언제, 어디서 등장할지는 아무도 예측할 수 없다.

## 물리학과 현실

지금까지 우리가 살펴본, 가장 기본적인 착상만을 통해 살펴본 물리학의 개괄적인 역사에서 어떤 일반적인 결론을 이끌어낼 수 있을까?

과학은 단순한 법칙의 모음, 서로 연관이 없는 사실들의 목록이 아니다. 과학은 인간 정신의 창조물이며, 자유롭게 만들어 낸 착상과 개념으로 구성되어 있다. 물리 이론은 현실을 그려내고 우리가 감지할 수 있는 좀 더 넓은 세계와의 연관 관계를 구축하려 한다. 따라서 우리의 정신 구조의 정당성을 입증하기 위해서는 우리의 이론이 어떤 식으로 이런 연결 고리를 만들어 냈는지를 살펴보아야 한다.

우리는 물리학의 발전을 통해 만들어진 새로운 현실을 살펴보았다. 그러나 이런 창조의 연쇄는 물리학의 시발점보다 훨씬 옛날까지 거슬러 올라갈 수 있다. 가장 원시적인 개념은 바로 물체였다. 나무, 말, 기타 여러 물체는 경험을 기반으로 하여 창조된 개념이며, 이들을 생성한 기반 감각은 물리 현상의 세계에 비하면 원시적이다. 쥐를 괴롭히는 고양이의 모습도 사고에 의해 그 나름의 원시적인 현실을 만들어 낸다. 고양이가 만나는 모든 쥐에 대해 비슷한 방식으로 반응한다는 사실은 감각으로 구성된 세계를 이끌어 나가는 결론과 이론으로 이어진다.

'이 나무들'은 '두 그루의 나무'와는 다르다. '두 그루의 나무'는 '두 개의 돌'과는 다르다. 근원이 되는 물체들로부터 독립해 나온 2, 3, 4··· 등의 순수한 숫자는 우리 세계의 현실을 서술하려 사고하는 정신의 산물이다.

시간이라는 주관적인 정신 감각 덕분에 우리는 경험을 순서대로 나열할 수 있으며, 이에 따라 사건의 인과관계를 가늠할 수 있도록 해 준다. 그러나 시계를 이용해서 모든 순간에 숫자를 부여해서 시간을 1차원 연속체로 여기는 일은 이미 하나의 발명이라 할 수 있다. 유클리드 기하학과 비유클리드 기하학도 마찬가지이며, 우리가 존재하는 공간은 3차원 연속체로 여겨진다.

질량, 힘, 관성계라는 개념은 물리학에 의해 발명되었다. 이런 개념들은 모두 독립적인 발명품이지만, 이런 개념들 덕분에 우리는 역학적 세계관을 정립할 수 있었다. 19세기 초반의 물리학자가 보기에, 우리의 외부 세계는 거리에만 영향을 받는 단순한 힘이 작용하는 입자들로 구성되어 있었다. 우리의 물리학자는 이런 자연의 기본적 개념을 이용해 자연계의 모든 사건을 설명할 수 있을 것이라는 신념을 최대한 유지하고자 했다. 그러나 자침의 편향과 연관된 문제, 에테르의 구조와 연관된 문제는 좀 더 교묘한 현실을 창조할 필요성으로 이어졌다. 이에 전자기장이라는 중요한 발명이 이어졌다. 물체의 행동이 아니라 물체 사이에 존재하는 무언가의 행동을 확인하기 위해서는 용기 있는 과학적 상상이 필요했다. 이를 통해 역장이라는 개념은 사건의 순서를 정하고 이해하는 데 필수적인 요소가 되었다.

그 이후의 발전은 과거의 개념을 파괴하고 새로운 개념을 창조했다. 상대성이론은 절대적 시간과 관성계라는 개념을 포기하게 만들었다. 모든 사건의 배경은 더 이상 1차원의 시간이나 3차원의 공간 연속체가 아니라, 새로운 변환 성질을 갖춘 독립적인 발명품, 즉 4차원 시공간 연속체가 되었다. 모든 좌표계가 동등하게 자연 속의 사건을 서술할 수 있게 됨에 따라, 좌표계도 더 이상 필요치 않게 되었다.

양자 이론은 다시 한 번 우리 현실에 새롭고 필수적인 요소들을 만들어 냈다. 불연속성이 연속성을 대체했다. 개체를 다루는 법칙 대신에 확률의 법칙이 등장했다.

현대 물리학이 창조하는 현실은 물론 과거의 현실과는 상당히 동떨어져 있다. 그러나 모든 물리 이론의 목적은 여전히 동일하다.

우리는 물리 이론의 도움을 받아서 관찰한 사실이라는 미로를 헤쳐 나가며, 감각으로 받아들인 세계에 규칙성을 부여하고 이해하려 노력한다. 우리는 관찰을 통해 획득한 사실이 현실이라는 개념을 논리적으로 따르기를 원한다. 이론의 구축을 통해 현실을 이해할 수 있으리라는 신념이 없다면, 우리 세계에 조화가 내재해 있다는 신념이 없다면, 과학은 존재할 수 없을 것이다. 이 신념은 과학을 통한 모든 창조 행위의 근본 동력으로 남을 것이다. 지금까지 살펴본 모든 노력에서, 과거와 현재의 관점이 극적으로 충돌하는 모습에서, 우리는 자연을 이해하고자 하는 영원한 갈망이, 우리 세계의 조화에 대한 굳건한 신념이, 갈수록 많아지는 장애물에 의해 계속 강해지는 모습을 엿볼 수 있다.

## 정리

원자 단위의 현상이 보여주는 다양한 관찰 결과 때문에, 우리는 다시 한 번 새로운 물리학의 개념을 만들어야 했다. 물질은 입자 구조를 가지며, 양자라는 기본적인 입자로 구성되어 있다. 전하 또한 입자의 구조와 에너지를 가지고 있는데, 이는 양자 이론의 관점에서 가장 중요한 사실이다. 광자는 빛을 구성하는 에너지의 양자이다.
빛은 파동인가, 아니면 광자의 흐름인가? 전자 빛살은 기본 입자의 물살인가, 아니면 파동인가? 여러 실험 결과가 물리학에 이런 기본적인 문제들을 제기했다. 이에 대한 답변을 찾기 위해, 우리는 원자 단위의 사건을 시공간 속에서 서술하는 것을 포기하고 다시 역학적 세계관으로 후퇴해야 했다. 양자물리학은 개체가 아니라 집합을 다루는 법칙을 정립했다. 양자물리학에서는 성질이 아니라 확률을 서술하며, 계의 미래를 예측하는 법칙이 아니라 시간에 따른 확률의 변화를 알려주는 법칙을 정립하며, 수많은 개체가 모인 거대한 집합체를 다룬다.

## 옮긴이의 말

1936년, 레오폴트 인펠트는 베를린 시절의 은인인 알베르트 아인슈타인의 도움을 받아 프린스턴 대학 고등과학연구소에 객원 연구원으로 들어가게 된다. 인펠트는 당시 케임브리지의 강사직을 끝내고 우크라이나의 리비우 대학으로 돌아가 있었지만, 나치의 위협이 준동하는 상황에서 더 이상 유럽에 머물기는 너무 위험하다는 판단을 내렸던 것이다. 아인슈타인은 경제적으로 궁핍한 상태에 빠져 있던 인펠트에게 도움을 주고 싶었지만, 프린스턴 대학의 정규직을 주는 데는 실패하고 만다.

그런 와중에 인펠트는 문득 한 가지 생각을 떠올리고 아인슈타인을 방문한다. 아인슈타인의 이름을 걸고 물리학의 역사를 정리하면 분명 베스트셀러가 될 테니, 함께 책을 낸 다음 인세를 나누자는 생각이었다. 막상 아인슈타인의 앞에 선 후에는 한참을 망설이다 간신히 말을 꺼내게 되었지만, 아인슈타인은 즉각 훌륭한 착상이라 칭찬하며 그를 독려해 준다.

1938년 케임브리지 대학 출판부에서 처음으로 세상을 보게 된 두 물리학자의 책은 즉각 베스트셀러가 되며, 〈타임〉 지의 커버스토리로 선정되기까지 한다. 책이 도움이 되었는지, 같은 해 인펠트는 토론토 대학의 교수직 제의를 받고 캐나다로 이주한다. 1950년에 고국으로 돌아갈 때까지 (그리고 공산주의 변절자로 낙인찍혀 시민권이 박탈될 때까지) 그는 가정을 이루고 잠시 평온한 삶을 누리게 된다.

이 책에 있어 사상적인 부분의 공은 물론 아인슈타인에게 돌려야겠지만, 뛰어난 문장력으로 그의 생각을 펼쳐낸 인펠트의 기여 또한 잊어서는 안 될 것이다. 삼십대 중반이 되어서야 처음으로 영국 땅을 밟았다는 것을 믿을 수 없을 정도로, 인펠트의 간결하고 명료한 영어 문장은 실로 훌륭하다. 본인 또한 "세계 문학사에는 영어를 사용한 위대한 폴란드인 문필가가 두 명 있다. 다른 하나는 조지프 콘래드다"라고 농담을 했을 만큼 자부심이 있었던 것으로 보인다.

그런 자부심의 편린일지도 모르는 부분이 하나 더 있는데, 책에 등장하는 많은 과학자들이 동시대 사람이며, 디랙, 러더포드, 보른 등 많은 이들이 인펠트에게는 케임브리지 시절의 동료였음에도 불구하고, 본문 안에는 두 저자의 이름은 단 한 번도 등장하지 않는다. 광전효과나 상대성이론 등의 내용이야 본문에서 굳이 언급하지 않아도 누구나 아인슈타인을 떠올리겠지만, 상대성이론을 통한 광파의 해석으로 박사 학위를 받고 보른-인펠트 모델을 남긴 인펠트의 이름이 단 한 번도 거론되지 않는 것은 나름 흥미로운 사실이다.

이 책을 읽을 때 한 가지 주의해야 할 점은, 본문의 내용을 온전한 과학사의 지침서로 생각해서는 곤란하다는 것이다. 아인슈타인과 인펠트가 보여주고자 했던 것은 연대순으로 정리된 물리학의 역사가 아니라, 물리학의 기반이 되는 중심 개념들이 어떤 과정을 통해 성립되고, 어떤 과정을 통해 새로운 개념이 그 자리를 대체하는지에 대한 방법론이다. 파동과 역장, 그리고 빛의 성질을 정립한 아인슈타인 본인의 논리 전개 과정을 파악하는 재미도 쏠쏠하다. 또한 양자론으로 넘어가기에 앞서 모든 물질을 파동의 특수한 형태로 정의하는, '온전한 역장 물리학'의 가능성을 언급하는 부분에서는 이미 양자역학으로 넘어가 버린 물리학계의 주류 이론에 대해 거부감을 표시했던 아인슈타인의 모습이 떠올라 묘한 감정이 느껴지기도 한다.

본문에 서술되는 주요 년도는 두 사람이 처음 책을 출판한 1938년 기준으로 맞춰져 있다. 저자들은 대부분의 경우 년도를 명확하게 표기하는 대신 '이백여 년 전', '오래전' 등의 모호한 표현을 사용하기는 했지만, 해당 년도를 특정할 수 있는 일부 경우에는 이를 고려할 필요가 있을 것이다.

또한 당연한 일이지만, 80여 년 동안 세계 및 과학계는 상당히 많은 변화를 겪었다. 따라서 이 책을 쓸 당시 저자들은 우주 탐사 계획도, 초음속 제트기도, 인공적으로 우라늄보다 무거운 원소를 합성해 내리라는 사실도, 쿼크의 존재도 알지 못했다. 80여 년 동안 과학 실험 및 관찰의 기술과 방법은 상당한 발전을 거듭했으며, 덕분에 두 저자가 1938년 당시에는 가상 또는 간접적인 실험으로 넘어갔던 여러 이론이 직접적인 실험 및 관찰을 통해 입증 가능해지기도 했다. 이 책에서는 그저 존재를 추측했을 뿐인 외행성의 근일점 이동 현상은 50년대에 들어 실제로 관찰되었고, 개별 전자를 주사하여 그 움직임의 불확정성을 확인하는 실험 또한 수행을 통해 그 가능성이 입증되었다.

그러나 아인슈타인과 인펠트가 이 책에서 보여주고자 했던 방법론 자체는 여전히 유효하며, 설령 인용한 사실 중 일부에 차이가 생겼다 하더라도 그 유효성에는 영향을 끼치지 않는다. 따라서 아인슈타인과 함께 작업한 결과물을 존중하여 후대에 내용을 수정하지 않은 인펠트의 뜻을 존중하고, 과학서이자 동시에 철학서이며, 또한 물리학의 격동기를 살았던 동시대인의 증언이기도 한 책의 성격을 감안해서, 사소한 불일치의 경우에는 원문에 수정을 가하지 않으려 했다. 독자분들의 양해를 부탁드린다.

옮긴이 | 조호근

서울대학교 생명과학부를 졸업하고 아동과학서 및 SF, 판타지, 호러소설 번역을 주로 해왔다. 옮긴 책으로 『아마겟돈』 『SF 명예의 전당 2: 화성의 오디세이』(공역) 『장르라고 부르면 대답함』 『SF 세계에서 안전하게 살아가는 방법』 『도매가로 기억을 팝니다』 『컴퓨터 커넥션』 『타임십』 『런던의 강들』 『몬터규 로즈 제임스』 『모나』 『레이 브래드버리』 『마이너리티 리포트』 등이 있다.

물리는 어떻게 진화했는가

초판 1쇄 발행 2017년 8월 31일
개정판 2쇄 발행 2023년 9월 10일

지은이 알베르트 아인슈타인, 레오폴트 인펠트
옮긴이 조호근

펴낸곳 서커스출판상회
주소 경기도 파주시 광인사길 68 202-1호(문발동)
전화번호 031-946-1666
전자우편 rigolo@hanmail.net
출판등록 2015년 1월 2일(제2015-000002호)



ISBN 979-11-87295-53-2 03420

이 도서의 국립중앙도서관 출판예정도서목록(CIP)은 서지정보유통지원시스템 홈페이지(http://seoji.nl.go.kr)와 국가자료공동목록시스템(http://www.nl.go.kr/kolisnet)에서 이용하실 수 있습니다.
(CIP제어번호: CIP2020041956)